Chris Ferrie

Cosmic Bullshit

An das Universum

Ich hoffe, du machst dir keine Notizen.

Chris Ferrie

Cosmic Bullshit

Warum sich das Universum einen Dreck um uns schert

Aus dem Englischen
von Benjamin Schilling

KOSMOS

Mehr entdecken, mehr verstehen

DAS KOSMOS VERSPRECHEN

Expertenwissen seit 1822

Welches Thema dich auch begeistert – auf unsere Expertise kannst du dich verlassen. Und das schon seit über 200 Jahren.

Unser Anspruch ist es, dich mit wertvollem Rat zu begleiten, dich zu inspirieren und deinen Horizont zu erweitern.

BEGEISTERUNG DURCH KOMPETENZ

Unsere Autorinnen und Autoren vereinen professionelles Know-how mit großer Leidenschaft für ihre Themen.

WISSEN, DAS DICH WEITERBRINGT

Leicht verständlich, lebensnah und informativ für dich auf den Punkt gebracht.

SACHVERSTAND, DEN MAN SEHEN KANN

Mit aussagestarken Fotos, Zeichnungen und Grafiken werden Inhalte besonders anschaulich aufbereitet.

QUALITÄT FÜR HEUTE UND MORGEN

Dafür sorgen langlebige Verarbeitung und ressourcenschonende Produktion.

Du hast noch Fragen oder Anregungen?
Dann schreibe uns: kosmos.de/servicecenter

INHALT

VORWORT

Sie lesen hier gerade ein Buch. Dieses Buch hat einen Autor und der ist Wassermann. Wenn Sie das für eine wichtige Information halten, dann haben Sie sich das richtige Buch ausgesucht, weil es sich dabei in Wahrheit um irrelevanten Bullshit handelt. Schlimmer noch: Es ist sogar *kosmischer* Bullshit.

Aber was ist kosmischer Bullshit? Ich definiere ihn so knapp wie möglich als eine *auf irreführende Weise tiefgründige Nicht-Wahrheit.* Er ist irreführend, weil die Person, die diesen Bullshit erzählt, Ihnen verheimlicht, dass Sie etwas von Ihnen will. Auf ihren Bullshit reinzufallen, könnte Sie Zeit oder Geld kosten – auch wenn heutzutage wohl eher Ihre Aufmerksamkeit das Ziel ist, jener wertvolle Treibstoff der Social-Media-Algorithmen, die Ihren Blick an den nicht enden wollenden Content fesseln, der zwischen zwei personalisierten Werbeblöcken serviert wird. Wer bewusst Nicht-Wahrheiten verbreitet, vermeidet es, ehrlich zu sein. Dabei muss der- oder diejenige nicht mal unbedingt ein *Lügner* oder eine *Lügnerin* sein: Wer lügt, weiß wenigstens so viel, um sich im Klaren zu sein, was wahr ist, während eine Person, die Bullshit erzählt, bloß irgendwelche Wörter aneinanderreiht. Und wenn das alles ist, worauf er oder sie zurückgreifen kann, dann sollte es am besten gehaltvoll und wichtig klingen – mit anderen Worten: *tiefgründig.*

Und was könnte tiefgründiger sein als die Tiefe des gesamten Kosmos? Moment mal, bleiben Sie kurz dran. Ich habe gerade eine Benachrichtigung bekommen, dass @universelleWahrheit9123 etwas Neues gepostet hat.

Wussten Sie eigentlich, dass wir alle bloß STERNENSTAUB sind? ✴️✨ *Genau, SIE da, wie Sie da sitzen und sich durch Ihren Feed scrollen, sind aus dem gleichen Stoff gemacht wie die Sterne! Wahnsinn, oder?* 🤯 *Denken Sie also das nächste Mal, wenn Sie wieder mal betrübt sind, einfach daran, dass Sie im Grunde eine wandelnde Galaxie sind.* 🚀🌛 *Lassen Sie uns alle gemeinsam strahlen! Klicken Sie auf „like", wenn auch Sie glauben, dass Sie ein Kind des Himmels sind. Teilen Sie das hier mit anderen, wenn auch Sie jene kosmische Verbindung spüren, und hinterlassen Sie einen Kommentar mit Ihrem Sternzeichen, um herauszufinden, was das Universum für Sie bereithält!* 💫💖 *#CosmicVibes #SternenstaubFamilie #DasUniversumInUns*

Ich habe mir das alles gerade ausgedacht und will trotzdem am liebsten irgendwo auf „like" oder „love" klicken! Wir sind offenbar nicht dagegen gefeit, uns mit scheinbar tiefgründigen Offenbarungen emotional zu identifizieren, die uns trotz unserer kosmischen Bedeutungslosigkeit das Gefühl geben, wichtig zu sein. Dabei kann es genauso gefährlich sein, solchen Bullshit ernsthaft in Betracht zu ziehen, wie eine Werbung der Pharmaindustrie mit einer öffentlichen Ankündigung für gratis Yoga im Park zu verwechseln. In unserer Welt wimmelt es nur so von Falschinformationen und Verschwörungstheorien – von Sternzeichen bis hin zu technologischen Fantasievorstellungen, von altertümlichen Schöpfungsmythen bis hin zu UFO-Entführungen, von Prophezeiungen über den Weltuntergang bis hin zu

Zeitreiseparadoxa – und das, obwohl wir mehr Informationen und mehr Wissen zur Verfügung haben als je zuvor. In diesem Buch werden wir die verbreitetsten Täuschungen auseinandernehmen, die unsere News-Feeds fluten. Auf den folgenden Seiten können Sie mit Einsteins Relativitätstheorie, Quantenthemen und den präzisen Werkzeugen von Logik und Verstand rechnen. Sie müssen nur darauf gefasst sein, dass Ihre tröstlichen Illusionen die Reise vielleicht nicht überleben werden.

Das Entlarven von Bullshit hat eine lange Tradition. Dabei konzentrieren sich Skeptiker der Pseudowissenschaft normalerweise auf spezifische Behauptungen und angebliche Beweise, aber damit werde ich Ihre Zeit hier nicht vergeuden. Stattdessen werde ich direkt zum Kern des Bullshits vordringen, seine trockene und verkrustete Schale aufknacken und offenlegen, warum er wirklich stinkt. Ich werde es mit Humor versuchen, mit Beleidigungen um mich werfen (statt mit Speeren) und Ihnen in der Zwischenzeit vor Augen führen, was das Universum wirklich auf tiefgründige Art und Weise schön macht.

AM ANFANG WAR ...

Haben Sie je in Ihrem Vorgarten gesessen, an einem heißen Kaffee genippt, den Sonnenaufgang im Hintergrund und alle Dinge dazwischen – die Hügel, die Bäume, das Gras, die Vögel und die Ameisen – betrachtet und sich dabei gefragt, wie alles einst begann, während Sie verzweifelt darauf warteten, dass irgend so ein alter Kerl mit weißem Rauschebart auftaucht und Ihnen die Geheimnisse des Universums verrät? Haben Sie das je getan? Also mir ist das tatsächlich schon passiert, nur dass der Kaffee lauwarm war und der Typ mir einen Staubsauger andrehen wollte. Ich habe ihn trotzdem nach dem Ursprung des Universums gefragt, und zu meiner Überraschung hatte er da eine Theorie. Er lehnte sich nach vorn und der Geruch nach altem Leder und Mottenkugeln vermischte sich mit dem Morgentau. In seinen Augen funkelte der Schalk von jemandem, der weiß, wo die Mafia ihre Opfer verscharrt. „Na gut“, fing er an, wobei seine Stimme auf ein verschwörerisches Flüstern herabsank, als ob die Spatzen heimlich lauschen würden. „Sie wollen wirklich wissen, wie alles anfing?“

Er sprach von einer großen Leere, einer perfekten, makellosen kosmischen Leere, die von den Säuberern, göttlichen Wesen der Perfektion, aufrechterhalten wurde. Irgendwann wurden die Säuberer der Monotonie überdrüssig, also sprachen sie das heilige Wort, und siehe, es hallte in der Leere wider: „Es werde Staub!“ Und der Staub ward und er war gut. Denn welchen Sinn haben die Säuberer schon ohne Staub? Und so senkte sich der himmlische Staub auf die Leere herab und gab der Formlosigkeit Form, den Müßigen Aufgaben und der Makellosigkeit Unordnung. Die Säuberer sahen den Staub und erkannten, dass er ... eine Aufgabe für später war. Doch der Staub war mehr als das, was er auf den ersten Blick schien. Er enthielt die Saat des Lebens selbst, winzige Körnchen voller Möglichkeiten, die sich auf das Grundgerüst des Weltraums legten wie Haustierhaare auf einen Teppich.

Die Körnchen des großen Staubes wirbelten umher und tanzten, kollidierten miteinander, gingen Verbindungen ein und erschufen Sterne, Planeten, Menschen und Eigenheime mit mannigfaltigen Bodenbelägen. Die Säuberer sehnten sich zutiefst nach einer Rückkehr zur ewigen Sauberkeit und trugen diesen Auftrag den wenigen Auserwählten auf, die seitdem die Kunde vom heiligen Gerät verbreiten. Dann hob er seinen Staubsauger auf und wiegte ihn ehrfurchtsvoll in den Armen, bevor er die Rückkehr zur Makellosigkeit prophezeite. Kurz darauf verschwand der Mann wieder und ließ mich mit einer inzwischen kalten Tasse Kaffee und einer Garantieverlängerungsvereinbarung in meinem Vorgarten zurück.

Von den antiken Zivilisationen mit ihren Sagen über weltenschöpfende Titanen bis hin zu heutigen Staubsaugervertretern mit Verkaufsgesprächen, die so ausladend sind wie das Universum selbst – Menschen haben schon immer versucht, die Leere mit Geschichten zu füllen. Und auch wenn die Erzählung meines Staubsaugerverkäufers absurd modern klingen mochte, deckte sie sich doch in ihrem Kern mit den Mythen vergangener Tage: Götter und Helden, die die Sterne erschaffen, die Erde formen und das Feuer des Lebens entfachen. Jede Zivilisation und jedes Zeitalter spinnen ihr eigenes Garn, um die existenzielle Angst vor dem ungeklärten Ursprung unseres Daseins zu überwinden. Diese Geschichten sind tief in jeder Kultur verwurzelt und ein wichtiger Bestandteil der Realitätsvorstellung jedes einzelnen Menschen. Und während manche von ihnen im Gegenzug ein bescheidenes Opfer zu bieten haben (zum Beispiel ein gratis Steakmesser-Set), sind andere in den Krieg gezogen, um ihre Schöpfungsmythen zu verteidigen.

Diese Geschichten taugen zu weitaus mehr als zum Verkauf von Staubsaugern und wackelköpfigen Heilandsfiguren fürs Armaturenbrett, denn sie verschaffen uns die eine immaterielle Sache, die wir am allermeisten begehren: *Kontrolle*. Die Kontrolle über unser eigenes Narrativ, unseren Anfang und unser ganz persönliches Schicksal. Mag sein, dass Mythen Trost spenden – aber durch das Brennglas der Wissenschaft erhaschen wir einen Blick auf die wahre Pracht des Universums. Und auch wenn die Wissenschaft dem Trost vielleicht ein bisschen existenziellen Schrecken entgegenhält, sind die Geschichten, die sie erzählt, das Ganze trotzdem absolut wert.

ALLES FING DAMIT AN, DASS …

Welchen religiösen Text, welchen spirituellen Ratgeber und welche fiktionale Erzählung Sie auch zur Hand nehmen – Sie werden immer am selben Punkt starten: *am Anfang*.

Wir werden wahrscheinlich nie erfahren, welches die erste Schöpfungsgeschichte war. Zeugnisse wie Höhlenmalereien lassen vermuten, dass die urzeitlichen Menschen ein komplexes spirituelles Leben besaßen, wodurch es naheliegt, dass sie auch ihre eigenen Schöpfungsgeschichten hatten. Doch sofern wir nicht die archäologische Entdeckung des Jahrhunderts machen, ist es genauso wahrscheinlich, dass die Details der Zeit zum Opfer gefallen sind. Es gibt allerdings ein paar richtig alte Geschichten, also fangen wir einfach mal mit denen an.

Die Schöpfungsgeschichte des Gunditjmara-Stamms in Südaustralien erzählt von einem Ahnenwesen namens Budj Bim, das sich an Land als Vulkan zu erkennen gab. Die Lava und die Felsen waren sein Blut und seine Zähne, welche es speiend über die Erde verteilte, damit sie ins Meer flossen und so neues Land erschufen, das die Menschen nähren sollte. Und obwohl es den Anschein hat, dass viele Schöpfungsgeschichten von Ereignissen in der realen Welt entkoppelt sind, beruht diese Geschichte hier offensichtlich auf einer wahren Begebenheit: Budj Bim ist tatsächlich ein erloschener Vulkan, der den sogenannten Tyrendarra-Lavastrom hervorbrachte, durch den die Landschaft in jener Region verändert und ein Gebiet geschaffen wurde, das auf einzigartige Weise bewohnbar ist. Aber jetzt kommt's: Der Budj Bim ist zum letzten Mal vor 37.000 Jahren ausgebrochen. Halten Sie einen Augenblick inne und überlegen Sie sich, was das bedeutet. Diese Entstehungsgeschichte wurde über 1000 Generationen hinweg gewissenhaft weitergegeben – und ist damit wahrscheinlich die älteste Überlieferung, die man sich bis heute erzählt.

Natürlich handelt es sich hierbei nicht um die einzige indigene Schöpfungsgeschichte Australiens, nicht mal nur mit Blick auf diejenigen, die bis heute überlebt haben. Vor der europäischen Kolonisierung gaben Hunderte verschiedene Gemeinschaften ihre eigenen ganz einzigartigen Erzählungen an die nachfolgenden Generationen weiter – anders als der eine heute auf dem Kontinent dominierende kulturelle Mythos, nach dem alle Dinge aus der Fermentation von Hopfen und Malz hervorgegangen sind, was anscheinend die Notwendigkeit rituellen Trinkens am helllichten Tag bedingt. Wie auch immer. Typische Themen der *ursprünglichen* australischen Geschichten sind jedenfalls neben anderen Dingen auch lokale geologische Gegebenheiten sowie einheimische Pflanzen und Tiere.

Natürlich beheimatet auch der afrikanische Kontinent, der immerhin der Geburtsort der Menschheit ist, unzählige Schöpfungsgeschichten. In diesen Geschichten tauchen oft menschenähnliche Schöpfungsgötter auf, die an irdischen Ritualen teilnehmen, welche die materielle Welt aus einem vorherigen formlosen Dasein hervorbringen. Demgegenüber handeln die Schöpfungsgeschichten der indigenen Bevölkerungen Amerikas auf der anderen Seite des Atlantiks oft davon, dass unsere Welt aus einer zuvor existierenden hervorgegangen war, wie etwa jene, nach der ein Himmelsgott den Rücken einer Riesenschildkröte mit Schlamm bestrich, um die Erde zu erschaffen.

Mündliche Überlieferungen sind häufig den Kulturen und Gemeinschaften vorbehalten, die sie sich erzählen, was auch der Grund dafür ist, dass sie – selbst, wenn sie überleben – nicht weit verbreitet sind. Abgesehen davon gibt es da natürlich noch ein anderes offensichtliches Problem. Bei dem Kinderspiel „Stille Post" flüstert man der Person neben sich ein Wort oder einen Satz ins Ohr und die Nachricht wird von einer zur anderen weitergegeben, bis sie alle gehört haben. Am Ende sagt die letzte Person laut, was sie gehört hat, was meistens (vor allem wenn Jungs mitspielen) irgendwas mit *Penis* zu tun hat. Zum Glück greifen erwachsene Menschen nicht auf derart jugendlichen Humor zurück. Im Gegensatz dazu haben schriftliche Überlieferungen die einzigartige Eigenschaft, ohne ein lebendiges Medium auszukommen, sodass sie besser gegen Scherzkekse gewappnet sind.

VON KOSMISCHEN OMELETTS

Der sogenannte Enuma-Elis-Mythos, der als die älteste *schriftliche* Schöpfungsgeschichte gilt, stammt aus dem alten Babylon und wurde lange vor der Erfindung von Löschtaste und Autokorrektur in Tontafeln gekratzt. Das Ganze ist ein Familiendrama von sowohl kosmischem Ausmaß als auch extremer Belanglosigkeit – als hätte jemand Kanye West seine eigene Reality-Show gegeben. Im Prinzip geht es darum, dass eine Seite der Familie einen Champion – Marduk – ernennt, der sich im Laufe der Geschichte als richtiges Arschloch erweist, indem er alle anderen erst betrunken macht und ihnen dann die Zustimmung abringt, ihn zum Herrscher zu machen, wenn er die Urgöttin Tiamat vom anderen Zweig der Familie abschlachtet. Das tut er letztendlich auch und benutzt ihren Körper, um die Welt zu erschaffen. Ihren Ehemann Kingu opfert er, um die Menschen zu erschaffen, und sie lebten glücklich und zufrieden … Uff!

Die alten Ägypter verewigten mehrere Schöpfungsmythen, die man meistens in die steinernen Grabmauern von offenbar wichtigen Persönlichkeiten eingemeißelt fand. In einem davon stieg der Sonnengott Re spontan aus den urzeitlichen Wassern empor, um Gold im Einzelsynchronschwimmen zu gewinnen, und seine Freudentränen wurden für die Schöpfung seiner getreuen Fans – uns – genutzt. In einer anderen Erzählung schlüpfte der Gott Atum aus einem Ei und entstieg dabei erneut den Fluten der urzeitlichen Gewässer. So langsam wird hier ein roter Faden sichtbar.

Der sogenannte Rigveda, eine der ältesten Hinduschriften in Indien, enthält zahlreiche widersprüchliche Hymnen über die Entstehung des Universums. Zu den beliebtesten wiederkehrenden Themen gehört, dass das Universum (oder sein Schöpfer) aus einem (meist goldenen) Ei schlüpft und die Dinge des Universums (darunter auch die Menschen) aus dem Opfer eines vorzeitlichen Wesens geschaffen werden. Dabei nimmt die Nasadiya-Sukta-Hymne im selben Text jedoch einen skeptischen Standpunkt mit einer Reihe von poetischen Fragen ein, darunter das buchstäbliche „Wer weiß das schon wirklich?“. Das ist mal eine Kirchendoktrin, mit der ich etwas anfangen kann.

So ähnlich haben auch die frühesten Schriften des alten China viele verschiedene Schöpfungserzählungen mit mittlerweile vertrauten Motiven festgehalten. Man denke zum Beispiel an Pangu, ein gigantisches urzeitliches Wesen, das … Sie ahnen es … aus einem Ei hervorging und seinen Körper teilte, woraus unterschiedliche Bereiche der Erde entstanden. Doch während in diesen Geschichten manchmal auch Wasser auftaucht, scheint ihr bevorzugtes kosmologisches Grundelement die „Lebenskraft" *qi* gewesen zu sein. Mit der Verehrung von Dualitäten wie männlich und weiblich, Erde und Himmel, hart und weich, Demokratin und Republikaner und so weiter bringt China eine Neuheit ins Spiel und formuliert damit das Konzept von Yin und Yang. Mit dessen Darstellungen und Verwendung in der modernen Welt hat das aber vermutlich nichts zu tun. Diese dualen Elemente werden in der Regel so aufgefasst, dass sie zu Urzeiten eins gewesen seien und sich dann beim Entstehen der Welt aufgespalten hätten.

Angesichts der Tatsache, dass sich all diese Geschichten gegenseitig widersprechen, sollte klar sein, dass sie nicht alle wahr sein können. Ein wahrer Verfechter von einer dieser Erzählungen hätte viel eher über die Vorstellung gespottet, dass jede andere eine sachlich korrekte Geschichte der Welt sein solle. Dabei sind sie mit an Sicherheit grenzender Wahrscheinlichkeit allesamt falsch. Die Leute haben jede einzelne Geschichte deshalb geglaubt, weil sie in ihrem jeweiligen kulturellen Kontext Sinn ergaben, aber nicht etwa aus Mangel an Beweisen oder weil sie keine widerstreitenden Geschichten zu hören bekamen. Die Vielfalt von Geschichten ist kein direkter Beleg für die Fehlbarkeit des Menschen, sondern dafür, dass wir uns nach einer Erklärung für unsere Existenz sehnen. Im gleichen Maße, wie sich unser Verständnis der Welt und unsere Kontrolle über sie entwickelten, haben sich auch die menschliche Kultur und die Geschichten entwickelt, die mit ihr einhergingen.

EINE GESCHICHTE GEHT VIRAL

In der griechischen Schöpfungserzählung gab es in den Tagen, bevor die Welt, wie wir sie heute kennen, Gestalt annahm, nur das Chaos – und zwar mit Artikel. Im modernen umgangssprachlichen Sinne ist Chaos das, was folgt, wenn ein Erwachsener IKEA-Möbel ohne Gebrauchsanweisung zusammenbauen will oder man einem Kind IKEA-Möbel und einen Haufen Buntstifte überlässt. Demgegenüber bezeichnet *das* Chaos den anfänglichen ambivalenten, gestaltlosen, leeren Zustand des Universums, der eher dem Warenhaus von IKEA ähnelt, in dem Sie die Möbel gekauft haben, … nur ohne die Köttbullar.

Aus diesem Nichts ploppten Gaia, die Personifizierung der Erde, und ein paar andere Gottheiten auf, die verschiedene reale oder abstrakte Dinge verkörpern. Nachdem Gaia aber beschlossen hatte, dass Beziehungen überbewertet sind, wurde sie auf wundersame Weise mit einem Sohn schwanger, Uranos, dem Gott des Himmels, der anschließend unfreiwillig zu ihrem Toy Boy wurde. Gemeinsam erschufen sie die Titanen, Ungeheuer und andere Fabelwesen. Als wolle er die Gefahren der Inzucht vorwegnehmen, kastrierte Kronos, der jüngste Spross, seinen Vater in einem Akt, der ihm den Titel „Erntegott" einbrachte, wonach er – als ob das nicht schon genug wäre – beschloss, seine eigenen Kinder zu essen, um dem Karma zu entgehen. Doch leider hat ihm niemand gesagt, dass Karma eine Hure ist, sodass Zeus, der schlüpfrige kleine Wicht, dem Fressen entkam und seinen Vater stürzte. Um die ganze Sache abzukürzen: Auftritt der olympischen Götter mit Zeus als neuem Chef (genau wie der alte Chef) und Fortsetzung endloser Faxen.

Das psychologische Abbild in der griechischen Mythologie veranschaulichte nicht nur das kollektive Unbewusste der Griechen, sondern aller Menschen, die auf sie folgten, indem es der menschlichen

Psyche einen Spiegel vorhielt. Darüber hinaus stellte es offen gesagt auch eine unerschöpfliche Quelle der Unterhaltung dar. Die Erzählungen, die die Schöpfung immer weiter sponnen, anstatt in ihr zu gipfeln, waren die Kassenschlager von damals und zogen die Bevölkerung durch ihr episches Ausmaß und ihre persönlichen Dramen in ihren Bann. Dieses gemeinsame Unterhaltungserlebnis stärkte den sozialen Zusammenhalt, da es die Bevölkerung durch ein gemeinsames Repertoire an Symbolen und Erzählungen einte. Aber auch wenn das vielleicht idyllisch klingt, dürfen wir darüber nicht die wahren Bösewichte jeder Geschichte vergessen: die Politiker. Die Herrschenden benutzten Schöpfungsmythen, um die soziale Ordnung zu zementieren und ihre Herrschaft zu rechtfertigen, indem sie sich oft auf göttliche Gunst oder Abstammung beriefen.

Es folgten die Römer mit ihrer berühmten „Originalität" auf dem Feld der Künste: Im Zuge einer alles andere als raffinierten kulturellen Aneignung kopierten sie den griechischen Pantheon im Ganzen und statteten die griechischen Gottheiten mit neuen, sexyer klingenden lateinischen Namen wie Apollo und Venus aus. Erst die römischen Eroberungen und die Vorliebe aller Imperien für alles Griechische machten diese Mythen zum gemeinsamen Erbe zahlreicher Zivilisationen, das uns bis heute in Kunst und Unterhaltung erfreut.

KRIEG' ICH LICHT?

Mit ihrer göttlichen Verkommenheit und ihren himmlischen Zickenkämpfen legten die mythischen Seifenopern der Griechen den Grundstein für die ernsteren monotheistischen Narrative der abrahamitischen Religionen. Diese neueren Erzählungen tauschten die griechischen Alles-ist-möglich-Dramaturgie gegen eine … na ja, nennen wir es gradlinigere Handlung mit einem definitiven Finale ein und sicherten sich so ihren ganz eigenen psychologischen und politischen Einflussbereich, der bis heute Bestand hat.

Die Schöpfungsgeschichte aus dem Buche Genesis legt die Einzelheiten der bekanntesten Schöpfungsgeschichte überhaupt dar und wurde letztlich zum Bestandteil mehrerer unterschiedlicher religiöser Texte. Demnach erschafft Gott, die Hauptfigur, die vielfach als alter weißer Mann mit prächtigem Bart und übertrieben krassen Bauchmuskeln dargestellt wird, die Welt in sechs Tagen und ruht sich am siebten aus. Allein durch sein Wort ruft Gott das Licht, den Himmel, die Erde, die Himmelskörper, die Tiere und zum Schluss die Menschen ins Leben, wenngleich der Text nicht wirklich erklärt, warum er dafür so lange gebraucht hat. Und weil die Geschichte ursprünglich definitiv nicht auf Englisch geschrieben worden war, ist eine Übersetzung genauso gut wie die andere. Nehmen wir also die offizielle „LOLCat"-Version. Ich zitiere:

> *Genesis 1:1 – 3. Haaallooooo! Also am Anfang, da hat die Himmelskatze den Himmel und die Erde gemacht. Aber nicht gegessen. Und die Erde, die hatte keine Form und Licht war auch keins an. Und mit einem unsichtbaren Fahrrad ist die große Himmelskatze übers Wasser gefahren. Und erst gab es kein Licht, aber dann hat die große Himmelskatze gesagt: „Krieg' ich Licht?", und dann war Licht da.*

Kennen Sie das auch, wenn Sie mit Schwarzlicht in Ihrem Hotelzimmer rumschnüffeln und in der Nachttischschublade ein Buch mit lauter leuchtenden Flecken und Spritzern darauf finden? Das ist die sogenannte King-James-Bibel, die englischsprachige Version der Bibel. Im Jahr 1611 veröffentlicht, ist sie bis heute das meistgedruckte Buch aller Zeiten – was auch der Grund dafür ist, dass viele die Geschichte kennen, auch wenn sie sie nicht mal selbst gelesen haben.

Abgesehen davon haben manche sie aber auch ein bisschen *zu* wörtlich genommen. Also bleiben Sie dran, bis diese Trottel ihren großen Auftritt in unserer weitgehend chronologischen Erzählung haben.

DIE SCHÖPFUNGSGESCHICHTE ALS LÜCKENTEXT

Halten wir kurz inne, um eine kleine Inventur zu machen. Können Sie beim Betrachten all der Schöpfungsmythen, die ich bis hierhin skizziert, erläutert und verhöhnt habe, irgendeine Gemeinsamkeit ausmachen?

Der wahrscheinlich wichtigste Aspekt jeder Schöpfungsgeschichte ist die Tatsache, dass sie sich mit dem „Davor" auseinandersetzen muss. Die meisten beginnen mit irgendeinem Urzustand, der häufig als eine Leere beschrieben wird, aus der alles andere hervorgeht. Und genau wie wir für alles, was passiert, immer verzweifelt nach einem Schuldigen suchen, wird die Schöpfung oft einem – oder mehreren – Wesen mit menschenähnlichen Zügen zugeschrieben, das beziehungsweise die das Universum und alles darin formt beziehungsweise formen. Der Vorgang selbst geht damit einher, erst einmal Ordnung ins Chaos zu bringen und eine feste und materielle Bühne zu errichten, auf der sich die weitere Geschichte abspielt – man denke an Himmel, Erde, Wasser, Gestein und so weiter.

Danach folgt das Hauptereignis: das Leben. Die Erschaffung des Lebens – und besonders der Menschen – ist immer der thematische Höhepunkt. (Man könnte meinen, dass wir uns den ganzen Mist aus reiner Hybris ausgedacht haben.) Das Leben selbst wird häufig aus dem Körper eines Urwesens erschaffen, wobei das (oder die) Urwesen anschließend normalerweise in der Nähe bleibt, um uns in diesem ultimativen Abhängigkeitsverhältnis irgendwelche moralischen, existenziellen und philosophischen Lektionen aufzudrängen.

Jetzt kennen Sie die allgemeingültige Formel für eine gute Schöpfungsgeschichte. Wieso schreiben wir also nicht einfach unsere eigene Schöpfungsgeschichte, und zwar als Lückentext!

Einst gab es in den Weiten des/r ______ (Nomen) ein Ur______ (Nomen), das, von einer/m kosmischen ______ (Nomen) angetrieben, den Stoff des/r ______ (Nomen) wob. Aus dessen/deren Substanz gingen göttliche ______ (Nomen im Plural) hervor, die jeweils einen spezifischen Aspekt des/r ______ (Nomen) verkörperten. Sie tanzten zur Melodie der ______ (Nomen im Plural) und formten dabei die ______ (Nomen), das ______ (Nomen) und den ______ (Nomen).

Unter den Königreichen, die sie erschufen, befand sich der/die/das ______ (Nomen), ein Reich, das die ______ (Nomen im Plural) beherbergen sollte. Die ersten Wesen wurden aus ______ (Nomen im Singular oder Plural) geformt, der/die/das mit dem Funken des ______ (Nomen) versehen war/en. Ihnen wurde das Erbe des/der ______ (Nomen) anvertraut, ein Spiegelbild des Göttlichen in Form einer ______ (Adjektiv) Spule. Die Zeit ______ (Verb im Präteritum) und Zivilisationen ______ (Verb im Präteritum) und ______ (Verb im Präteritum) und sie alle strebten danach, die Rätsel ihres/r ______ (Nomen) zu entwirren und nach den ______ (Nomen im Plural) zu greifen, von wo sie einst gekommen waren. Doch auf ihrer Suche nach ______ (Nomen) wurden ihre Schicksale durch die Laune des/r ______ (Nomen) miteinander verbunden und so zu einem ewigen Tanz zwischen ______ (Nomen) und ______ (Nomen).

Klingt witzig, ich zuerst!

Einst gab es in den Weiten der Nudeln (Nomen) ein Urhuhn (Nomen), das, von einem kosmischen Akkordeon (Nomen) angetrieben, den Stoff der Socken (Nomen) wob. Aus dessen Substanz gingen göttliche Toaster (Nomen im Plural) hervor, die jeweils einen spezifischen Aspekt des Käses (Nomen) verkörperten. Sie tanzten zur Melodie der Tacos (Nomen im Plural) und formten dabei die Augenbrauen (Nomen), das Mittagessen (Nomen) und den Glitzer (Nomen).
Unter den Königreichen, die sie erschufen, befand sich die Badewanne (Nomen), ein Reich, das die Quietscheentchen (Nomen im Plural) beherbergen sollte. Die ersten Wesen wurden aus Buntstiften (Nomen im Singular oder Plural) geformt, die mit dem Funken des Ausdruckstanzes (Nomen) versehen waren. Ihnen wurde das Erbe der Luftpolsterfolie (Nomen) anvertraut, ein Spiegelbild des Göttlichen in Form einer zerquetschten (Adjektiv) Spule. Die Zeit waberte (Verb im Präteritum) und Zivilisationen rülpsten (Verb im Präteritum) und walzten (Verb im Präteritum) und sie alle strebten danach, die Rätsel ihrer Essensreste (Nomen) zu entwirren und nach den Schaumküssen (Nomen im Plural) zu greifen, von wo sie einst gekommen waren. Doch auf ihrer Suche nach Chips (Nomen) wurden ihre Schicksale durch die Laune der Blockflöte (Nomen) miteinander verbunden und so zu einem ewigen Tanz zwischen sauer eingelegten Gurken (Nomen) und Disco (Nomen).

RECHTSCHAFFENHEIT NEU INTERPRETIERT

Von den blutgetränkten Kreuzzügen bis hin zum explosiven Dreißigjährigen Krieg war der Glaube nicht nur eine Flagge, in deren Namen Kriege geführt wurden, sondern auch eine Rechtfertigung für dieselben. Und obwohl sich jene Konflikte nicht explizit um Schöpfungsmythen drehten, waren sie doch ein Beleg dafür, wie tief der Einfluss religiöser Überzeugungen reichen kann, weil die großen Religionen oft eins mit ihren Schöpfungsgöttern und Entstehungsgeschichten sind. In diesem Zusammenhang taucht – vor allem in den abrahamitischen Traditionen – die Vorstellung des *Kreationismus* als ein bedeutender Aspekt des religiösen Glaubens auf. Kreationismus ist grob gesagt der religiöse Glaube, dass ein Gott das Universum und – was noch wichtiger ist – das Leben erschaffen hat, und zwar so, wie es in religiösen Texten oder solchen, die deren Interpretation für sich beanspruchen, beschrieben wird. „Das Leben" meint dabei vor allem die Menschen und bevorzugt solche Menschen, die genauso aussehen wie die religiösen Führer. Dieses Glaubenssystem war und ist bis heute für viele religiöse Lehren und Traditionen zentral, sei es in wortwörtlichen Interpretationen oder in eher metaphorischen Auslegungen.

Die Blütezeit der Kreationisten war das frühe, finstere Mittelalter; eine treffende Bezeichnung, weil es damals im wahrsten Sinne des Wortes immer finster war. Kleiner Scherz, es war natürlich nur die Hälfte der Zeit finster … und sonst bloß im übertragenen Sinne. In Europa hatte die Kirche das Monopol an dem guten alten Buch des Lichts inne. Die Kirche war im Prinzip sowas wie jener eine Bekannte, der sich vor einer Fahrt in die hinterste Funklochprovinz weigerte, die Kartendaten runterzuladen, darauf beharrte, dass er sich auskannte, und selbst dann auf gar keinen Fall anhalten und nach dem Weg fragen wollte, als klar war, dass er sich total verfahren hatte. Die Kirche hatte die Deutungshoheit in Sachen Wissen und Erziehung und vor allen Dingen in Bezug auf das Narrativ. Die Schöpfung stand nicht zur Debatte – sie war die göttliche Linie, der alle zu folgen hatten. Man muss Autorität in Frage stellen, sagen Sie? Wir reden hier von 1025 und nicht 2025. Die eigene Meinung zu sagen war damals mehr als eine Sonntagsdemo mit schlauen selbstgemalten Plakaten: Es war eine Freikarte für die besten Plätze auf dem Scheiterhaufen.

Damals, im finsteren Mittelalter, war die Erde flach, wenn die Kirche es so wollte, drehte sich die Sonne um uns, wenn die Kirche es so wollte, und würde die Frau mit dem „God hates flags“-Schild da hinten auf jeden Fall auf dem See treiben, wenn die Kirche es so wollte. Dabei steckte hinter diesem Narrativ nicht so sehr das Ziel, die Welt zu verstehen, sondern vielmehr der Wunsch, deren Bewohner zu kontrollieren. Jede Schöpfungsgeschichte, die sich nicht mit der Darstellung im Buch Genesis deckte, wurde ausfindig gemacht und nicht besonders höflich vor die Tür gesetzt. Und trotzdem war nicht alles nur Verdammnis, Dunkelheit und Ketzerprozesse.

Es folgt eine kurze Mitteilung unseres Hauptsponsors:

Sind Sie dieses ganze Übel leid? Haben Sie es satt, das Feld zu beackern und Steuern zu zahlen? Wollen Sie auch genug zu essen und andere Dinge haben? Dann auf, lassen Sie die Gesellschaft hinter sich und geben Sie sich der Abstinenz, dem Zölibat und dem Abschreiben von Büchern hin, die viele Hundert Jahre lang kein Mensch lesen wird. Treten Sie noch heute Ihrem nächsten monastischen Orden bei!

Ironischerweise waren es die Mönche, die zu den unerwarteten Fackelträgern des Wissens wurden, während sich das finstere Mittelalter zäh dahinschleppte. Mit akribischer Genauigkeit kopierten sie antike Texte und Manuskripte und schufen so die Voraussetzungen für eine ungewisse Zukunft, in der die Menschen selbstständig denken könnten, ohne sich dabei über die neueste göttliche Erfindung in Sachen Folter Gedanken zu machen. Wenn das mal keine langfristige Strategie ist! Wenn Sie in unserer modernen Welt also das nächste Mal irgendwas – mit Ausnahme von Sex und Drogen – genießen, vergessen Sie nicht, sich bei Ihrem nächstbesten Mönch zu bedanken.

DAS LICHT SEHEN

Mit Anbruch der Renaissance lockerte sich der Zugriff der Kirche und das Einzige, das sich noch schneller verbreitete als die Pest, waren Ideen. In den muffigen Sälen der Universitäten, wo Gelehrte bis dato emsig mit der Frage beschäftigt gewesen waren, wie viele Engel gleichzeitig auf einem Stecknadelkopf tanzen könnten, wehte ein frischer Wind, in dem leise Töne des Wissens zu vernehmen waren. Das war das Zeitalter des Renaissance-Mannes, nicht zu verwechseln mit dem modernen Renaissance-Mann, der bloß irgendein klinkenputzender Typ bei LinkedIn ist, der jederzeit „zu einem persönlichen Call" bereit ist. Bühne frei für Galileo Galilei, den Prototypen eines Vordenkers im 17. Jahrhundert, der mit nichts als einem Fernrohr, einer krassen Renaissance-Laute und einer gefährlichen Idee ausgestattet war.

Galileo hat das Fernrohr zwar nicht erfunden (und auch nicht die Laute), es aber bedeutend verbessert, und zudem hatte er die geniale Idee, es gen Himmel zu richten. Mithilfe seines mächtigen Instruments entdeckte er die Monde des Jupiter, die Phasen der Venus und die zerklüftete Oberfläche des Mondes – Beobachtungen, die am Kirchengericht genauso beliebt waren wie ein E-Hybrid von Kia bei einem Monster-Truck-Rennen. Seine Entdeckungen stellten die herrschende Vorstellung eines perfekten Himmels infrage, der sich um ein geozentrisches Universum herumbewegt. Noch dazu lud Galileo jeden, der nicht davon überzeugt war, ein, das Ganze mit eigenen Augen zu sehen – eine Großzügigkeit, die von der Kirche nicht erwidert wurde, wenngleich ihre Bestrafung diesmal zivilisierter ausfiel.

Als die Renaissance zum Sprung Richtung Aufklärung ansetzte, verlagerte sich die Party in die Salons und Kaffeehäuser Europas. Stellen Sie sich das Ganze einfach wie das analoge Pendant zu Twitter vor, nur mit weniger Kollateralschäden und mehr gepuderten Perücken. An diesen Orten, inmitten von Diskussionen und Koffein, befand sich die Keimzelle der modernen Wissenschaft. Und dann, im Jahr 1687, kam ein Buch auf den Markt, das unsere Sicht auf das Universum für immer verändern sollte: Isaac Newtons *Principia*. Newtons Buch enthielt seine drei berühmten Bewegungsgesetze und das Naturgesetz der Gravitation, von der Erfindung der Infinitesimalrechnung ganz zu schweigen. Später, im 19. Jahrhundert, wurden Newtons Theorien nicht nur als Bestandteil der Naturwissenschaften betrachtet; sie waren deren Rückgrat. Sein Einfluss war so allgegenwärtig, dass er über Jahrhunderte hinweg die wissenschaftliche Agenda vorgab.

Newton diente auch als Paradebeispiel für Vernunft und Rationalität, deren Anwendung sowohl die Aufklärung als auch deren intellektuellen Vorzüge charakterisierte. Neben zahlreichen anderen Fortschritten in Wissenschaft und Technik kamen wir langsam dahinter, dass Krankheiten mehr waren als nur böse Geister, Ökonomien logischen Theorien gehorchten und die Ideen von Freiheit und Demokratie vielleicht doch gar nicht so schlecht waren, wie der König immer behauptete. Und obwohl viele Intellektuelle, darunter Newton, weiter an ihrem Glauben an einen Schöpfergott festhielten, gab es zunehmend die Tendenz, die Funktionsmechanismen der Welt auf eine Weise zu erklären, die nicht ausschließlich übernatürlich oder wunderbar war. Diese Verschiebung stellte einen grundlegenden Wandel in unserem Verständnis der Welt dar. Eine einfache Beschreibung war nun nicht mehr ausreichend – jetzt mussten wir quantifizieren, postulieren, kontrollieren und replizieren. Um aber so richtig vorwärts zu kommen, mussten wir irgendwie diese lästige Figur namens „Gott“ loswerden …

100 PROZENT NATÜRLICHE SELEKTION

In den 1830er-Jahren reiste ein junger Naturforscher in die entlegensten Ecken der Erde, wo er die bunte Vielfalt des Lebens beobachtete, über die Ursprünge des enormen Artenspektrums nachdachte und letztlich zu dem Schluss kam, dass er mit Affen verwandt war. Jener junge Naturforscher hieß Charles Darwin. Das Hauptziel seiner berühmten Reise auf der HMS *Beagle* unter Kapitän Robert FitzRoy war nicht, die Geschichte neu zu schreiben oder die Stammbäume des Adels infrage zu stellen, sondern die Küste von Südamerika zu vermessen – was für die maritimen Interessen der Briten in einer Zeit, in der es zu den maritimen Interessen der Briten gehörte, buchstäblich alles zu besitzen, enorm wichtig war.

Darwin wurde eingeladen, sich der Expedition als Naturforscher anzuschließen, eine Rolle, die jedoch nicht Teil der offiziellen Schiffsbesatzung war. In Wahrheit sollte er Kapitän FitzRoy als Gentleman Gesellschaft leisten, der einen Begleiter von ähnlichem sozialen Stand und ähnlicher Bildung suchte, um sich nicht die ganze Zeit nur mit einem Schiff voller Aasgeier, Halunken und Taugenichtse unterhalten zu müssen. Darwin ergriff die Gelegenheit und betrachtete es als seine Aufgabe, eine Vielzahl von natürlichen Proben zu sammeln, zu untersuchen und zu dokumentieren, darunter Pflanzen, Tiere, Steine und Fossilien. Und falls Sie sich gefragt haben, wie so ein „Naturforscher“ Tierproben sammelt: Das hat normalerweise mit einem Gewehr und einem Einmachglas voller Alkohol zum Konservieren zu tun.

Im Laufe der fünfjährigen Reise hat Darwin die natürliche Welt, von den vielfältigen Arten der Galapagosinseln bis zu den geologischen Formationen Südamerikas, mit akribischer Genauigkeit beobachtet und katalogisiert. Das Ganze war aber nicht bloß ein großes Abenteuer zweier höchstelitärer Gentlemen und ihrer bunt zusammengewürfelten Crew. Nein, es war eine wissenschaftliche Odyssee, die in einer der revolutionärsten Ideen der Menschheitsgeschichte gipfelte: der Theorie von der Evolution durch natürliche Selektion.

Im Jahr 1859 veröffentlichte Darwin das Buch *Über die Entstehung der Arten*, das Newtons *Principia* als einflussreichster Text aller Zeiten Konkurrenz machen sollte. Darwin stellte die These auf, dass Arten mit der Zeit durch einen Vorgang natürlicher Selektion entstehen, wobei einzelne Lebewesen mit erblichen Merkmalen, die am besten zu ihrer Umgebung passen, mit höherer Wahrscheinlichkeit überleben, Nachkommen zeugen und jene Merkmale somit weitergeben. Dieser Prozess führt über riesige Zeiträume hinweg zur schrittweisen Entstehung neuer Arten. Darwins Idee kam einer radikalen Abkehr von der vorherrschenden Sichtweise gleich, nach der Arten unveränderlich waren und jede einzelne unabhängig von den anderen und für einen göttlichen Zweck erschaffen worden war … mit Ausnahme von Wespen, verdammte Mistviecher!

Darwins Arbeit war nicht nur deshalb revolutionär, weil sie eine simple und schlüssige Erklärung für die Vielfalt des Lebens auf der Erde lieferte, sondern auch, weil sie eine gemeinsame Abstammung für alle lebendigen Organismen nahelegte. Das hat vielen Leuten natürlich nicht gepasst. Samuel Wilberforce, der Bischof von Oxford, fragte Darwins Kollegen bekanntlich, ob jener seine Abstammung von einem Affen auf die Linie seines Großvaters oder seiner Großmutter zurückführe. Die Antwort war weitschweifig und so aufgeblasen, wie es für britische akademische Debatten typisch war, doch eine moderne Übersetzung würde in etwa lauten: „Frag doch deine Mutter!"

WISSENSCHAFT NACH LEHRBUCH

Die meisten von uns haben die Evolution auf die gleiche Weise kennengelernt: durch die eine Szene in *Jurassic Park*, in der Wissenschaftlerinnen und Wissenschaftler Dinosaurier im Labor erzeugen und der Anwalt gleich darauf von einem *T. rex* gefressen wird. Hat irgendwas mit DNA zu tun, richtig? Für diejenigen, deren Eltern vor Empörung direkt die Bibel herausgeholt haben, gab es die erste Lektion über Evolution wahrscheinlich erst im Sachkundeunterricht der Grundschule. Wahrscheinlich hat man Ihnen die gleiche alberne Karikatur von einem Affen gezeigt, der schrittweise zu einem Menschen wird, während er von links nach rechts läuft. Doch das ist nicht sonderlich präzise.

Fairerweise muss gesagt werden, dass auch Darwin selbst keine genaue Vorstellung von den Mechanismen hinter der Evolution hatte, weshalb man in der Schule nicht so viel über ihn erfährt. Zu seiner Zeit existierte das Konzept der *Gene* noch gar nicht, von der DNA ganz zu schweigen. Die moderne Auffassung der Evolution wird oft als *Synthetische Evolutionstheorie* bezeichnet und verbindet Darwins Theorie der natürlichen Selektion mit Aspekten der modernen Genetik. Das funktioniert im Prinzip wie folgt:

Jeder Organismus trägt genetische Informationen in Form von langen Molekülen mit sich herum, die man DNA nennt – oder Desoxyribonukleinsäure für diejenigen in Laborkitteln. Die DNA ist mikroskopisch klein und nicht direkt für die Unterschiede verantwortlich, die man an einzelnen Lebewesen sieht. Sie kodiert allerdings die sichtbar unterschiedlichen Erbeigenschaften, indem sie die Struktur und Funktion von *Proteinen* vorgibt. Proteine erfüllen konkrete Funktionen, etwa als Grundbausteine von Zellen und Geweben, aber sie können noch so viel mehr. Sie agieren als winzige Maschinen – Schalter, Pumpen, Motoren und Vehikel –, die chemische Reaktionen in Gang setzen und Moleküle durch den gesamten Organismus transportieren. Jeder Abschnitt des DNA-Moleküls, ein sogenanntes *Gen*, ist ein Fingerabdruck für ein spezifisches Protein, und Variationen an diesen Genen können zu Veränderungen in den hergestellten Proteinen führen, was wiederum die physischen Eigenschaften beeinflusst.

In freier Wildbahn sind Ressourcen wie Nahrung, Wasser, Unterschlupf und der eigene Influencer-Status begrenzt, und diese Knappheit führt zu einem Kampf ums Überleben. Organismen, deren Merkmale ihnen einen Vorteil in ihrer Umgebung verschaffen, haben eine höhere Überlebenswahrscheinlichkeit. Und je länger ein Organismus überlebt, desto mehr Zeit hat er um … ähm … na ja, Sie wissen schon. Sie tragen zwei nahezu identische Kopien Ihrer DNA in sich, jede von je einem Elternteil geerbt, und der Großteil dieses genetischen Materials ist bei allen Menschen gleich und kodiert die grundlegenden Aspekte der menschlichen Biologie.

Diese gemeinsame genetische Information ist verantwortlich für die grundlegenden menschlichen Bestandteile wie zwei Arme, zwei Beine, zehn Finger, zehn Zehen, ein Paar Augen, eine Nase, einen Mund, zwei Ohren, einen vollständigen Satz aus 32 Zähnen, ein rhythmisch schlagendes Herz, ein Paar Lungen zum Atmen, einen Magen und Eingeweide zur Verdauung, eine Leber und Nieren zur Entgiftung und Müllbeseitigung, ein komplexes Geflecht aus Blutgefäßen, ein Skelettsystem, das Struktur und Schutz bietet, Muskeln für die Bewegungsfähigkeit, eine Haut, die als Schutzhülle dient, einen Fortpflanzungsapparat, ein Netzwerk aus Nerven, um die Umgebung wahrzunehmen und darauf zu reagieren, Drüsen zur Freisetzung von lebenswichtigen Hormonen, ein Immunsystem zur Abwehr von Krankheitserregern, Haare an unterschiedlichen Körperstellen sowie – bei allen außer den „unentschlossenen Wählern“ – ein Gehirn.

Der nicht-identische Teil der DNA kodiert die Unterschiede zwischen Ihren Eltern, und die Kombination dieser Unterschiede bringt Ihre individuellen Merkmale hervor. Bei der Fortpflanzung erzeugen Sie eine nahezu perfekte Kopie Ihrer DNA, verfeinern die Gene mit einer kleinen Prise Variation und geben eine Hälfte davon schließlich an Ihren Nachwuchs weiter. Dessen neuer Genmix wird einerseits vielleicht Änderungen an der Farbe der Augen und Haare und anderen Dinge umfassen, die für Nicht-Rothaarige folgenlos sind, und dabei andererseits hoffentlich an den menschlichen Standardmerkmalen festhalten, die durch die Gene bestimmt werden, die wir alle miteinander teilen. Einige Merkmale verschaffen Ihrem Kind vielleicht einen Vorteil gegenüber anderen Menschen, die mit ihm um einen Paarungspartner oder eine -partnerin buhlen, und (das Intro von *König der Löwen* erklingt) der Kreislauf geht weiter. Und das, obwohl wir normalerweise zu der Ansicht neigen, dass unsere Spezies die Art von animalischen Verhaltensweisen nicht nötig hat, die nach der Erzählerstimme von David Attenborough verlangen.

Wenngleich Charles Darwin die molekularen Details nicht kannte, legte seine Beobachtung der Merkmalsvererbung und natürlichen Selektion den Grundstein für die moderne Evolutionsbiologie. Die Kenntnis des Mechanismus unterstreicht lediglich die Schlussfolgerung. Während verschiedene Populationen von Lebewesen unterschiedliche genetische Variationen anhäufen, entfernen sie sich im Laufe der Zeit immer weiter voneinander, bis das Ganze irgendwann zur Bildung von Dingen führt, die so unterschiedlich sind, dass wir sie als neue Arten bezeichnen. Dieser Vorgang ist nicht linear, sondern eher mit Ästen vergleichbar, die aus einem Hauptstamm hervorschießen und jeweils ihre ganz eigene Richtung einschlagen: Auf diese Weise entsteht der sogenannte *Stammbaum des Lebens*.

Und das ist nicht bloß eine Metapher. Es handelt sich um eine wissenschaftliche Darstellung der evolutionären Verwandtschaftsbeziehungen zwischen allen Lebensformen auf der Erde, die sich auf einen gemeinsamen Vorfahren zurückführen lassen. Darwins bahnbrechende Idee einer gemeinsamen Abstammung suggeriert, dass man, wenn man die Zeit zurückdrehte, darauf stoßen würde, dass alle lebendigen Organismen eine gemeinsame Wurzel haben – von den Menschen über die Magnolien bis hin zu den Meisen. Dieser Baum hat sich über Millionen von Jahren immer weiter verästelt, wobei jeder Ast eine andere Abstammungslinie darstellt. Kurzum: Darwin stammte nicht von einem Affen ab, doch wir teilen uns mit den Affen einen gemeinsamen Vorfahren, der wahrscheinlich nicht so imposant war wie jeder einzelne von uns beiden. Oder anders ausgedrückt: Wir und die Affen sind Cousins, falls das leichter zu verdauen ist.

UNNATÜRLICHE SELEKTION

Für die meisten lebendigen Dinge funktioniert die Evolution so, wie es diese kleine Geschichte zeigt. Uralte Schöpfungsmythen beziehen sich natürlich nicht auf so seltsame Dinge wie Viren, wobei manche davon nicht mal eine DNA besitzen und sich nicht durch Sex fortpflanzen, sondern durch Klonen. Dennoch gilt Darwins Grundidee auch hier, und zwar unabhängig von den Einzelheiten asexueller Fortpflanzung – ein Thema, bei dem ich mich mit einem pornospezifischen Witz zurückhalte, weil ich im Internet bisher noch nicht danach gesucht habe. Solang es eine Population von lebendigen Dingen gibt, die sich mit variierenden Merkmalen, die aufgrund ihrer Überlebensfähigkeit in einer Umwelt selektiert werden, fortpflanzen, wird *Evolution* stattfinden. Übrigens nutzen Computerwissenschaftler diese Schablone zur Lösung extrem schwieriger Probleme, indem sie die Evolution durch natürliche Selektion *nachahmen* – und nennen das Ganze sogar *genetische Programmierung*! Dabei „konkurrieren" Programme fast wie in der Natur miteinander, indem sie ihre Lösungen miteinander vergleichen lassen. Die besten Programme „überleben" und neue Programme mit leichten Variationen klonen und (das Intro von *König der Löwen* erklingt) der Kreislauf geht weiter.

Beim Prinzip der *künstlichen* Selektion wählt nicht die Natur nach wünschenswerten Eigenschaften aus, sondern der Mensch, und dieses Prinzip dient sowohl als mächtiger Beleg für die darwinsche Idee als auch als Erweiterung derselben. Diese vom Menschen gelenkte Evolution, die von landwirtschaftlichen Vorgehensweisen bis zu algorithmischen Simulationen überall zu finden ist, entwertet Darwins Gedanken überhaupt nicht. Sie untermauert sie vielmehr, indem sie die Prinzipien der Evolution in einem kontrollierten Setting vorführt. Und tatsächlich hat Darwin selbst sogar das Züchten von Pflanzen und Tieren als Analogie für seine Theorie verwendet.

In der Landwirtschaft praktiziert der Mensch künstliche Selektion schon seit Tausenden von Jahren. Durch die Auswahl von Pflanzen und Tieren mit bevorzugten Eigenschaften für die Zucht haben wir bestimmte Arten dramatisch verändert, um sie unseren Bedürfnissen anzupassen. So ist Mais zum Beispiel das Ergebnis der selektiven Zucht von Teosinte, einem Süßgras, das eher wie das aussieht, was *nach* dem Mais rauskommt, wenn Ihr Hund zu viel davon gefressen hat. Apropos, Hunde – vom Chihuahua bis zur Dänischen Dogge – sind ein weiterer Beleg für die Macht künstlicher Selektion (beziehungsweise deren Versagen, wenn man den Chihuahua fragt). Während die Natur Jahrtausende brauchen dürfte, um einen Wolf zu formen, kann die vom Menschen gelenkte Zucht einen Wolf binnen weniger Generationen in ein Modeaccessoire verwandeln. Das Ganze stellt die höchst wirksamen Mechanismen von Vererbung und Variation zur Schau, die Darwin als Erster vorgeschlagen hat (von der ausgesprochenen Grausamkeit hinter der These vom „Überleben des Stärksten", ob in freier Wildbahn oder in einer Handtasche, ganz zu schweigen).

Wer einen schwarzweißen Hund haben will, schnappt sich einen schwarzen und einen weißen Hund und ... na ja, drückt die Daumen. Was so viel heißt wie: Die selektive Zucht, die kein Wissen über die moderne Mikrobiologie erfordert, ist größtenteils noch immer ein „Zufallsprozess". Im Gegensatz dazu können wir heute mithilfe der *Gentechnologie* lebendige Wesen mit exakt den Merkmalen erschaffen, die wir haben wollen. Das Ganze an Säugetieren durchzuführen ist voller ethischer Hürden. Doch wenn die menschliche Geschichte ein guter Indikator für das ist, was wir in Zukunft tun werden (was sie in der Regel ist), dann werden wir uns schon bald aussuchen können, wie viele Punkte Fiffi haben soll. Ich bin für einen einzigen.

Während der Einsatz von Gentechnik bei Säugetieren nicht üblich ist, machen wir es mit Pflanzen andauernd. So werden die neuesten Maissorten nicht so sehr gezüchtet als vielmehr designed, was den Alptraum aller Konsumenten von Vollwertkost hervorbringt: einen GMO, einen gentechnisch modifizierten Organismus. Jede Sache, deren DNA künstlich verändert wurde, wird als *genetisch veränderter Organismus* bezeichnet. Wenn die konventionelle selektive Zucht den Wettlauf um ein erwünschtes Merkmal beschleunigt, benutzt die Gentechnik dafür einen „Cheat Code".

Mit Blick auf die immer weiter wachsende Macht der Wissenschaft wird es schwieriger, ihre verantwortliche Anwendung an künftige Generationen weiterzugeben, ganz egal, wie leicht das den Boomern in der Vergangenheit allem Anschein nach gefallen ist. Da wir mit der Fähigkeit hantieren, das Leben selbst zu formen, rücken ethische Überlegungen in den Vordergrund. Wo ziehen wir eine rote Linie bei der Genmanipulation, was für einen Schaden könnten wir dabei anrichten und welche Verantwortungen haben wir gegenüber den Arten, die wir verändern? Erinnern Sie sich an die Vorahnung zurück, die Jeff Goldblum alias Ian Malcolm in *Jurassic Park* hatte: „Ja, aber Ihre Leute waren nur darauf konzentriert, ob Sie es schaffen konnten,

[…] [und] nicht, ob sie es tun sollten, diese Frage stellte sich keiner." Wobei die schlimmste Folge der Gentechnik im *Jurassic*-Universum ehrlich gesagt nur zu viele Fortsetzungen mit Chris Pratt in der Hauptrolle zu sein scheinen.

Wenn man die Frage „Sollten wir neue Dinosaurier erschaffen?" kritisch betrachtet, scheint die Antwort darauf offensichtlich. Stattdessen könnten wir aber auch fragen: „Was passiert, wenn wir es nicht tun?". Liegt es in unserer Verantwortung, lebensbeeinträchtigende genetische Krankheiten zu behandeln oder genetische Störungen zu korrigieren, bevor ein Kind überhaupt geboren wird? Im größeren Maßstab betrachtet, könnten Gentechnologien eine Rolle beim Schutz der Biodiversität spielen, etwa indem sie ausgestorbene Arten auferstehen lassen oder die genetische Vielfalt gefährdeter Arten stärken könnten. Wenn wir in der Lage sind, die Welt zum Besseren zu verändern, sollten wir es dann auch tun?

Schon allein die Tatsache, dass wir die ethischen Folgen unserer neu entdeckten Kräfte überhaupt abwägen können, ist ein Beleg für Darwin. Jedes moralische Dilemma und jede Entscheidung darüber, was es zu bewahren, zu verändern oder zu verbessern gilt, stellt die Tiefe unseres wissenschaftlichen Verständnisses von der Essenz des Lebens unter Beweis. Unsere Fähigkeit, das Leben auf der genetischen Ebene zu manipulieren, ist eine eindrucksvolle Erinnerung an die evolutionären Mechanismen, über die wir jetzt selbst die Kontrolle haben.

Unsere tollen Fähigkeiten auf dem Gebiet der Genetik und der künstlichen Selektion stellen aber nicht nur eine Erweiterung der darwinschen Ideen dar, sondern taugen auch dazu, die Gültigkeit der Evolutionstheorie zu untermauern, während sie zugleich traditionelle Schöpfungsmythen infrage stellen. Diese Mythen bleiben statisch und auf ihre jeweilige Zeit beschränkt, wenngleich sie von kultureller Bedeutung und reich an Symbolik sind. Verglichen damit ist Darwins

Theorie, die permanent durch die moderne Wissenschaft gestützt und erweitert wird, in ein anpassungsfähiges Bezugssystem eingebettet, das mit jeder neuen Entdeckung wächst. Die Wissenschaft ist weniger eine Überzeugung, die bestenfalls den Trost intellektueller Betäubung bietet, sondern eher ein Bekenntnis zur kontinuierlichen Ausweitung unseres Verständnisses. Diese grundlegende Differenz in Sachen Überzeugung ist das, was uns vorantreibt, der Treibstoff für unser unermüdliches Streben nach Antworten.

Aber weil sich Fragen wie die nach dem Ursprung des Lebens nicht nur mit einer einzigen Wissenschaft beantworten lassen, muss unsere Geschichte weitergehen. Doch während wir in der Zeit *vorwärts-* und dabei über Darwin hinausschreiten, bewegen wir uns ironischerweise zugleich rückwärts.

WO KOMMT DIE ERDE HER?

Wir können nicht eindeutig sagen, wie und wann das Leben anfing. Wir haben jedoch eine ziemlich gute Vorstellung vom Alter unserer kosmischen Nachbarschaft. Die Erde, die Sonne und der Rest der Bande in unserem Sonnensystem sind ungefähr 4,5 Milliarden Jahre alt – und das ist nicht bloß eine fundierte Schätzung. Es handelt sich um eine Zahl, die unisono von verschiedenen Wissenschaftsdisziplinen, allen voran Geologie und Astrophysik, gestützt wird. Und sie steht in direktem Widerspruch zu vielen unserer liebsten Schöpfungsmythen.

Das Verfahren zur Datierung unseres Planeten und seiner Sonnengeschwister verlangt ein bisschen nukleare Detektivarbeit. Wissenschaftlerinnen und Wissenschaftler können den Zerfall radioaktiver Substanzen in Gestein, Mineralien und sogar in Pizzaresten analysieren, um deren Alter zu berechnen. Dieser Zerfall erfolgt mit einer Rate, die so vorhersehbar ist wie die Ansprüche eines Fahrgasts der Schweizer Bahn, da jedes radioaktive Material eine innere Uhr besitzt, die man *Halbwertszeit* nennt. Stellen Sie sich eine Sanduhr vor, die aber nicht mit Sand, sondern mit zerfallenden Atomen gefüllt ist, wobei die Hälfte von ihnen innerhalb einer Halbwertszeit zerfallen sind. Indem wir also messen, wie viel zerfallenes Material in einer Probe vorkommt, und wie dessen Halbwertszeit lautet, können wir das Alter der Probe bestimmen.

Die Karbondatierung ist seit den 1940er-Jahren der Superstar in der Welt der Altersdatierung. Sie ist bis heute das Standardverfahren für organische Materialien, die weniger als 50.000 Jahre alt sind, und hat dabei Forschungsfelder wie die Archäologie, die Paläontologie und die Klimaforschung revolutioniert (was im Übrigen eine echte Wissenschaft ist, ganz egal, was der Schreihals auf YouTube gesagt hat). Ihre Grenzen bei der Bestimmung älterer Materialien haben es jedoch nötig gemacht, andere Methoden zu entwickeln, um tiefer in die Erdgeschichte eintauchen zu können.

Um das Alter der Erde zu schätzen, verlassen sich Wissenschaftlerinnen und Wissenschaftler auf die Methoden der Rubidium-Strontium- sowie der Uran-Eisen-Datierung, was beides nicht so leicht von der Zunge geht wie Karbondatierung. Allerdings hat die bei der Karbondatierung genutzte Kohlenstoffart eine Halbwertszeit von einigen Tausend Jahren, während sich die Lebensspannen dieser anderen Mineralien im Bereich von *Milliarden* Jahren bewegen, wodurch sie längere historische Zeiträume abdecken können. Wenn man diese Methoden bei uralten Felsen, Meteoriten und sogar Mondgestein anwendet, weist bis heute alles darauf hin, dass die Erde und der Rest des Sonnensystems etwa 4,54 Milliarden Jahre alt sind.

In der Zwischenzeit hat die Astrophysik Schätzungen geliefert, die diese geologischen Befunde stützen und damit ein zusammenhängendes Bild von der Entstehung und Entwicklung des Sonnensystems bekräftigen. Astrophysikalische Schätzungen über das Alter des Sonnensystems basieren auf der Erforschung der Entwicklung von Sternen. Unsere Sonne ist ein sogenannter *Hauptreihenstern.* Die Hauptreihenphase eines Sterns ist durch die stabile Verbrennung von Wasserstoff zu Helium in seinem Kern bestimmt, wobei die Lebenserwartung eines solchen Hauptreihensterns überwiegend von seiner Masse abhängt. Größere Sterne verbrennen ihre Wasserstoffvorräte schneller und verbringen weniger Zeit in der Hauptreihenphase, während kleinere Sterne viel länger in der Hauptreihe verweilen können, da sie ihren Brennstoff langsamer verbrauchen. Da die Masse der Sonne eine Sonnenmasse beträgt (kein Zufall), was grob gesagt einem mittelgroßen Stern entspricht, sagen ihr unsere besten Sonnenmodelle eine Lebensdauer von insgesamt rund zehn Milliarden Jahren in der Hauptreihe voraus.

Um den Lebenszyklus von Sternen zu verstehen, greifen Wissenschaftlerinnen und Wissenschaftler auf astronomische Beobachtungen, theoretische Modelle und Computersimulationen zurück. Indem wir die Helligkeit (fachsprachlich *Leuchtkraft*), die Oberflächentemperatur und die Zusammensetzung eines Sterns (die sich von seinem Lichtspektrum ableiten lässt) messen, können wir dessen aktuelles Alter schätzen. Im Fall unserer Sonne decken sich diese Merkmale mit denen eines Sterns, der sich mitten in seiner Hauptreihenphase befindet. Diese Schätzung ist nicht so präzise wie die der Steinesammler, bewegt sich aber in der Größenordnung von 4,6 Milliarden Jahren, was sich mit unabhängigen Schätzungen deckt. Diese nahezu deckungsgleichen Befunde aus mehreren Disziplinen unterstreichen die Robustheit der gegenwärtigen wissenschaftlichen Erkenntnisse über das Alter unseres Sonnensystems.

Wir haben auch eine ziemlich gute Vorstellung davon, *wie* die Erde entstanden ist. Die Astronomen haben im Weltraum *Sternenkinderstuben* beobachtet – Sternentstehungsregionen. Dabei handelt es sich im Wesentlichen um Wolken, die hauptsächlich aus Wasserstoff und anderen Elementen bestehen, die von Supernova-Explosionen früherer Sterne übriggeblieben sind. In diesen Staubklumpen werden echte „Stars“ geboren, egal, was man Ihnen in Nashville weismachen will. Die stellaren Kinderstuben beherbergen *Protosterne* (solche in der Frühphase der Sternentwicklung), die häufig von rotierenden Scheiben aus Gas und Staub, die man *Akkretionsscheiben* nennt, umgeben sind. In eben diesen Scheiben entstehen Planeten, Asteroiden und andere Bewohner von Sonnensystemen. Die Erde ist also im Grunde genommen aus Überbleibseln entstanden, die nicht das Zeug zum Stern hatten. Während sich die Sonne in ihrer stellaren Kinderstube entzündete, rückten die um sie herumwirbelnden Reste aus Staub und Gas unter der hartnäckigen Umklammerung der Schwerkraft allmählich immer näher zusammen.

Im Laufe der Zeit blieben diese Teilchen aneinander kleben, wobei sie immer größere Klumpen bildeten, fast wie ein Schneeball, der immer weiterwächst, wenn man ihn den Hügel runterrollt (nur mit weniger Frostbeulen und mehr kosmischer Bedeutung). Wenn der Schneeball groß genug wird und genügend Zeug aus dem Weg geräumt hat, wird aus ihm ein Planet – das sind wir!

Erstaunlicherweise war fast jedes Atom, das heute auf der Erde vorkommt, schon damals am Start. Die Berge, das Wasser, die Luft, der Boden, Sie selbst und der große Hundehaufen da hinten sind allesamt nichts anderes als immer dieselben Atome, nur in unterschiedlichen komplexen Anordnungen. Jene Atome waren das Produkt einer Supernova-Explosion, die die Sternenkinderstube hervorgebracht hat, in der unsere Sonne und unsere Erde entstanden. Das heißt also, dass Sie in gewisser Weise wirklich aus Sternenstaub bestehen – eine Tatsache, die einen einerseits wahrhaft demütig macht und andererseits zu einer Art Klischee für Wissenschaftsdokus geworden ist. Sie und ich sind eine kuriose Mischung aus den Gesetzen der Natur, die unermüdlich ihrer Arbeit nachgingen, während sich willkürliche Glückstreffer in der Anordnung von Atomen irgendwann zu einem Muster zusammenfanden, das komplex genug war, um sich selbst zu reproduzieren.

Für einen urzeitlichen Menschen hätte diese Entstehungsgeschichte ausgereicht, weil er oder sie nicht gewusst hätte, dass die Sterne nur andere Sonnen sind, die Milchstraße nur eine von Hunderten Milliarden von Galaxien ist und Billionen von weiteren Galaxien nur darauf warten, entdeckt zu werden. Heute wissen wir dank der Hilfe von Wissenschaft und Technologie jedoch, dass an dieser Geschichte noch mehr dran sein muss … denn wo kam unsere Galaxie her … und was war davor?

RAUM, ZEIT UND RAUMZEIT

Die meisten kulturellen Mythen haben, mit wenigen Ausnahmen, eine Schöpfungskomponente. Auch wenn nur selten ein genauer Zeitpunkt genannt wird, hatte das Universum aus Sicht vieler Kulturen auf jeden Fall einen Anfang. Genau das Gegenteil galt für den größten Teil der Physikgeschichte. Der wahrscheinlich einflussreichste Physiker aller Zeiten war der griechische Philosoph Aristoteles. Aristoteles' Vision eines ewigen Kosmos war die von einer Reihe von gläsernen, konzentrischen Sphären, die sich um eine stationäre Erde drehten, während die Sterne an der äußersten Sphäre fixiert waren. Dieses geozentrische Modell stellte vom Zeitpunkt seiner Niederschrift um 300 v. u. Z. bis zur Wissenschaftlichen Revolution die Grundlage kosmologischen Denkens dar – obwohl es nicht korrekt war. Doch selbst wenn der Großteil von Aristoteles' Physik spekulativ oder schlichtweg falsch war, hat seine Vorstellung eines ewigen Universums überlebt – man könnte sogar sagen, sie wurde gestärkt.

Wie ein paar Seiten zuvor erläutert, hat Newton unser Verständnis des physikalischen Universums durch seine Mathematisierung von Raum und Zeit revolutioniert. Er führte die Konzepte des absoluten Raums und der absoluten Zeit ein. Newton stellte sich den Weltraum als ein riesiges Behältnis vor, in dem Objekte existieren und sich bewegen und die Zeit als eine Art Fluss, von den Ereignissen in diesem Behältnis unberührt, vorwärts strömt. Und während sein Universum eher einem Uhrwerk glich als einer Matroschka aus gläsernen Sphären, war es dennoch eine unendliche und statische Bühne, auf der die Gesetze der Bewegung im Verborgenen die Strippen zogen.

Trotzdem gab es da immer ein Gefühl des Unbehagens. Newton selbst gab zu, die Vorstellung, dass die Gravitation durch den leeren Raum hindurch eine Fernwirkung entfalte, sei in philosophischer Hinsicht unbefriedigend. Ein Problem damit, sich eine Nadel hinters Auge zu stecken und dadurch beinahe selbst zu blenden, hatte er hingegen nicht. Seine berühmten Worte „Hypothesen erdenke ich nicht", die den Mechanismus der Gravitation betrafen, nahmen eine Revolution in unserem Verständnis von Raum und Zeit vorweg, die das gesamte Gebäude der klassischen Kosmologie zum Einstürzen bringen sollte.

Im Jahr 1905, dem unbestrittenen Schlüsseljahr in den Annalen der Physik, veröffentlichte ein junger deutscher Patentbeamter, der in der Schweiz arbeitete, mehrere Arbeiten zu voneinander unabhängigen Themen, mit denen er unser Verständnis des Universums für immer verändern würde – und auch das, was eine Google-Bildersuche nach dem Wort „Wissenschaftler" ausspucken sollte. Albert Einstein, damals noch ein Niemand in der Welt der Physik, bewies die Existenz des Atoms durch die Erfindung der statistischen Physik, bewies die Existenz von Photonen (Lichtteilchen) durch die Erfindung der Quantenphysik und widerlegte die Existenz des absoluten Raums und der absoluten Zeit durch die Erfindung der Relativitätstheorie (und dabei habe ich nur ein kleines bisschen übertrieben). Und während die statistische Physik komplex und die Quantenphysik verwirrend ist, ist die Relativitätstheorie eine richtig harte Nuss.

Einstein betrachtete sogenannte *inertiale* Beobachter, das heißt solche, die sich mit konstanter Geschwindigkeit in eine Richtung bewegen – wie wenn man stillsteht oder in einem fahrenden Zug sitzt. Seine erste Annahme war, dass die Gesetze der Physik für jeden Beobachter die gleichen sind, was unstrittig ist. Die zweite lautete, dass die Lichtgeschwindigkeit für jeden Beobachter denselben Messwert ergeben werde, was nicht ganz so intuitiv ist. Diese Geschwindigkeit wird üblicherweise mit dem Buchstaben c angegeben und beträgt 300 Millionen Meter pro Sekunde. Zusammengenommen machen diese beiden einfachen Aussagen die *Spezielle* Relativitätstheorie aus. Sie ist „speziell" wegen der Sache mit dem inertialen Beobachter und nicht etwa, weil es sich um Einsteins kleine Lieblingstheorie handelte, die über alles erhaben war und deren Konsequenzen direkt voller Stolz an den Kühlschrank gehängt wurden.

Die Spezielle Relativitätstheorie legt unmittelbar – wenn auch nicht gleich offensichtlich – die radikale Vorstellung nahe, dass Raum und Zeit keine separaten Einheiten sind, sondern voneinander abhängig sein müssen: Sie werden zu etwas zusammengefasst, dass wir heute als *Raumzeit* bezeichnen. Es gibt keinen absoluten Raum und keine absolute Zeit. Nach Einstein müssen Ereignisse, die von einem Standpunkt aus betrachtet gleichzeitig erscheinen, von einem anderen Standpunkt aus nicht unbedingt gleichzeitig sein, wenn sich die Beobachter relativ zueinander bewegen. Einstein war mehrere Jahre lang darum bemüht, das „Spezielle" aus der Speziellen Relativitätstheorie zu tilgen, was ihm schließlich 1915 gelang. Damit schuf er die Möglichkeit, dass sich die Beobachter in seiner Theorie nicht nur auf gleichbleibenden geraden Linien bewegen. Diese „nicht-spezielle"

Version wird *Allgemeine* Relativitätstheorie genannt. Ihre entscheidende Neuerung ist die Notwendigkeit einer *gekrümmten* Raumzeit, die aufs Engste mit Masse und Energie interagiert.

Massereiche Objekte wie Sterne und Planeten verformen den Weltraum um sie herum und diese Krümmung lenkt die Bewegung anderer Objekte. Ein klassisches Bild, wie man sich das vorstellen kann, sind verschieden große Bälle auf einem Trampolin. Die Bälle bewegen sich nicht etwa deswegen auf dem gespannten Stoff, weil eine Kraft sie zueinander hinzieht, sondern weil es die Oberfläche selbst ist, die sie lenkt. Die Raumzeit funktioniert ähnlich, wobei sie mehr Dimensionen besitzt. Die durch die Krümmung gesteuerte Bewegung, die von Einsteins Theorie diktiert wird, entspricht exakt dem, was man erwarten würde, wenn eine Kraft (nämlich die Gravitation) gewirkt *hätte*. Mit anderen Worten: Newtons Gravitation ist eine Illusion; es gibt nur die Materie und die Raumzeit. Oder wie es John Archibald Wheeler ausdrückte: „Die Raumzeit sagt der Materie, wie sie sich zu bewegen hat. Die Materie sagt der Raumzeit, wie sie sich zu krümmen hat."

Einsteins Erkenntnisse haben unser Verständnis des Universums grundlegend verändert: weg von der Auffassung einer statischen, unveränderlichen Bühne und hin zu einem dynamischen, sich entwickelnden Gebilde. Seine Theorien legten nahe, dass das Universum keine feststehende Kulisse ist, sondern ein dynamischer Schauplatz, auf dem die Raumzeit auf- und abwogt. Dieser Perspektivwechsel – von der newtonschen Vorstellung eines statischen, unveränderlichen Universums zum Bild eines dynamischen, sich ständig verändernden Kosmos – stellte eine der tiefgreifendsten Transformationen in unserem Verständnis des Universums dar. Und er ebnete den Weg für die moderne Kosmologie, indem er den Rahmen für unsere heutige wissenschaftliche Auffassung über die Ursprünge des Universums lieferte.

EIN EXPANDIERENDES UNIVERSUM

Anfangs favorisierte Einstein ein statisches Raumzeit-Modell, zumindest im kosmologischen Maßstab. Er war so felsenfest von dieser Sichtweise überzeugt, dass er die sogenannte *kosmologische Konstante* einführte, einen zusätzlichen Term in seinen Gleichungen, der ein statisches Universum sicherstellen sollte. Einstein wusste, dass es sich dabei um eine theoretische Krücke handelte, doch der vorherrschende wissenschaftliche Konsens jener Tage konnte mit einem veränderlichen Kosmos einfach nichts anfangen. Dabei ahnte er gar nicht, dass seine eigenen Gleichungen den Keim einer revolutionären Idee in sich trugen.

In den 1920er-Jahren arbeiteten der russische Physiker und Mathematiker Alexander Friedmann und der belgische Physikprofessor Georges Lemaître unabhängig voneinander an Einsteins Gleichungen, als sie auf Lösungen stießen, die ein expandierendes Universum enthielten. Friedmanns Arbeit, begonnen im Jahr 1922, enthüllte eine Reihe von Möglichkeiten, in denen sich das Universum ausdehnen oder zusammenziehen konnte oder ein bisschen von beidem tat, so ähnlich wie die Taille von Vätern mittleren Alters in der Urlaubszeit. Währenddessen schlug Lemaître 1927 ein ähnliches Modell vor, wobei er aber noch einen Schritt weiter ging und behauptete, dass das Universum mit der Explosion eines „urzeitlichen Atoms" begonnen habe. Seine Anspielung auf die religiöse Mythologie war dabei wahrscheinlich alles andere als Zufall, denn Lemaître war zufällig auch katholischer Priester. Einstein verwarf Lemaîtres Arbeit, nachdem er sie das erste Mal gelesen hatte, bekanntlich direkt wieder und merkte an: „Ihre Berechnungen sind zwar mathematisch richtig, aber Ihre Physik ist schrecklich." Diese Skepsis wich jedoch schon bald Akzeptanz, als sich die empirischen Belege zunehmend häuften.

Noch bis in die späten 1920er hinein überwog die Auffassung, dass unsere Milchstraße das gesamte Universum darstellen würde. Dieses kuschelige und irgendwie provinzielle Bild des Weltalls ähnelte dem simplen geozentrischen Modell vorangegangener Jahrhunderte. Anders als einst Galileo mit seinem Hinterhofteleskop stand Edwin Hubble das größte Teleskop der Welt zur Verfügung, das 2,5-Meter-Hooker-Teleskop, welches auf einem Berggipfel in Kalifornien stationiert war. Mit diesem beobachtete Hubble (diesmal so ähnlich wie Galileo) mehrere „Nebel", die man für Wolken aus Staub in der Milchstraße gehalten hatte, und entdeckte, dass es sich dabei um komplette Galaxien außerhalb der Milchstraße handelte. Auf diese Art wurden wir vom einstigen Zentrum eines klitzekleinen Universums zu einem vollkommen unbedeutenden Klecks in einer typischen Galaxie in einem unfassbar gigantischen Kosmos.

Überraschenderweise war das noch nicht mal Hubbles berühmteste Entdeckung. Beim Studieren dieser weit entfernten Galaxien stellte er fest, dass sie sich von uns wegbewegten, und je weiter sie von uns weg waren, desto schneller schienen sie sich zu entfernen. Daraus schloss Hubble, dass das Universum sich ausdehnt, und zwar gleichförmig in alle Richtungen. Diese Entdeckung war der empirische Beweis, der die theoretischen Modelle eines expandierenden Universums von Friedmann und Lemaître bestätigte. Einstein gestand schließlich ein, dass seine Einführung der kosmologischen Konstante unnötig gewesen war, und nannte sie seine „größte Eselei".

Und wenn sich nun alles von allem anderen in der Zeit *vorwärts* wegbewegt, was passiert dann, wenn wir uns vorstellen, dass wir uns in der Zeit rückwärts bewegen? Nun ja, offensichtlich muss alles einmal an einem einzigen Punkt zusammengequetscht gewesen sein, genau wie von Lemaître behauptet. In einem Radiointerview der BBC von 1949 bezeichnete der Physiker Fred Hoyle den Gedanken, dass das Universum mit einer gigantischen Explosion begonnen habe, abfällig als den „Big Bang“, den Urknall. Er verfolgte damit die Absicht, Lemaîtres dramatisches und singuläres Ereignis seiner eigenen sogenannten Steady-State-Theorie gegenüberzustellen; sie handelte von einem Universum, in dem eine statische Dichte durch die permanente Erschaffung von Materie aufrechterhalten wird. Zum Leidwesen von Hoyle wurde Lemaîtres Theorie jedoch unheimlich populär, indem er ihr einen griffigen und einprägsamen Namen verpasst hatte, und ist heute im Prinzip das allgemein anerkannte wissenschaftliche Modell des Kosmos. Möge das all den Hoyles da draußen eine Lehre sein: Versucht nicht, den Schlaumeier zu spielen; nennt euren Gegner einfach einen Idioten und lasst es gut sein.

DIE KÜRZESTE GESCHICHTE DER ZEIT: EINE WISSENSCHAFTLICHE ENTSTEHUNGSGESCHICHTE

Am Anfang unseres Universums stand kein göttliches Wort und kein kosmischer Traum, sondern ein singuläres Ereignis: der Urknall. Vor etwa 13,8 Milliarden Jahren begann das uns heute bekannte Weltall mit einer unvorstellbar dichten und heißen Kugel aus purer Energie. Der Urknall war jedoch keine Explosion im Raum, sondern eher eine rasante Expansion des Raumes selbst.

Im winzigsten Bruchteil der ersten Sekunde erlebte das Universum einen Zeitraum rasend schneller Inflation. Dieses exponentielle Wachstum des Raums ließ den Kosmos gleichmäßig und glatt werden, in etwa so, wie wenn man ein zerknittertes Tischtuch nimmt und schnell auseinanderzieht, damit es glatt und eben erscheint. Im Laufe der Abkühlung und der Expansion des Universums erreichte es Temperaturen, die zu Kernreaktionen führten, und die ersten einfachen Elemente, insbesondere Wasserstoff und Helium, bildeten allmählich eine heiße Plasmasuppe. Die Expansion und Abkühlung hielten an, bis richtige neutrale Atome (Protonen mit eingefangenen Elektronen) entstanden. Und während diese Atome ihre Energie verringerten, setzten sie Licht in das inzwischen transparente Universum frei.

Dieses Licht ist über die letzten 13,8 Milliarden Jahre durchs Weltall gereist und wir können es bis heute als energiearme Strahlung messen, die uns aus allen Richtungen erreicht. Dieser *kosmische Mikrowellenhintergrund* entspricht den ältesten direkten empirischen Daten, die wir über das Universum haben: eine Karte des Kosmos in den ersten Hunderttausend Jahren seiner Existenz. Ein paar Hundert *Millionen* Jahre später hatte sich das Universum so weit abgekühlt, dass die ersten Sterne inmitten von Wolken aus Wasserstoff entstanden, die sich durch ihre gegenseitige Krümmung der Raumzeit zusammenzogen. Diese Sterne waren die nuklearen Brennkammern, in denen schwerere Elemente gebildet wurden – Elemente, die eines Tages zu den Bausteinen von Planeten und des Lebens werden sollten.

Als sich dann Galaxien bildeten und weiterentwickelten, gab es da eine geheimnisvolle unsichtbare Masse, die diese Galaxien zusammenhielt und die wir *Dunkle Materie* nennen.

Obwohl nicht direkt nachweisbar, können wir ihre Anwesenheit aus Gravitationseffekten ableiten, die sich anders nicht erklären lassen. Über Milliarden von Jahren hinweg hat diese Dunkle Materie als kosmisches Gerüst gedient, auf dem Galaxien und Galaxienhaufen errichtet wurden. Heute finden wir ein kosmisches Gewebe aus Galaxienhaufen vor, die auf komplizierte Weise durch Fäden anderer Galaxien, welche zu Ranken aus Dunkler Materie hingezogen werden, verbunden sind und so die großräumige Struktur des beobachtbaren Universums bilden.

Die Gravitation hätte diese ganze Masse, egal ob dunkler oder anderer Natur, eigentlich zusammenziehen sollen. Doch unser Universum dehnt sich nicht nur aus, sondern es tut dies sogar in zunehmendem Tempo. Die genaue Ursache dafür kennen wir nicht, weil wir es nicht direkt beobachten oder messen können, aber es muss so sein, dass das gesamte Universum von irgendeiner vorwiegend gleichförmigen, nach außen gerichteten Druckquelle durchdrungen ist. Wir nennen sie *Dunkle Energie*, eine offensichtliche Analogie zur Dunklen Materie. Wo sie uns hinführen wird, wissen wir nicht – und trotzdem sind wir hier, ein kleiner und doch wunderbar komplexer Glückstreffer aus sich selbst reproduzierender Information in einem Universum, das sich immer weiter ausdehnt und mit einer riesigen Vielfalt an Galaxien, Sternen, Planeten, Staub und Energie gefüllt ist. Das hier ist unsere Geschichte und obwohl sie uns nicht in den Mittelpunkt stellt, ist es trotz allem die beste, die wir haben.

EINE NEUE RELIGION

Die meisten Diskussionen, die sich um Wissenschaft und Religion drehen, spielen sie gegeneinander aus. Dabei ist es durchaus interessant, ihre Ähnlichkeiten hervorzuheben. Zunächst einmal teilen wissenschaftliche wie mythologische Schöpfungsgeschichten eine Erzählstruktur, die mit einem Urzustand beginnt: der Singularität in der Urknalltheorie oder dem ursprünglichen Chaos in vielen Mythen. Danach schreitet die Story durch eine Reihe von transformatorischen Ereignissen voran, die in den gegenwärtigen Zustand der Welt münden, wobei der Höhepunkt – natürlich – die Existenz einer Gruppe von Leuten ist, die sich die Frage stellen, wie sie dorthin gelangt sind.

Und tatsächlich versuchen beide Geschichtenarten, die Ursprünge des Lebens, der Erde und des Universums zu erklären und verfolgen dabei das Ziel, grundlegende menschliche Fragen darüber zu behandeln: wo wir herkommen und wie die Welt um uns herum entstanden ist. Genau diese existenziellen Fragen scheinen uns nämlich in einer ironischen Wendung des evolutionären Schicksals von allen anderen Lebewesen zu unterscheiden. Die Ungewissheit kann uns schwächen, unseren Verstand, der nach Antworten verlangt, lähmen – und so ist es auch keine Überraschung, dass eben jener Verstand auf unsere Rufe antwortet.

Früher hat der Verstand darauf oft mit Kriegen geantwortet, während sich die Debatte über den Kreationismus in letzter Zeit vom Schlachtfeld ins Klassenzimmer, den Gerichtssaal und ein ganz bestimmtes Drecksloch neben der US-Interstate 275 verlagert hat. Das „Creation Museum" in Petersburg im US-Bundesstaat Kentucky, das von einem der Hauptakteure der sogenannten „Young Earth Creationism"-Bewegung (YEC) gegründet wurde, zeigt Exponate von Drachen neben Abbildungen von Menschen und Dinosauriern, die zur selben Zeit leben. Das Ganze ist wie eine Folge der *Familie Feuerstein*, nur ernstgemeint. So ein Quatsch ist nötig, wenn man die Bibel wörtlich nimmt. Die Ideen der YEC-Anhänger stützen sich auf die Abstammungslinien biblischer Figuren und gehen davon aus, dass das gesamte Universum nicht mal 6000 Jahre alt ist und binnen sechs Tagen erschaffen wurde.

Dann ist da noch das sogenannte *Intelligent Design*, das wie das traurige kreationistische Versuchsprojekt für eine Wissenschaftsmesse daherkommt. Seine Vertreterinnen und Vertreter behaupten, dass es eine „intelligente Ursache" hinter der Komplexität des Lebens gäbe, wobei sie sich zwar explizit von biblischen Bezügen distanzieren, dabei aber oft dieselben Grundmotive nutzen, die man bei extremeren Bewegungen findet. Ein kurzer Sprung ins Jahr 2004 nach Dover im US-Bundesstaat Pennsylvania, wo das örtliche Schulamt das Intelligent Design heimlich in den Biologie-Lehrplan einschmuggeln wollte wie alternative Fakten in einen Wikipedia-Artikel. Zum Glück sagte (der von keinem Geringeren als Präsident George W. Bush ernannte) Richter John E. Jones III. nur ein Jahr später „Mal sehen, wer du wirklich bist“, bevor er dem Intelligent Design auf einem *Sherlock*-artigen Höhepunkt den Laborkittel vom Leib riss und enthüllte, dass es sich von Anfang an um Kreationismus gehandelt hatte. So etwas an öffentlichen Schulen zu lehren ist im Grunde genommen genauso verfassungswidrig wie dem Lehrer seine Knarren wegzunehmen.

Während es verlockend ist, in den Chor der Wissenschaftlerinnen und Wissenschaftler einzustimmen, die religiöse Glaubensvorstellungen mit neurochirurgischer Präzision sezieren, ist das hier nicht das Terrain, auf das wir uns begeben wollen. Es geht hier nicht darum, Tante Emmas heiß geliebten Glauben an eine göttliche Gartenparty mit Adam, Eva und einer hinterhältigen Schlange mit dem Vorschlaghammer zu traktieren. Nein, meine Aufgabe besteht darin, die Werbetrommel für die wissenschaftliche Forschung zu rühren, weil sie es – bedauerlicherweise – nötig hat. Und das, obwohl es doch eigentlich attraktiv genug sein müsste, ein Universum zu enthüllen, das so viel detailreicher und fantastischer ist, als sich das jede beliebige alte Schrift ausdenken könnte. In jedem Fall gibt es eine richtige und eine falsche Art, das zu tun.

Herkömmliche Schöpfungsmythen stellen Menschen in den Mittelpunkt der Geschichte. Dieses Vorgehen hat einen naheliegenden Reiz, wenn man irgendetwas darüber weiß, wie Menschen ticken und was aus ihrer Sicht eine fesselnde Erzählung ausmacht. Und während solche Geschichten ganz objektiv betrachtet eindeutig falsch sind, versuchen moderne Interpretationen oft, ihnen eine rein symbolische oder metaphorische Bedeutung zu entlocken. Das hat zwar seinen ganz eigenen Nutzen, liefert aber keine Antworten mehr auf die ursprüngliche Frage. An ihrer Stelle wird die wissenschaftliche Entstehungsgeschichte oft wortwörtlich verstanden, als handle es sich dabei um eine tatsächliche Geschichte kosmischer Ereignisse – und das erzeugt wiederum ein neues Problem … bei dem es sich in Wahrheit um dasselbe alte Problem handelt.

Der Aufstieg des *Szientismus*, der Vorstellung, dass die Wissenschaft die ultimative Autorität sei, ist ein Spiegelbild der Starrheit, die viele religiöse Doktrinen ausmacht. Und er bringt ein neues Dogma mit sich, das diesmal von berühmten Wissenschaftsstars gepredigt wird. Dieser Standpunkt, der liturgische Gewänder durch Laborkittel ersetzt, entwickelt sich zu einer neuartigen Orthodoxie, bei der die Anhänger des Szientismus mit unerschütterlicher Überzeugung an wissenschaftlichen Hypothesen festhalten. Das Ganze ist eigentlich auch gar nicht so überraschend, wenn man bedenkt, dass wir viele unserer wissenschaftlichen Theorien als „universelle Gesetze" bezeichnen. In seiner Extremform stellt der Szientismus – dort, wo Wissenschaft und Technik miteinander verschmelzen – den kosmischen Celebrity-Status der Menschheit wieder her (ein zweifellos tröstliches Gefühl). In unserer Hybris malen wir uns aus, dass dieses epische Märchen von der katastrophalen Geburt und Wiedergeburt des Universums, der Galaxien und der Sterne nur das Vorgeplänkel für unseren Auftritt wäre, statt einfach ein Gefühl von Ehrfurcht und Bewunderung zu verspüren. Wir sind die Hauptattraktion und mit unseren ständig wachsenden technologischen Fähigkeiten wird auch der Kosmos schon bald uns gehören.

DEMUT

Das Problem mit dem Szientismus ist, dass er genauso starr werden kann wie eben jene religiösen Doktrinen, die er ablösen will, und so seinen eigenen Kanon aus unbestreitbaren Mythen erstellt. Diese Sorte von wissenschaftlichem Dogmatismus wird ebenso eifrig verteidigt wie jede mittelalterliche Theokratie, wobei ihre Gefolgsleute (Skeptiker, Neue Atheistinnen und Technik-Optimisten) oft ganz ähnliche „Heilige Kriege" führen wie ihre Pendants in der religiösen

Welt. Sie sitzen auf ihrem hohen Ross, sind mit Daten, Tabellen und Videos von Robohunden bewaffnet und bereit, es mit jedem aufzunehmen, der es wagt, die Heiligkeit der Wissenschaft und ihre alternativlosen technologischen Erlasse anzuzweifeln.

Dieser Kampf zwischen Wissenschaft und Religion wird an den unterschiedlichsten Orten ausgetragen, in Klassenzimmern und Gerichtssälen, in den sozialen Medien und beim Abendessen. Dabei stellt jede Seite die andere oft entweder als hoffnungslos naiv oder gefährlich irregeleitet dar. Wobei die Debatten – egal ob sie zivilisiert bleiben oder nicht – genauso sinnlos sind, wie dabei zuzuschauen, wie Kinder mit Monopolyfiguren Schach zu spielen versuchen. Im Optimalfall bekommen sie Hunger und geben es auf, aber wahrscheinlich wird es eher mit Getrete, Geschrei und Geheul enden, weil sich niemand auf die Regeln einigen kann. Vertreterinnen und Vertreter von Schöpfungsmythen wie die YEC-Mitglieder haben nie darum gebeten, dass man ihren Glauben hinterfragt, genauso wenig wie Wissenschaftlerinnen und Wissenschaftler ihre Theorien mit dem Ziel entwickelt haben, einzelne Behauptungen der Kreationisten zu widerlegen.

Unterdessen betätigen sich Wissenschaftsphilosophen und Theologinnen in gut gemeinten akademischen Debatten. In den meisten Fällen besteht das Problem allerdings darin, dass sich diese Debatten auf spezifische Fragen wie die Existenz Gottes oder von Wundern oder gar der Schöpfung konzentrieren. Das erweckt den falschen Eindruck, dass Wissenschaft eine Sammlung von überwiegend unzusammenhängenden alternativen Fakten wäre, so als ob jede Fragestellung für sich allein genommen einen Wert hätte. Das ist aber nicht der Fall. Ein Beispiel: Die Debatte darüber, ob GOTT die Welt vor kurzem erschaffen hat, setzt einen christlichen Bezugsrahmen voraus und das Diskutieren derart spezifischer Fragen führt leider dazu, dass dieser Bezugsrahmen indirekt legitimiert wird. „Na gut, Ihr spezifisches Wissenschaftsargument beweist vielleicht, dass die Erde mehr als 6000 Jahre alt ist, belegt aber noch lange nicht, dass GOTT sie nicht früher erschaffen hat."

Stattdessen sollten wir verstehen, inwiefern die Wissenschaft ein zusammenhängendes und umfassendes Bezugssystem bildet, um unser Wissen über die Umwelt, die wir bewohnen – von der mikroskopischen Ebene bis hin zur kosmischen – zu strukturieren. Auf ihrer Suche nach Wahrheit werden Wissenschaftlerinnen und Wissenschaftler von Belegen geleitet und nicht von der Hoffnung, kulturelle Erzählungen zu widerlegen, selbst wenn sie das am Ende vielleicht unbeabsichtigt tun. Wir vertrauen der Wissenschaft nicht etwa deshalb, weil sie diese oder jene Tatsache enthält, sondern weil sich ihre überprüften Vorhersagen auf ein solides Fundament stützen, das durch jahrhundertelange Verfeinerung seinen letzten Schliff erhalten hat.

In dieser Perspektive erscheint Wissenschaft nicht als eine Sammlung von unveränderlichen Fakten, sondern als ein sich ständig weiterentwickelnder Wissenskorpus, der jederzeit überarbeitet werden kann. Es wird akzeptiert, dass Wissenschaft in gewisser Hinsicht permanent „falsch" liegt und immer kurz davorsteht, durch die nächste Entdeckung überholt zu werden. Wieso sollten wir diese falsche Erzählung dann aber anstelle von irgendeiner anderen akzeptieren?

Offen gesagt: Wir akzeptieren die provisorischen Geschichten der Wissenschaft, weil sie weitaus nützlicher sind als die Alternative. Alle Schöpfungsmythen sind tief in ihrem jeweiligen kulturellen und historischen Kontext verwurzelt. Sie bieten Narrative, welche die Werte und Vorstellungen der Zeiten und Gesellschaften spiegeln, in denen sie erdacht wurden. Wir können uns Wissenschaft in demselben Licht vorstellen, aber nicht als Spiegel der Werte eines bestimmten Stammes oder einer religiösen Ideologie, sondern der gesamten

Menschheit. Unsere globale Gemeinschaft schätzt Fortschritt durch Wissen und Verständnis zur Verbesserung allen Lebens. Die Wissenschaft erwidert diesen Ruf, indem sie uns mit einer gemeinsamen Sprache und Methodik ausstattet, die uns dabei helfen, Wege zu finden, wie wir unser gemeinsames Potenzial ausschöpfen können, um die Grenzen zu überwinden, die durch unsere natürlichen individuellen Fähigkeiten definiert werden.

Wissenschaftliches Wissen ist kumulativ und selbstkorrigierend. Es baut auf den Entdeckungen der Vergangenheit auf, wobei es unser Verständnis permanent auf der Grundlage neuer Indizien verfeinert und manchmal auch revidiert. Dieses Wissen ist unser gemeinsames Erbe, eine einheitsstiftende Kraft, die einzelne Bevölkerungen, Grenzen und Kulturen überwindet und uns in einem gemeinsamen Streben eint. Dieses Streben hat längst unsere Fähigkeit unter Beweis gestellt, zahllose Grenzen zu überwinden und unseren Horizont auf Orte auszudehnen, von denen wir nicht mal zu träumen gewagt hätten.

Die Wissenschaft hat uns die Hauptrolle im grandiosen Narrativ des Universums genommen und Demut gelehrt, da unsere Leben in der gigantischen Spanne der kosmischen Zeit nichts weiter sind als ein kurzes Aufblitzen. Und trotzdem sind sie voller Abenteuer, Probleme und Erfolge. Auch wenn es also vielleicht nicht zutrifft, dass sich das ganze Universum um uns dreht, gilt das auf jeden Fall für unsere persönlichen Universen, die mit unseren Liebsten, Leidenschaften, Herausforderungen und Träumen gefüllt sind. Mit jeder Entdeckung, jeder Erfindung und jedem wohltätigen Akt erinnert uns die Wissenschaft in einer letzten ironischen Wendung daran, dass wir noch immer die Helden in der Geschichte der Menschheit sind. Und während jede Geschichte ihre eigenen Bösewichte hat – sei es der erbarmungslose Lauf der Zeit, die existenziellen Bedrohungen des Kosmos, der Blödmann auf dem Marktplatz mit dem Schild, dass ich zur Hölle fahren werde, oder die Nachbarin, die darauf besteht, samstagmorgens um 6 Uhr ihren Rasen zu mähen –, verleihen diese Gegenspieler unserer Geschichte nur mehr Tiefe und bringen uns dazu zu wachsen, uns anzupassen und eines Tages vielleicht ein neues Kapitel zu schreiben, in dem sich der Rasen von allein mäht und der Trottel auf dem Marktplatz sein zweites Buch liest … vielleicht sogar dieses hier.

DIE STERNE UND PLANETEN INTERESSIEREN SICH EINEN DRECK FÜR UNS

Man kann seinen Tag (oder ein Buchkapitel) kaum besser beginnen als mit der Befragung eines Horoskops, das den eigenen leicht vorhersehbaren Tag voller weltlicher Misserfolge leiten wird (wozu auch grammatikalische Fehler und Schachtelsätze gehören, die Ihre Lektorin bestimmt nerven) und von einem Orakel überbracht wird, das die göttlichen Machenschaften des Himmels interpretiert. Und wer würde diese Prophetin sein? Ich habe Google befragt und es ist offenbar die *New York Post*. Verdammt.

Aber selbst, wenn Sie der letzte Mensch auf Erden sind, der weiterhin die *New York Post* liest, haben Sie sich vielleicht trotzdem für irgend so ein Abo angemeldet, das Ihnen Ihr tägliches Horoskop liefert. Das Ganze dürfte in etwa so aussehen:

> *Die Sterne haben sich in einer Konstellation versammelt, die Ihnen eine einzigartige Gelegenheit bietet. Halten Sie die Augen offen und fürchten Sie sich nicht davor, sie zu ergreifen, wenn sie Ihnen über den Weg läuft. Das Universum hat sich zu Ihren Gunsten verschworen.*

Ich gehe davon aus, dass Sie wissen, was Sterne sind. Wenn Sie nachts zufällig draußen unterwegs sind und nicht auf ein leuchtendes rechteckiges Display schauen, werden Sie ein paar davon wahrscheinlich als Lichtflecken über sich sehen. Und da Sie vermutlich in einer Stadt oder in der Nähe davon leben, werden Sie die Anzahl dieser funkelnden Punkte vielleicht sogar an einer Hand abzählen können. Mit anderen Worten: Der moderne Nachthimmel ist ausgesprochen langweilig und genau deshalb schauen Sie sich ihn wahrscheinlich gerade nicht an.

Aber stellen Sie sich einmal vor, Sie hätten vor 1000 Jahren gelebt. In dem Fall würden Sie sich erstmal bei Ihrem Glücksstern bedanken, dass Sie noch keines schrecklichen mittelalterlichen Todes gestorben waren, ehe Sie gelernt haben, das hier zu lesen. Andererseits hätten Sie (mehr oder weniger) das Glück, die Hälfte Ihres Lebens mit einem Nachthimmel beschenkt zu werden, der mit Tausenden von Sternen und dem kosmischen Staub Ihrer eigenen Galaxis übersät ist. Sie hätten natürlich keine Ahnung, was das eigentlich sein soll, aber es wäre trotzdem wunderschön. Und weil Sie abends wahrscheinlich sowieso nichts Besseres zu tun hätten, würden Sie ihn ewig anstarren, während Sie Wache hielten, um nach Dieben, Spionen, plündernden Räuberbanden und ausbrechenden Gefangenen (oder dem Praktikanten, der dauernd Büromaterialien klaut) Ausschau zu halten.

Von dem himmlischen Ballett in den Bann gezogen, würden Sie voller Ehrfurcht das faszinierende Spektakel über sich betrachten, bis plötzlich irgend so ein selbsternannter Experte herbei geschlendert käme, der viel schicker gekleidet wäre als Sie und Ihrer unschuldigen Sternguckerei seine eigene Interpretation des Himmels aufzwängen würde. Sie würden Ihn höflich fragen „Wer zum Teufel sind Sie?", und er würde übertrieben selbstsicher antworten „Ich bin Astrologe!" – woraufhin Sie umgehend auf die Cyanid-Pille beißen würden, die Sie clevererweise mit in die Vergangenheit genommen haben.

VON PUNKTEN ZU FIGUREN

In alten Zeiten studierten die Leute zwar keine Horoskope in der *New York Post*, aber sie wollten trotzdem wissen, was es mit all diesen Lichtern am Himmel auf sich hatte. Ohne zu wissen, was die Sterne und Planeten wirklich waren, suchten sie Zuflucht in göttlicher Bedeutung. Genau wie bei Wolken muss man sie einfach lange genug anstarren, um irgendwelche Muster zu erkennen. Wir wissen zwar nicht, welchen Namen ihnen die frühen Menschen gegeben haben, doch in den letzten 600 oder 700 Jahren wurden Muster in den Sternen als *Sternbilder* bezeichnet. Heutzutage erkennt die sehr offiziell klingende Internationale Astronomische Union 88 Sternbilder an, darunter so altbekannte Lieblinge wie Aquarius, der Wasserträger (Wassermann), und Leo, der Löwe, aber auch einige eher undurchsichtige Neulinge wie Norma, das Winkelmaß, und Puppis, das Achterdeck des Schiffs – kein Witz. Wenn man irgendwas darüber weiß, wie Menschen ticken, dann ist das Überraschendste eigentlich, dass es kein Penis-Sternbild gibt.

Im Jahr 1928 wurde der gesamte Nachthimmel, der prächtigerweise auch *Himmelskugel* oder *-sphäre* genannt wird, in diese 88 Bereiche unterteilt, damit jeder beobachtete Lichtpunkt annähernd lokalisiert werden konnte. Und weil der Sitz der Internationalen Astronomischen Union in Europa liegt, weigern sich die Amerikaner natürlich, sich daran zu halten, und reden weiterhin von ihren eigenen Lieblingssterngruppen wie dem *Big Dipper* (Großer Schöpflöffel) – was übrigens Hintern und Schwanz der Großen Bärin bzw. *Ursa Major* sind. Die 88 offiziell anerkannten Sternbilder umfassen 42 Tiere, acht Menschen, die diverse Arbeiten verrichten, neun Fabelwesen und 29 unbelebte Objekte, wobei keines davon ein Penis ist. Das Ganze ist wie eine Mischung aus einem intergalaktischen Zoo und einem kosmischen Flohmarkt: ein Sammelsurium aus willkürlichem Blödsinn ohne übergreifendes Thema.

Ein richtiges Foto von so einem Sternbild sollte eigentlich wie ein herkömmliches Foto des Nachthimmels aussehen: bloß ein Haufen wahllos angeordneter Sterne. Doch wenn Sie es googeln, werden Sie feststellen, dass eben diese Sterne mit Strichzeichnungen versehen sind, die aussehen, als hätte sich ein Betrunkener mit Dyskalkulie an einem Punkt-zu-Punkt-Bild versucht. Der Große Bär sieht genauso sehr wie ein Bär aus, wie eine Kopie meines Hinterns wie ein Monet aussieht – kann man schon machen, aber nur mit viel Fantasie. Wenn man in Bezug auf die Menschheit die Reset-Taste drücken würde (was aktuell keine schlechte Idee wäre), würden sich die ganzen Sterne noch immer am selben Platz befinden, doch die Menschen hätten die Punkte wahrscheinlich auf völlig andere Weise verbunden. Und vielleicht hätten wir dann endlich den himmlischen Phallus, den wir ganz sicher verdient haben.

Für den Großteil der Menschheitsgeschichte haben wir den Himmel ohne die Hilfe der Technik gesehen, die wir heutzutage für selbstverständlich halten. In einer klaren Nacht und weitab von jeder irdischen Lichtquelle kann man folgende Dinge mit bloßem Auge sehen: ein paar Tausend Sterne, die in einem gleichbleibenden Muster erscheinen; die fünf Planeten, die wir unter den Namen Merkur, Venus, Mars, Jupiter und Saturn kennen und die als hellere „Wandelsterne" daherkommen; den Mond (muss man nicht viel dazu sagen); die Milchstraße, die wie glühender Staub mit hellen und dunklen Flecken aussieht; ab und zu einen Kometen für ein paar Tage oder Wochen und richtig selten eine Supernova, die wie die „Geburt" eines neuen Sterns erscheinen würde, obwohl es in Wahrheit der Tod eines alten Sterns wäre, der zu weit weg war, um gesehen zu werden, bevor er sich selbst plattmachte. Ach ja, und die Sonne natürlich, die nachts bekanntlich nicht auftaucht. Das alles bot jede Menge Futter, um in den Lichtern am Himmel vertraute Muster auszumachen. Und dennoch waren die ersten Connect-the-dots-Bücher der Sterne tatsächlich – Überraschung – *Hör*bücher!

PUNKT ZU PUNKT, ABER MIT WORTEN

Die älteste schriftlich festgehaltene Geschichte – das epische Gedicht über Gilgamesch, einen Sumererkönig, der eine Vorliebe dafür hatte, Fabelwesen in den Schwitzkasten zu nehmen – ist 4000 Jahre alt. Dieses Meisterwerk der antiken Literatur ist amüsanterweise zugleich der älteste bekannte Plagiatsfall, der über Tausende von Jahren hinweg immer wieder in zahlreichen Formen auftauchte, ohne dass jemand einen Anruf von seiner Schule bekam. Wobei erwähnt werden sollte, dass diese Geschichten nicht in staubigen alten Büchern oder dergleichen stehen, die man in irgendwelchen Bibliotheksregalen gefunden hat. Sie wurden auf zerbrochenen und rissigen Steintafeln entdeckt. Man sollte eigentlich annehmen, dass das Aufschreiben von Dingen eine sichere Methode wäre, um Geschichten für künftige Generationen zu bewahren, doch es scheint, dass das Kritzeln auf Tontafeln und Papyrus nicht unbedingt die dauerhafteste Form der Dokumentation darstellt. Betrachten Sie diese Geschichte deshalb zumindest als mahnendes Beispiel dafür, Ihre Steinmetzkünste in der Cloud zu sichern.

Die Geschichten der indigenen Bevölkerung Australiens wurden indes mit bemerkenswerter Genauigkeit über Zehntausende von Jahren hinweg mündlich weitergegeben. Keine Tinte und kein Papier, nur gute altmodische Geschichten, die am Lagerfeuer erzählt wurden. Und dennoch haben es diese Erzählungen geschafft, vor der Zeit zu bestehen und dabei ganze Zivilisationen mitsamt ihren schriftlichen Aufzeichnungen zu überdauern. Wer hätte gedacht, dass es die zuverlässigste Methode zur Bewahrung unserer kollektiven Weisheit wäre, sie schlicht miteinander zu teilen, statt sich bloß auf eilends hingekritzelte Notizen zu verlassen, die jemand in eine Schublade gestopft hat? Ich wünschte nur, es gäbe irgendwelche Geschichten darüber, wo ich meine verdammten Schlüssel hingelegt habe.

Obwohl wir Geschichte oft mit Symbolen assoziieren, die jemand an die Wände von Höhlen gemalt, in Stein gemeißelt oder auf Papier geschrieben hat, sind unsere ältesten aufgezeichneten Geschichten also mündliche Überlieferungen. Einige von ihnen enthalten detaillierte astronomische Beobachtungen, wobei eine der ältesten die vom sogenannten „Emu am Himmel" ist, die nun durch die Verbreitung unzähliger Kopien im Internet bis in alle Ewigkeit erhalten bleibt. Dieser Emu stellt an sich zwar kein Sternbild dar, doch der Name bezieht sich auf die dunklen Wolken der Milchstraße, die annähernd die Umrisse eines Emus abbilden. Der Emu ist übrigens ein großer flugunfähiger Vogel, der natürlich in Australien heimisch ist und zudem Sieger des Großen Emukrieges von 1932 war, nachdem er die Soldaten der Royal Australian Artillery bei einem monatelangen Feldzug zur Plünderung von Weizenfeldern besiegt hatte. Wahre Geschichte.

Und während Mythen und kosmologische Entstehungsgeschichten aus Sicht der modernen Wissenschaft naiv erscheinen mögen, sind sie in Wahrheit doch erstaunlich ausgeklügelt und oft in feinsinnigen Beobachtungen des Nachthimmels verwurzelt, die über Generationen hinweg angestellt wurden. Geschichten im Nachthimmel anzusiedeln ist genial, weil die Muster der Sterne das Einzige sind, was über große Zeiträume hinweg unverändert bleibt. Diese Geschichten dienen nicht nur zur Vermittlung moralischer Werte, sondern stellen auch praktisches Wissen für die Navigation, das Wettergeschehen, die Landwirtschaft und das Verständnis vom Verstreichen der Zeit zur Verfügung. Ein besonders eindrucksvolles Beispiel in der südlichen Hemisphäre liefern hierfür die sogenannten Plejaden oder auch *Sieben Schwestern*. Die Plejaden sind eine Gruppe von Sternen und die offensichtlichste Ansammlung heller Lichtpunkte, die – mit Ausnahme der Antarktis – von überall aus sichtbar sind und sich im nordwestlichen Teil des Sternbilds Stier befinden.

Die indigene Gemeinschaft der Yamatji aus Westaustralien nennen den Sternhaufen Nyarluwarri. Jedes Jahr gegen Ende April taucht er bei Sonnenuntergang in der Nähe des Horizonts auf, was die beste Zeit ist, um Emueier als Nahrung zu sammeln. Die Maori aus Neuseeland begehen ein neues Jahr, wenn die Plejaden (die in ihrer indigenen Sprache Matariki heißen) das erste Mal in der Morgendämmerung zu sehen sind. Die Nachfahren des Inkareiches in Peru nennen diese Sterne Qolqa und wissen, dass die Zeit zum Pflanzen von Kartoffeln gekommen ist, wenn sie nur für kurze Zeit in der Dämmerung aufblitzen. Das sind bloß einige Beispiele, während viele andere erst wieder neu entdeckt werden müssen oder einfach durch die Pocken oder die Kugeln von Musketen gelöscht wurden. Hach ja … es gab sie also wirklich, die „guten alten Zeiten", nur nicht vor 50 Jahren, sondern vor einigen Tausend.

Wenn sich Menschen in großen Gemeinschaften zusammentun, neigen sie dazu, eine *Kultur* zu erschaffen. Gesellschaften sind komplexe Netzwerke, die merkwürdige Systeme von Geschichten, Gesetzen, Bräuchen, Internetmemes, Infektionskrankheiten und so weiter hervorbringen. Alles Neue wird demnach zwangsläufig innerhalb des existierenden kulturellen Zusammenhangs interpretiert. Dieses System wird recht schnell so kompliziert, dass kein Mensch es komplett erfassen kann, weshalb es irgendwann dazu kommt, dass es Fachleute gibt, die wir um Rat fragen müssen, wenn eine bestimmte Spezialisierung gebraucht wird. Das Problem ist nur, dass es jenseits der menschlichen Angelegenheiten kein universelles Gesetz gibt, das irgendwelche Idioten davon abhält, sich selbst zu Experten bei der Frage nach dem Zusammenhang zwischen den Sternen und dem Bodenertrag oder darin zu ernennen, wie viele Jungfrauen man in seinem Harem haben sollte. Bühne frei für die Astrologen.

WIESO KANN ES NICHT EINFACH NUR SCHÖN SEIN?

Die großzügigste Definition der Astrologie, die man finden kann, lautet *die Suche nach Bedeutung am Himmel*. Das würde uns vermutlich aber alle zu Astrologinnen und Astrologen machen, weshalb das keine besonders hilfreiche Definition ist – so, als würde man sagen, eine Diebin ist jemand, die nach Dingen sucht, die für sie wertvoll sind. Die *Praxis* der Astrologie dreht sich normalerweise darum, himmlischen Objekten einen direkten Einfluss auf irdische Angelegenheiten zuzuschreiben. In der Vergangenheit gehörten dazu natürliche Dinge wie geologische Phänomene und das jahreszeitliche Wetter. Mit der Zeit kamen auch kulturelle Phänomene wie die Politik und die Gesetze von Städten und Ländern hinzu. Im Gegensatz dazu konzentriert sich die Astrologie heute fast ausschließlich auf hellseherische Vorhersagen für Einzelpersonen. Erstaunlich, wie schnell wir doch von Lagerfeuergeschichten als gedankliche Eselsbrücken über himmlische Interpretationen des Weltlichen zu völlig durchgeknallter Wahrsagerei gelangt sind!

Um längst verstorbenen Leuten gegenüber fair zu sein: Astrologen waren nicht immer schlimm. Wer in der Antike ein „guter" Astrologe sein wollte, musste gleichzeitig auch ein guter *Astronom* sein. Bei der Astronomie handelt es sich um Wissenschaft, nämlich die systematische Untersuchung himmlischer Objekte mit dem Ziel, Erklärungen für deren Natur, inklusive deren Herkunft und Entwicklung, zu finden, die so akkurat wie möglich sind. Der wohl berühmteste Astrologe/Astronom war Ptolemäus und der hob hervor, dass die richtige Anwendung astrologischer Prinzipien den fachkundigen Einsatz von Messinstrumenten und der Mathematik erforderte. Astrologie galt damals als akademische Beschäftigung, deren Studium man sich neben Astronomie, Meteorologie und sogar Medizin widmete. Heutzutage kann man immer noch Astrologie studieren, auch wenn dazu keinerlei technische Fähigkeiten oder astronomisches Wissen mehr nötig sind und man diese auch nicht erwirbt. Stattdessen muss man sich hauptsächlich einfach Sätze wie „Weil Ihr Mond im siebten Haus des Wassermanns steht, werden Sie einen Zustrom von kosmischen Schwingungen erleben, der die Schwunghaftigkeit Ihrer Aura steigert“ oder irgendwelchen anderen Blödsinn einprägen.

Es gibt viele Formen der Astrologie, doch der ungeheuerlichste Kosmische-Astrologie-Bullshit weit und breit beruht auf volkstümlichen Varianten der westlichen Astrologie. Die einfachste Form ist die Astrologie der Sternzeichen. Die meisten Menschen in der westlichen Welt kennen ihr „Zeichen“ und während das fachlich gesehen mit der Position der Sonne am Himmel zum Zeitpunkt der Geburt zu tun hat, schaut heute niemand mehr nach oben, um es zu bestimmen. Inzwischen lässt sich das mit einfachen Kalendern herausfinden – oder Sie können einfach Siri fragen, weil die Ihren Geburtstag kennt. Ich bin beispielsweise Sternzeichen Wassermann. Das ist die einzige Information, die ich brauche, um herauszufinden, welches Zeitungshoroskop auf mich zutrifft.

Mit dem Aufstieg der Massenmedien und des Internets ist es leichter geworden, raffiniertere Horoskope zu erhalten, die nicht nur auf dem Standort der Sonne an meinem Geburtstag beruhen, sondern auch auf dem des Mondes und aller Planeten. Und wenn ich außerdem noch genaue Angaben zu Ort und Uhrzeit meiner Geburt mache, sind das sogar noch feinere Details, die angeblich relevant sein sollen. Darüber hinaus berücksichtigen die meisten modernen Astrologinnen und Astrologen die beiden Planeten Neptun und Uranus, die mit bloßem Auge nicht zu sehen sind, sowie weitere Objekte des Sonnensystems wie Pluto und Chiron. Hinter all dem steckt reine Zahlensymbolik, deren einzige Verbindung zu den historischen Wurzeln der Astrologie darin besteht, dass sie auf Aberglauben setzt.

Die wichtigsten Begriffe, die in der Astrologie Verwendung finden, beruhen auf lateinischen Namen, die uns die Römer gegeben haben. Die haben sie wiederum von den Griechen übernommen, bevor sie deren Götter und Sternbilder in etwas umbenannten, das wir bis heute als Zodiak oder auch *Tierkreis* bezeichnen. Der Tierkreis umfasst zwölf der 88 bereits erwähnten Sternbilder, nämlich Aries (Widder), Taurus (Stier), Gemini (Zwillinge), Cancer (Krebs), Leo (Löwe), Virgo (Jungfrau), Libra (Waage), Scorpius (Skorpion), Sagittarius (Schütze), Capricornus (Steinbock), Aquarius (Wassermann) und Pisces (Fische). Mit dem Sternbild Widder anzufangen ist dabei willkürlich, aber es handelt sich um die Reihenfolge, in der sie am Horizont auftauchen würden, während sich die Erde dreht. Mit allerhand Fantasie sollen sie aussehen wie ein Widder, ein Bulle, ein Zwillingspaar, ein Krebs, ein Löwe, eine junge Frau, eine Waage, ein Skorpion, ein Zentaur, eine Ziege mit dem Schwanz eines Fisches, ein Mann, der Wasser auskippt, sowie ein Paar Fische. Jedes einzelne davon steht für eine bestimmte griechische oder römische Legende, aber es gibt keine zusammenhängende Geschichte, die sie miteinander verbindet, und moderne Horoskope nehmen auch keinerlei Bezug zu den alten Legenden.

ACH ÜBRIGENS

Mich beschleicht hier der Verdacht, dass Sie, wenn Sie sich dieses Buch hier gekauft haben, wahrscheinlich gar nicht wissen, was eigentlich ein „richtiges" Horoskop ist, und schlau genug sind, sich von Anfang an von ihnen fernzuhalten. Wie sehen diese blöden Dinger also aus? Ein antikes Horoskop hätte sich auf die Mythologie bezogen und sie ganz allgemein auf die eigene Stadt, die Regierung oder das Imperium angewandt. Wenn die Leute damals die *New York Post* gehabt hätten …

Seid gegrüßt, Bürger von Rom! Nun, da Jupiter, der König der Götter, seinen Platz im Hause des Steinbocks einnimmt, stehen uns Zeiten der Expansion und Eroberung bevor. An seiner Seite steht Mars, der Gott des Krieges, der Siege in weit entfernten Ländern verspricht. Doch Venus, die Göttin der Liebe, verbirgt sich im Schatten des Skorpions, was potenzielle Zwietracht in Angelegenheiten des Herzens erahnen lässt. Richten Sie Ihre Gebete an Mercurius, den Götterboten, damit er Sie bei Verhandlungen leiten und bei der Kommunikation mit Klarheit beschenken möge, um in allen Bereichen des Lebens für Harmonie zu sorgen.

Demgegenüber sind Horoskope heute in schwammigen, allgemeingültigen Sätzen formuliert, die auf jede oder jeden zutreffen könnten und sich oft auf die Kraft der Suggestion verlassen. Ein modernes Sternzeichenhoroskop dürfte in etwa so aussehen:

Hallo Wassermann! Die Sonne strahlt hell in Ihrem Sternzeichen, sodass Sie sich auf einen beschwingten Tag voller Möglichkeiten für persönliches Wachstum freuen können. Hüten Sie sich allerdings vor Missverständnissen, die in Ihren persönlichen Beziehungen entstehen könnten. Denken Sie stets daran, unvoreingenommen zu sein und mit den Menschen in Ihrem Umfeld klar zu kommunizieren. Das Glück könnte bereits hinter der nächsten Ecke auf Sie lauern, aber nur, wenn Sie die Chance ergreifen und auf Ihre Instinkte hören.

Und wenn ich dann schließlich doch in dieses Rabbit Hole hinabsteigen würde, sähe das Ganze noch viel verschwurbelter aus. Das Horoskop wäre dann zwar immer noch so vage, dass es auf jeden

Menschen anwendbar wäre, würde aber die gesamte Bandbreite an astrologischem Blödsinn abdecken.

Geboren im Zeichen des Wassermanns, mit Ihrem Mondzeichen Krebs und Ihrem Aszendenten Jungfrau, sind Sie ein innovativer Denker, der über eine starke emotionale Seite und einen scharfen Blick fürs Detail verfügt. Die Sonnen-Mars-Konjunktion in Ihrem sechsten Haus deutet auf einen starken Erfolgsdrang in Ihrem gewählten Berufsfeld hin, während das Trigon zwischen Venus und Neptun im siebten Haus für eine große Bereitschaft zu lieben und eine romantische, idealistische Sicht auf Beziehungen spricht.

Letztendlich ist ein Horoskop natürlich nur eine Zusammenfassung dessen, an welchem Ort sich die ganzen Nicht-Sterne zu einem bestimmten Zeitpunkt befinden. Im Laufe der Geschichte kam irgend so ein einfallsreicher astrologischer Profitgeier dahinter, dass man sogar noch mehr Geld damit machen kann, wenn man den Leuten erzählt, wann und wo sie irgendwelche wichtigen Ereignisse auf der Grundlage von astrologischem Bullshit planen sollen. Und wo wir gerade beim Thema sind …

Oh, Suchender der rektalen Weisheit, der Kosmos hat gesprochen! Ihr nächster Stuhlgang wird um exakt 7:42 Uhr morgens am dritten Tage von heute an Großes hervorbringen. Machen Sie sich auf einen mühelosen Sieg auf dem Porzellanthron gefasst, weil sich der Mond mitten im Stier befindet und Mars Ihrer Gesundheit beisteht. Aber nehmen Sie sich vor Neptuns gegenläufiger Bewegung in Acht – verzehren Sie ballaststoffhaltige Nahrung und Wasser, um für Harmonie in Ihrem Verdauungstrakt zu sorgen.

Ich bin mir nicht sicher, ob ich es halten kann. Dabei liegt es mir fern, die ganze Zeit nur auf Horoskopen herumzuhacken. Sie haben viel Kritik dafür abbekommen, dass es ihnen an Genauigkeit mangelt, an einer wissenschaftlichen Grundlage fehlt und sie auf psychologische Tricks zurückgreifen. Und tatsächlich hat die Wissenschaft für die Neigung von Menschen, Informationen als wahr hinzunehmen, die so vage sind, dass man sie als wertlos bezeichnen kann, sogar einen Namen: den sogenannten „Barnum-Effekt". Horoskope sind einfach deshalb beliebt, weil die Leute nicht anders können, als aus mehrdeutigen Aussagen über ihr Liebesleben und ihre finanzielle Situation eine persönliche Bedeutung herauszulesen – und die Aussichten dafür sind definitiv rosig, wenn Sie nur die Warnungen berücksichtigen, die ich Ihnen gegen ein Entgelt ausspreche!

DAS GUTE, DAS SCHLECHTE UND DAS HÄSSLICHE

Unabhängig von den lästigen Ausschweifungen, die Astrologinnen und Astrologen von sich geben und die jeder digitale Chatbot problemlos imitieren könnte, gibt es deutlich tückischere Fälle, die derartigen astrologischen Unsinn missbrauchen. Da wäre zunächst mal die sogenannte *kosmobiologische Empfängnisplanung*. Nein, das ist kein Witz, es gibt mehr Bücher über dieses Thema, als ich zu zählen bereit bin, die aber alle einem einzigen Vollidioten Tribut zollen: Dr. Eugen Jonas. Dr. Jonas ist ein tschechischer Psychiater und hingebungsvoller Christ, der Abtreibungen verhindern wollte. Um das zu erreichen, erfand er die astrologische Verhütung, welche er (offenbar ohne einen Hauch von Ironie) der Jungfrau Maria widmete.

Jonas zufolge bestimmt seine Methode mit einer 98,6-prozentigen Genauigkeit, an welchen Tagen eine Frau fruchtbar sein und ob die Empfängnis einen Jungen oder ein Mädchen hervorbringen wird.

Demnach können offenkundig unfruchtbare Frauen nicht nur Kinder bekommen, sondern sich darüber hinaus auch noch das Geschlecht ihres Babys aussuchen – was zu 100 Prozent Bullshit ist. Aber halt, da kommt noch mehr! Dr. Jonas hat sich eindeutig eine gewisse Zeit lang mit dem Studium der Psychiatrie befasst, weil er weiß, dass man Eltern nur wirklich etwas verkaufen kann, wenn man ihre Furcht und Ängste anzapft. Also behauptet Jonas, dass seine Methode auch bestimmen kann, ob das Kind irgendwelche Geburtsfehler aufweisen wird. Jede dieser Berechnungen kostet umgerechnet rund 30 Euro.

Sie denken jetzt vielleicht, dass Fruchtbarkeit doch eigentlich auf dem Ovulationszyklus einer Frau beruht, doch das ist viel zu offensichtlich und wissenschaftlich. Stattdessen – und auch das ist vollkommen falsch – hat eine Frau einen *zweiten* Fruchtbarkeitszyklus, dessen Höhepunkt in derselben Mondphase liegt wie bei ihrer eigenen Geburt. Das Tierkreiszeichen, in dem sich der Mond im Moment der Empfängnis befindet, entscheidet darüber, welches Geschlecht das Baby haben wird, während die Position der übrigen Planeten anzeigt, ob es irgendwelche Komplikationen geben wird.

Das Problem (für Dr. Jonas) besteht darin, dass sich einige dieser Behauptungen sogar überprüfen lassen, was tatsächlich auch passiert ist. Zwar hat Jonas die Zahlen, die er sich aus dem Ärmel geschüttelt hat, nie in einer Peer-review-geprüften Studie publiziert. Doch echte Wissenschaftlerinnen und Wissenschaftler haben bei zahlreichen Gelegenheiten über viele Jahrzehnte hinweg berichtet, dass es zwischen geburtsspezifischen Statistiken bei Menschen (und Kühen, wieso auch immer) und den Vorkommnissen am Himmel keinerlei Korrelationen gibt. Aus reiner Sorgfaltspflicht habe ich dennoch eine andere Website gecheckt, auf der man für Geld astrologisch inspirierte Sexytime-Empfehlungen kaufen kann. Immerhin geben sich die Leute bei thegenderexperts.com mit einem klaren Haftungsausschluss ehrlich:

Unsere Website und Services dienen nur dem Zweck der Unterhaltung und der Neuartigkeit. Wir beanspruchen keine feste Genauigkeitsrate. Wir sind kein Ersatz für medizinische Beratung, Behandlung oder Diagnose.

Das ist vielleicht unterhaltsam, aber nicht sonderlich vertrauenseinflößend, weil astrologische Schwindeleien anscheinend ein schmaler Grat sind. In einem Fall, der für viel öffentliche Aufmerksamkeit sorgte, war Maria Duval, eine französische Hellseherin (noch so ein Bullshit-Beruf), das Gesicht eines jahrzehntelangen Briefschwindels. Dieser suchte sich als Opfer schlauerweise ältere Menschen aus, weil es viel leichter ist, die Paranoia von Demenzkranken zu manipulieren, als werdenden Eltern Geld abzuknöpfen, die ohnehin kurz davor sind, ihr gesamtes Erspartes für einen genetischen Versicherungsschutz rauszuwerfen. Mithilfe von Duvals Bekanntheit machte sich ein komplexes Netzwerk aus Hochstaplern unter der Leitung eines Mannes namens Patrice Runner an die einfache Aufgabe, Horoskope und anderen wertlosen Plunder zu vertreiben, die in Zusammenhang mit dem Paranormalen und der Alternativmedizin standen.

Dinge zu verschicken ist aber teuer. Wieso also nicht einfach kranke und schwache Menschen um Geld für leere Versprechungen bitten? Und während die einzelnen Transaktionen im Schnitt bei umgerechnet rund 40 Euro lagen, belief sich der Schwindel allein in den USA auf insgesamt mehr als 175 Millionen US-Dollar und die Regierung hatte große Mühe, ihm ein Ende zu setzen. Wie sich also herausstellt, können die Sterne doch Einfluss auf irdische Angelegenheit haben, allerdings nur mithilfe kleiner Betrügereien.

Adolf Hitler. Hoppla, ich hätte Sie vielleicht vorwarnen sollen, dass er hier auftauchen würde. Wie Sie wissen, hatte Hitler jede Menge beschissener Ideen, wenngleich er angeblich auch geglaubt hat, dass Horoskope Unsinn sind. Was allerdings Louis de Wohl, einen ungarischen Autor, Drehbuchschreiber und Hochstapler, der 1935 aus Deutschland ins Vereinigte Königreich geflohen war, nicht davon abhielt, den britischen Geheimdienst vom Gegenteil zu überzeugen. De Wohl behauptete, dass Hitler sehr abergläubisch wäre und sich auf die Astrologie verlasse, um wichtige strategische Entscheidungen zu treffen. Der nächste Schritt in seiner Argumentation ist eigentlich ganz logisch: Falls der britische Geheimdienst ein exaktes Horoskop von Hitler besäße, hätte er genau dieselben Informationen, die Hitler von seinen Wahrsagern erhielte. Und ganz zufällig konnte de Wohl dieses Horoskop auch vorlegen. Das heißt also: Auf dem Höhepunkt des tödlichsten Konflikts in der Menschheitsgeschichte bestimmte ein falscher Astrologe die vermeintlichen Daten von Nazifeldzügen ausgehend davon, wie der Himmel am Ort und Zeitpunkt von Hitlers Geburt aussah. Japp …

Nun zu einem leichteren Thema: Ronald Reagan. Aha, schon besser. Es ist viel angenehmer, sich einen berühmten Filmstar, den Präsidenten der US-Schauspielergewerkschaft und auch der Vereinigten Staaten vorzustellen. Noch so ein angeblicher Anführer der Welt mit irrationalen abergläubischen Ideen? Das kann doch nicht wahr sein. Aber diesmal, oh ja, kann es das wohl. In seinen Memoiren schrieb der Stabschef von Präsident Reagan:

> *Praktisch jeder wichtige Schritt und jede wichtige Entscheidung, die die Reagans in meiner Zeit als Stabschef des Weißen Hauses machten und trafen, wurde im Voraus mit einer Frau in San Francisco abgeklärt, die Horoskope anfertigte, um sicherzustellen, dass sich die Planeten in einer für das Vorhaben günstigen Anordnung befanden.*

Heilige Scheiße!

THE GREAT RANDALL

Zu der Zeit, als die wissenschaftliche Revolution im späten 17. Jahrhundert in der Veröffentlichung von Isaac Newtons Bewegungsgesetzen gipfelte, war die Astrologie alles andere als eine intellektuelle Beschäftigung. Praktizierende Astrologen hatten Glück, dass die breite Masse dem winzigen Bruchteil der Menschheit, den man Akademiker nennt, noch nie wirklich Beachtung geschenkt hat. Die Astrologie war also nicht nur am Leben, sondern gedieh förmlich in jener Jauchegrube, die Freidenkerinnen und Freidenker gern als *Marktplatz der Ideen* bezeichnen. Doch die Werkzeuge der Wissenschaft veränderten sich ebenfalls, sodass sich die Astrologie 200 Jahre später ihrer zweiten Abrechnung stellen musste.

Wenn Leute behaupten, die Astrologie sei „widerlegt" worden, und ihr das Label einer *Pseudowissenschaft* verpassen, tun sie das oft innerhalb des sehr speziellen Rahmens von experimentellen Untersuchungen. Karl Popper, ein intellektueller Held der Nerds und Wissenschaftsfreaks gleichermaßen, setzte Wissenschaft bekanntlich mit *Falsifizierung* gleich – der Idee, dass eine Theorie nur dann wissenschaftlich ist, wenn sie sich mittels empirischer Beobachtung als falsch widerlegen lässt. Eben das war für Popper das Entscheidende, um die Grenze zwischen richtiger Wissenschaft und Bullshit zu ziehen (der bei ihm euphemistisch *Pseudo*wissenschaft hieß). Sein Lieblingsbeispiel? Die Astrologie.

Die Astrologie vermittelt den „Anschein" von Wissenschaft, indem sie den Anspruch erhebt, sich auf Beweise zu stützen, dabei aber nur vorteilhafte Einzelberichte einbezieht und nicht offen für Falsifizierung ist. Mit diesem Vorgehen ist sie bei relativen Neulingen im Kreise der Pseudowissenschaften wie der Prä-Astronautik, der Mondlandungslüge, der Hollow- bzw. Flat-Earth-Theorie und des YEC, der Aromatherapie, der Geisterforschung und vieler Tausend mehr in guter Gesellschaft.

Thomas Kuhn, ein jüngerer Zeitgenosse Poppers, war hier bekanntlich anderer Meinung und argumentierte, dass man die Astrologie nicht mal als Pseudowissenschaft betrachten solle, weil sie größtenteils gar nicht vorgebe, sich an die wissenschaftliche Methode zu halten. Stattdessen würden Astrologen innerhalb ihrer eigenen Glaubenssysteme operieren, die sich vom wissenschaftlichen Paradigma unterscheiden und manchmal in krassem Gegensatz dazu stehen würden. Die Debatte wurde nie beigelegt. Ungefähr zur selben Zeit kam jedoch eine andere Bewegung auf, die den Kampf gegen die Astrologie in eine andere Richtung lenken sollte: Bühne frei für die Skeptikerbewegung. Sie scherten sich nicht um Details, sondern rasten mit Volldampf voraus auf dem Popperzug.

Stellen Sie sich der Einfachheit halber vor, dass es auf der Welt nur vier Gruppen von Leuten gibt: die bösen Scharlatane, die hoffnungslos naive Mehrheit, die leidenschaftslosen Wissenschaftlerinnen sowie die stoisch rationalen Skeptiker. Und natürlich fallen in diesem Szenario die Scharlatane über die Naiven her, wobei sie sich nicht mal allzu clever anstellen müssen. Sie müssen nur wissen, wo sie sich altbewährte Methoden der Täuschung klauen können (aus dem Internet). Die Wissenschaftlerinnen können die List mit den Werkzeugen ihrer Zunft natürlich durchschauen, mischen sich aber nicht ein, weil das Zeit und Geld kosten würde. Also springen die Skeptiker in die Bresche, die Ersteres anscheinend im Überfluss haben, metzeln die bösen Scharlatane nieder und retten die naiven Menschen auf der ganzen Welt, die sie fortan als Helden verehren … und sie lebten glücklich und zufrieden … mit Ausnahme der Wissenschaftlerinnen und Wissenschaftler, die immer noch viel zu tun haben.

Das Ganze ist natürlich nur ein Märchen, das Wissenschaftsfreaks gern glauben würden. Die Scharlatane sind in Wirklichkeit gar nicht böse, sondern eigentlich eher verzweifelt, was sie zum Betrügen veranlasst. Und die große Mehrheit ist nicht naiv; es ist ihnen einfach schnurzegal. Und die Skeptiker? Die machen vor allen Dingen Podcasts. Die Wissenschaftlerinnen bleiben dagegen die gleichen. Sie haben wirklich weder die Zeit noch das Geld, um sich eingehend mit der Pseudowissenschaft zu befassen – und das ist weder eine Ausrede noch eine Rechtfertigung für elitäres Denken. Wissenschaftliche Studien sind kostspielig und langwierig. Hätten Sie es lieber, dass Forschende jahrzehntelange Langzeitstudien über die Behandlung von Krebs durchführen oder über die Wirksamkeit von Horoskopen? Denn Sie können nicht beides haben. Im Gegensatz dazu studieren Skeptikerinnen und Skeptiker die Pseudowissenschaften wirklich – und zwar nicht etwa, weil sie eine masochistische Ader haben, sondern genau deshalb, weil sie felsenfest daran glauben, dass man die Verbreitungswege der Astrologie blockieren muss. Mit den Worten von Steven Novella, einem der bekanntesten Skeptiker unserer Zeit:

> *Skeptiker streben danach, sich selbst und andere vor Betrug und Täuschung zu schützen, indem sie Betrugsfälle aufdecken und sowohl der Öffentlichkeit als auch politischen Entscheidungsträgern beibringen, wie man täuschende oder irreführende Behauptungen oder Praktiken erkennt.*

Diese Gruppe von Denkerinnen, Autoren und Entertainerinnen versucht, die Vielzahl von pseudowissenschaftlichen Glaubensvorstellungen, die in der Populärkultur Fuß gefasst haben, bewaffnet mit den Tools der Wissenschaft bloßzustellen und zu widerlegen.

Der erste professionelle Skeptiker war wahrscheinlich James Randi, ein vor allem in den USA auch als „The Great Randall" oder „The Amazing Randi" bekannter Zauberer. Randi, der in seinem Metier sehr erfolgreich war, wurde zu einer prominenten Figur der Skeptikerbewegung und nutzte sein Wissen über Tricks und Täuschungen dazu, pseudowissenschaftliche Betrugsfälle aufzudecken. Er wurde ziemlich berühmt, weil er zu einer Zeit in mehreren beliebten US-amerikanischen Fernsehsendungen auftrat, in der Berühmt-sein bedeutete, dass man in beliebten US-amerikanischen Fernsehsendungen auftrat.

Als sich Randi und andere die Astrologie vorknöpften, stießen sie auf ein ähnliches Problem wie Popper und Kuhn vor ihnen. Es lautete: Wie schafft man es, ein Glaubenssystem erfolgreich zu widerlegen, das nicht unbedingt innerhalb der Grenzen der Wissenschaft operiert? Die Methode, die sie bei öffentlichen Auftritten wählten, beruhte hauptsächlich auf Hohn und Spott, doch obwohl für viele amüsant, gelang es nicht immer, die Meinung der Leute zu ändern. In Wahrheit erzielten sie in manchen Fällen sogar das Gegenteil, indem sie ungewollt vorhandene Anhänger ermutigten und sogar neue dazugewannen.

Randi wurde durch seinen Auftritt bei *The Tonight Show* mit dem Entertainer Johnny Carson, der offenbar ein Fan von ihm war, über Nacht zum Primetime-Star. Und kurz, nachdem die Carson-Randi-Bromance begonnen hatten, trat dort auch – so ein Zufall – Uri Geller auf, der sich selbst übersinnliche Fähigkeiten zuschrieb und erst kürzlich der Adressat öffentlicher Schmähungen durch Randi gewesen war. Carson fragte Randi um Rat, der der Show ganz bestimmte Requisiten empfahl, die Gellers Standardtricks standhalten würden. Das Ergebnis war eine Schmach epischen Ausmaßes – Geller dachte, seine Karriere wäre am Ende. Doch genau das Gegenteil geschah: Direkt im Anschluss wurde er in *The Merv Griffin Show* eingeladen, wo er mit seinem Geist ein paar Löffel verbog und zum Promi wurde.

Uri Geller ist noch immer im Geschäft, auch wenn es manche vielleicht altmodisch finden mögen, Fernsehshows zu erwähnen, die man anschließend nicht auf YouTube streamen kann. Allerdings würde die Ausgeburt von Narzissmus, die sich seine Website schimpft, anderes vermuten lassen. Dort kann man sich nämlich nicht nur für einen US-Dollar die Staatsbürgerschaft seiner Privatinsel „Mystical Island“ erkaufen, sondern es wird auch deutlich, dass er vollkommen von verbogenen Löffeln besessen ist. In einer renovierten Seifenfabrik, die er das Uri Geller Museum nennt, stellt er seinen ganzen Plunder als Kunstobjekte aus. Dort wird Ihnen der Museumsführer - Uri Geller - nicht nur einen Cadillac präsentieren, auf den jemand 2000 verbogene Löffel genietet hat, sondern auch den größten Löffel der Welt, die 16 Meter lange Skulptur eines (Sie ahnen es) verbogenen Löffels. Und falls Sie ihn bitten, einen Löffel zu verbiegen, wird er Ihnen auch noch ein Löffel-Tattoo auf seinem Arm zeigen, das sich mit der Bewegung seines Ellbogens „verbiegt“.

Sie fragen sich jetzt vielleicht, warum ich Ihnen von etwas erzähle, das offenbar viel langweiliger ist als die Serie *Tiger King* auf Netflix. Die Sache ist die: Wenn Pseudowissenschaften ausschließlich durch kosten- und zeitintensive wissenschaftliche Studien oder durch hämische öffentliche Demütigungen widerlegt werden können, dann sind wir im Grunde geliefert. Das wird nämlich einzig und allein die Aufmerksamkeit erzeugen, die der Täter oder die Täterin braucht oder ersehnt. Tatsächlich behaupten selbst unparteiische Informationsquellen, dass die Astrologie keinerlei wissenschaftliche Gültigkeit hat - und trotzdem ist sie so beliebt wie nie.

WIDERLEGEN, WIDERLEGEN

Jeder Mensch, der zumindest über ein Fünkchen wissenschaftlichen Sachverstand verfügt, sieht, dass die Astrologie auf so komische Weise fehlerhaft ist, dass man sie eigentlich auf irgendeine formale, strikte und für jeden vernünftigen Menschen zufriedenstellende Weise entkräften können müsste. Aber so leicht ist das Ganze offensichtlich nicht. Wem geben wir also die Schuld dafür? Ich finde, dass wir Popper dafür verantwortlich machen sollten, weil er inzwischen sowieso schon tot ist und sich nicht wehren kann. Das Problem an der beliebten, von Popper inspirierten Version der sogenannten „wissenschaftlichen Methode“ ist nur, dass sie verlockend einfach ist. Ihre Grundformel lautet wie folgt:

1. **Beobachtung:** Machen Sie eine sorgfältige und systematische Beobachtung der natürlichen Welt.
2. **Fragestellung:** Stellen Sie eine Frage zu dem beobachteten Phänomen.
3. **Hypothese:** Formulieren Sie eine überprüfbare Hypothese, die eine Antwort auf die Frage liefert.
4. **Experiment:** Konzipieren Sie Experimente, um die Hypothese zu prüfen, und führen Sie diese Experimente durch.
5. **Fazit:** Ziehen Sie ausgehend von der Analyse der Daten aus den Experimenten eine Schlussfolgerung.

Es ist so einfach, dass man sagen kann, dass Zigmilliarden teure Teilchenbeschleuniger eine genauso gültige Anwendung der Wissenschaft sind wie natrongefüllte Vulkanattrappen. Stellen Sie sich vor, Sie wären ein Jurymitglied bei der Wissenschaftsolympiade am örtlichen Gymnasium und näherten sich einem Beitrag, der eindeutig vom übereifrigen Spross irgendwelcher Helikoptereltern stammt, die schlaflose Nächte damit verbracht haben, das Projekt ihres heißgeliebten Nachwuchses zu perfektionieren.

1. **Beobachtung:** Das Mischen von Natron und Essigprodukten erzeugt eine sprudelnde Reaktion.
2. **Fragestellung:** Was verursacht die sprudelnde Reaktion zwischen Natron und Essig und wie funktioniert sie?
3. **Hypothese:** Die sprudelnde Reaktion wird durch eine chemische Reaktion verursacht, die Gas Blasen machen lässt.

4. **Experiment:** Ich habe unterschiedliche Mengen Natron und Essig sorgfältig in einem Gefäß vermischt und die daraus resultierende Reaktion beobachtet.
5. **Fazit:** Aufgrund meiner Beobachtungen wird die Hypothese, dass chemische Reaktionen Gasblasen erzeugen, unterstützt.

Das ist eine solide 3+, Julius. Als Nächstes haben wir … Moment mal, das CERN? Wie sind die denn hier reingekommen?

1. **Beobachtung:** Wissenschaftlerinnen und Wissenschaftler haben beobachtet, dass das Universum aus Teilchen und Kräften besteht, die miteinander interagieren.
2. **Fragestellung:** Wie interagieren subatomare Teilchen miteinander und was für neue Teilchen könnten jenseits der bereits bekannten Teilchen existieren?
3. **Hypothese:** Es existiert ein neues Teilchen, das wir das Higgs-Boson nennen und welches dafür verantwortlich ist, anderen Teilchen Masse zu verleihen.
4. **Experiment:** Wir haben einen Teilchenbeschleuniger von der Größe einer Kleinstadt gebaut und hochenergetische Teilchen aufeinander krachen lassen, wobei wir mittels Detektoren, die mehr als halb so lang wie ein Fußballfeld sind, Daten von sechs Billiarden Kollisionen gesammelt haben.
5. **Fazit:** Auf der Grundlage von 40 Jahren an Experimenten, Daten und Analysen kommen wir zu dem Schluss, dass das Higgs-Boson wahrscheinlich nachgewiesen wurde.

Auch 3+, ihr Angeber. Beide Experimente folgen derselben „wissenschaftlichen Methode“. Wir sind anscheinend also zu der Schlussfolgerung gezwungen, dass sie beide gleichwertige Anwendungen der Wissenschaft darstellen. Und dennoch: Wenn man Wissenschaft bloß als eine Methode zum Überprüfen von Hypothesen begreift, verwischt das eindeutig die Grenzen zwischen Hinterhofexperimenten und High-Tech-Wissenschaft. Poppers Ansatz legt übertrieben viel Wert auf das Prüfen der Hypothese, das Experimentieren und die Ableitung evidenzbasierter Schlussfolgerungen, was den Begriff *Wissenschaft* für Missbrauch anfällig macht – wofür sich zahlreiche Belege finden lassen, wenn man ihn auf die Astrologie anwendet.

1. **Beobachtung:** Seit den Tagen antiker Zivilisationen haben Menschen immer wieder festgestellt, dass es zwischen Himmelsmustern und irdischen Ereignissen, darunter auch den Leben Einzelner, Übereinstimmungen zu geben scheint.
2. **Fragestellung:** Können die Positionen von Himmelskörpern wie Sternen und Planeten das Verhalten der Menschen und den Lauf der Dinge auf der Erde beeinflussen?
3. **Hypothese:** Die Positionen von Himmelskörpern während der Geburt eines Menschen können dessen Charaktereigenschaften, Beziehungen und Lebensereignisse festlegen.
4. **Experiment:** Ähmm … man verfolge die Positionen von Himmelskörpern und vergleiche sie mit dem Leben der Menschen, um nach Mustern und Zusammenhängen zu suchen?

Und genau hier bleibt die wissenschaftliche Methode entweder gleich im Hafen oder geht mit wehenden Fahnen unter. An dieser Stelle müssen wir etwas sagen, das viel zu großzügig klingt, aber leider trotzdem wahr ist: Die Wissenschaft – oder zumindest Poppers Sichtweise darauf – lässt bezüglich der Astrologie keinerlei Schlussfolgerung zu und diese Ambivalenz hat ihren Fortbestand ermöglicht.

Die Anwendung der wissenschaftlichen Methode auf die Astrologie birgt das Problem, dass es unmöglich ist, jede Hypothese, die man sich ausdenken könnte, auf eine gründliche und kontrollierte Weise zu überprüfen. Und falls Ihnen doch eine einfällt (wie vielen Forschern vor Ihnen), wird sie zwangsläufig zu eng sein, um von den

Anhängerinnen der Astrologie akzeptiert zu werden. Die können nämlich einfach behaupten, dass die betreffende Hypothese für *ihre* Version der Astrologie irrelevant sei.

In den meisten Fällen schafft man es nicht wirklich, überzeugende „evidenzbasierte“ Schlussfolgerungen zu ziehen, weil die Leute nach einfachen Ja- oder Nein-Antworten verlangen. Der Astrologe oder die Astrologin kann jederzeit behaupten, dass Lücken genügend Raum für Zweifel bieten. Schlimmer noch: Man kann ganz schnell den Anschein erwecken, *als ob* man die wissenschaftliche Methode mit allerhand Belegen anwendet, während man auf der Grundlage fehlerhafter Daten oder einer unsauberen Analyse, die oft nur jemand mit Statistikerfahrung durchführen kann, zu irgendwelchen Schlussfolgerungen gelangt.

In Ermangelung der Möglichkeit, Fragen im Zusammenhang mit der Astrologie wirklich wissenschaftlich zu behandeln, greifen Widersacher der Pseudowissenschaften oft auf Schmähmanöver gegen deren stümperhafteste Beispiele zurück. Diese Manöver werden in den meisten Fällen lose als Anwendungen der wissenschaftlichen Methode interpretiert. Würde man auf Tagungen der Skeptikerbewegung Wissenschaftsolympiaden abhalten, könnten Sie dort ungefähr sowas finden:

1. **Beobachtung:** Es gibt Leute, die Begriffe aus der Astrologie verwenden, um Bullshit-Horoskope zu verkaufen.
2. **Fragestellung:** Enthalten Horoskope irgendeine objektive Wahrheit?
3. **Hypothese:** Horoskope sind vage und können auf alle Menschen unabhängig von deren Geburtsdatum zutreffen.
4. **Experiment:** Ich habe einer Astrologin ein einzelnes Horoskop geklaut, dieses an zehn Leute mit unterschiedlichen Sternzeichen weitergegeben und sie gefragt, ob es zutraf.
5. **Fazit:** Da acht von zehn Leuten angaben, dass es zutraf, komme ich zu der Schlussfolgerung, dass diese Astrologin einen Haufen

> Sch… ähm, will sagen, dass meine Hypothese korrekt ist. Außerdem lautet mein Fazit, dass die Astrologin einen Haufen Bullshit erzählt und die gesamte Astrologie damit widerlegt ist. Ach ja, obendrein habe ich den Teilnehmern auch noch verraten, dass sie alle dasselbe Horoskop bekommen haben, damit sie ebenfalls wie Idioten dastehen. Ha ha!

Auch wenn sich alle insgeheim am Unglück anderer erfreuen, wird dieses heimliche Vergnügen nahezu euphorisch, wenn diese andere Person jemand ist, den oder die man in moralischer Hinsicht ablehnt. Doch während wir gemeinsam über die Erniedrigung von Schwindlern und die Peinlichkeiten vorsätzlich leichtgläubiger Leute lachen, bleibt das eigentliche Thema irgendwie auf der Strecke. Falls Sie trotzdem das Gefühl haben, dass Sie für die scheinbare Autorität von allem, das in statistischer Sprache formuliert wird, anfällig sein könnten und sich im Vermeiden von Blamagen üben wollen, schlage ich Ihnen vor, sich auf YouTube die Beispiele in Tyler Vigens Reihe *Spurios Correlations* (dt.: Scheinkorrelation) anzuschauen. Darin wird gezeigt, dass zwischen so etwas wie der Zahl der Filme, in denen Nicolas Cage mitgespielt hat, und der Anzahl an Menschen, die durch den Sturz in einen Pool ertrunken sind, auf ein ganzes Jahrzehnt betrachtet eine nahezu perfekte Korrelation herrscht. Wobei … vielleicht ist das ja doch kein Zufall.

GEDANKENMODELLE, UM SICH IN DER WELT ZURECHTZUFINDEN

Es ist nicht die Wissenschaft nach popperschem Vorbild, die mich und die meisten anderen Forscherinnen und Forscher gegen astrologischen Bullshit immun macht. In Wahrheit gilt eher, dass der gesamte wissenschaftliche Wissenskorpus im Widerspruch zu den Prämissen steht, die der Astrologie zugrunde liegen. Indem wir den Fokus weg von der empirischen Methode und eher auf die fundamentalen Theorien und Prinzipien richten, die die Grundlage des wissenschaftlichen Verständnisses bilden, können wir noch besser die Ungereimtheiten und Unglaubwürdigkeiten offenlegen, die astrologischen Glaubensvorstellungen innewohnen. Dieser Perspektivwechsel erlaubt es uns, den philosophischen Unterbau der Wissenschaft genauer zu ergründen, und beleuchtet den krassen Kontrast zwischen den präzisen Erklärungen der modernen Wissenschaft und den unbegründeten Annahmen, die für die Astrologie typisch sind.

Die Wissenschaft hat sich durch ihre inzwischen reichhaltige Geschichte zu einem komplexen Bezugssystem entwickelt, um das Universum und seine inneren Wirkmechanismen zu verstehen. Dieses System besteht aus ineinandergreifenden Theorien, Prinzipien und Gedankenmodellen, mit deren Hilfe wir aus der Welt um uns herum schlau werden und uns in ihr zurechtfinden. Indem wir diese Modelle fortwährend durch Beobachtungen, Experimente und kritische Analysen verfeinern, sind wir in der Lage, die natürlichen Phänomene, die unsere Existenz prägen, genauer und umfassender zu verstehen.

Die Kosmologie ist die Untersuchung der Ursprünge, der Entwicklung und der Struktur des Universums im größtmöglichen Maßstab. Und obwohl sie zweifellos den kühnsten Wissenschaftszweig überhaupt darstellt, fußt sie dennoch auf den grundlegenden Prinzipien der Physik, darunter denen der Allgemeinen Relativitätstheorie und der Quantenphysik. Diese Prinzipien sind keine einfachen Hypothesen, die jemand ein einziges Mal bei einer Wissenschaftsolympiade getestet hat; sie sind aufs Rigoroseste inspiziert worden und Gegenstand fortlaufender Experimente, die zu jedem erdenklichen Zeitpunkt in Regierungen, Industrielaboren und an Universitäten auf der ganzen Welt stattfinden. Somit sind die Schlussfolgerungen, die aus der Kosmologie gezogen werden, unendlich viel verlässlicher und stimmiger als irgendwelche Ideen, die jemand aus den anekdotischen Berichten magischer Denker abgeleitet hat.

Lassen Sie uns deshalb einen Schnelldurchlauf durch einige Lehren aus der Kosmologie machen, die mit den Grundideen des astrologischen Denkens unvereinbar sind. Dabei wird es so aussehen, als ob die Leute in der Antike ziemlich dumm waren. Aber bedenken Sie, falls dieser Eindruck bei Ihnen entsteht, dass sich der Mensch biologisch gesehen seit Jahrtausenden nicht verändert hat. Wir sind *Homo sapiens*, eine Spezies, die bereits seit über 200.000 Jahren existiert – wenn wir uns seitdem „entwickelt" hätten, wären wir eine andere Spezies. Im Prinzip sind Sie also nichts anderes als ein Höhlenbewohner mit dem immensen Vorteil einer kollektiven Intelligenz, die durch die zarten Fäden der Globalisierung zusammengehalten wird. Tun Sie nicht so, als ob Sie mehr als fünf Sekunden lang auf einer einsamen Insel überleben würden, bevor Sie das Universum anflehten, wieder zu Hause bei Ihrem geliebten WLAN zu sein.

WAS IST EIN STERN?

Viele pseudowissenschaftliche Ideen berufen sich auf diese oder jene „alte Weisheit" und obwohl es da definitiv ein paar Schätze gibt, sind vorwissenschaftliche Vorstellungen über die Beschaffenheit der Sterne doch unglaublich naiv. Altertümliche Kulturen hatten oft ihre eigenen einzigartigen Interpretationen dessen, was Sterne waren und welchen Einfluss sie auf die Welt hatten. Manche glaubten, dass Sterne göttliche Wesen wären, während andere sie für Löcher im Himmel hielten, die das Licht des Himmels hindurch scheinen ließen – wie das alte Zelt, das Ihr Vater partout nicht wegwerfen wollte und in dem Sie damals, als es noch keine iPhones gab, auf den Campingausflügen Ihrer Familie schlafen mussten. Derartige Dinge wurden noch bis in die 1970er-Jahre hinein öffentlich verkündet, als der US-amerikanische *War on Drugs* den Freizeitgebrauch von Psilocybin erfolgreich eindämmte.

Für die alten Griechen bestanden alle Dinge auf der Erde aus vier Elementen – Feuer, Luft, Erde und Wasser – während sie bei den Sternen glaubten, dass diese aus einem nicht-irdischen göttlichen Material namens *Äther* gemacht wären. Später dachten Alchemisten, dass sie dieses fünfte Element in reiner flüssiger Form herstellen könnten, indem sie Alkohol wieder und wieder destillierten, was aber – wie ihnen nicht bewusst war – einfach reinen Alkohol ergab. Ich werde mich hier nicht gegen Behauptungen stellen, dass das Ganze eine transformatorische Wirkung hatte. Demgegenüber besteht *Das Fünfte Element* im modernen Hollywood offenkundig aus Filmsternchen, die sich bereitwillig vor einem verwirrt aussehenden Bruce Willis ausziehen und dabei von Chris Tucker angeschrien werden. Wir haben es eindeutig sehr weit gebracht.

Astrologen haben sich in der Regel nicht auf die Zusammensetzung von Sternen konzentriert. Das Hauptanliegen der Astrologie besteht darin, die Position von Himmelskörpern und deren vermeintliche Wirkung auf das menschliche Leben zu interpretieren. Heute akzeptieren Astrologinnen und Astrologen bereitwillig moderne wissenschaftliche Konzepte wie etwa die Tatsache, dass Planeten in Wahrheit keine „Wandelsterne" sind, sondern Kugeln aus Gestein und Gas, die um die Sonne kreisen. Das geozentrische Modell, das im Laufe der wissenschaftlichen Revolution zu Fall gebracht wurde, scheint für die Astrologie eher ein Hemmnis gewesen zu sein. Astrologinnen und Astrologen haben überhaupt kein Problem damit, wissenschaftliche Fakten zu akzeptieren, solange diese ihren Glaubensvorstellungen nicht direkt widersprechen. Und vielleicht wiederholen sie sogar einfach die Tatsache, dass Sterne brennende Plasmakugeln sind, die von Kernreaktionen angetrieben und durch die Gravitation zusammengehalten werden, um nicht als antiwissenschaftliche Nihilisten dazustehen. In jedem Fall taucht die Zusammensetzung von Sternen nie in einem Horoskop auf.

Zu wissen, was eigentlich ein Stern ist, liefert aber starke indirekte Indizien, die gegen astrologische Glaubensvorstellungen sprechen. Der Wunsch, Sternen eine feste und unveränderliche Bedeutung zuzuschreiben, bringt die Notwendigkeit mit sich, dass Sterne selbst fest und unveränderlich sind. Das sind Sterne aber nicht. Sie entstehen, entwickeln sich und sterben schließlich über einen Zeitraum von vielen Millionen oder Milliarden von Jahren. Im Verlauf ihres Lebens machen sie vielfältige Veränderungen in Sachen Größe, Temperatur und Helligkeit durch. Und genau wie bei der Aufnahme zuvor unbekannter Planeten könnte die Astrologie modifiziert werden, um sich auch diese Fakten einzuverleiben. Das würde aber nur dazu führen, ein ohnehin schon kompliziertes Gefüge noch komplizierter zu machen. Im Gegensatz dazu hält die Wissenschaft nicht nur für die sichtbaren Phänomene, sondern auch für jene, die mithilfe der Technologie entdeckt wurden, eine *einfachere* Erklärung parat. Wenn Sie aber wirklich eine kompliziertere Geschichte mit keinerlei Vorhersagekraft haben wollen, dann rate ich Ihnen: Springen Sie unbedingt auf den Astrologiezug nach Nirgendwo auf.

Während den Sternen Ihr Leben am Hintern vorbeigeht, führen sie trotzdem ein Eigenleben. Sterne gehen aus gigantischen interstellaren Staubwolken hervor, die hauptsächlich aus Wasserstoff bestehen. Die Gravitation, die zwischen allem im Universum durch die gegenseitige Krümmung der Raumzeit wirkt, ist relativ schwach, führt aber schließlich zur Bildung von Klumpen in der Wolke. Kleinste Unregelmäßigkeiten erzeugen einen Wirbeleffekt, der den künftigen Stern und die ihn begleitenden Planeten in Rotation versetzt. Wenn die

Wasserstoffatome im Zentrum des Klumpens so weit komprimiert werden, dass sie sich beinahe berühren, übernehmen subatomare Kräfte die Kontrolle und verursachen eine Kernfusion. Die Fusion setzt Energie frei, welche einen nach außen gerichteten Druck ausübt, der der Gravitation entgegenwirkt, bis irgendwann schließlich ein Gleichgewichtszustand erreicht und ein stabiler Stern geboren wird.

Was nach der Geburt eines Sterns passiert, hängt davon ab, wie groß er ist. Wie im letzten Kapitel erwähnt, ist die Sonne ein mittelgroßer und mittelalter Durchschnittsstern, was übrigens auch eine ziemlich gute Beschreibung Ihres demütigen Autors ist. Ein richtiger Stern ist deutlich berechenbarer als ein Mensch. Sein Treibstoff ist Wasserstoff und er produziert nicht mehr davon, als am Anfang da war. Wenn ein Stern seinen Wasserstoffvorrat erschöpft, zieht sich sein Kern zusammen und erhitzt sich, was dazu führt, dass die Fusionstätigkeit zunimmt und die äußeren Schichten expandieren. Der Stern wird zu einem Roten Riesen, wobei seine Außenfläche bedeutend größer und kühler ist als zuvor, bis das Helium in seinem Kern schließlich zu schweren Elementen fusioniert. Sobald der Heliumvorrat aufgebraucht ist, wiederholt sich der Prozess erneut, bis pulsierende Kontraktions- und Expansionsbewegungen die äußeren Schichten des Sterns zum Schluss in einem letzten Ausstoß abwerfen, der alles in seiner Nähe verschlingt – bei der Sonne würde das auch die Erde einschließen. Aus großer Entfernung sieht das Ganze jedoch wie eine wunderschöne Puffwolke aus kosmischem Gas und Staub aus, die wir *Planetarischen Nebel* nennen. Der verbleibende Kern wird zu einem sogenannten Weißen Zwerg, der sich bis ans Ende aller Tage langsam abkühlen und verglühen wird. Der Sonne ist dieses Schicksal in etwa fünf Milliarden Jahren vorherbestimmt – und kein Mensch wird da sein, um den Sinn des Ganzen zu interpretieren.

Im Gegensatz dazu führen massereiche Sterne ein typisches Rockstar-Dasein: Sie verfeuern ihren Sprit viel schneller und finden ein viel brutaleres Ende. Wenn sie ihren Kernvorrat erschöpft haben, fällt dieser binnen Sekunden in sich zusammen und verursacht dabei eine gewaltige Explosion, die als Supernova bezeichnet wird. Dieses Ereignis setzt eine gigantische Energiemenge frei und kann kurzzeitig eine ganze Galaxie überstrahlen. Das Überbleibsel aus der Explosion eines Sterns, der anfangs rund drei Sonnenmassen hatte, ist ein Neutronenstern, und das Resultat eines Sterns, der mit etwa zehnmal so viel Wasserstoff wie unsere Sonne loslegte, ist ein Schwarzes Loch.

Solche Schwarzen Löcher sind die rätselhaftesten Objekte im Universum. Sie haben eine derart heftige Anziehung, dass ihnen nicht mal Licht entkommen kann, was sie einer direkten Beobachtung gegenüber unsichtbar macht. Trotzdem können wir ihre Anwesenheit durch ihren Einfluss auf die Objekte in ihrer Umgebung mit den Hilfsmitteln der Wissenschaft nachweisen. Wenn zwei Schwarze Löcher miteinander verschmelzen, senden sie mächtige Gravitationswellen aus, die durch das Gefüge der Raumzeit wabern. Und wenn das Ganze wiederholt passiert, führt es irgendwann schließlich zu Objekten, die wir als *supermassereiche* Schwarze Löcher bezeichnen. Inzwischen können wir diese, wenn sie verschmelzen, mit riesigen laserbasierten Antennen aufspüren, die so groß sind, dass sie die Erdkrümmung berücksichtigen müssen, um sie gerade zu halten. Das alles hat eine völlig neue Möglichkeit eröffnet, das Universum zu erforschen, durch die selbst moderne Teleskope antiquiert aussehen.

Mein Favorit unter den Schwarzen Löchern ist Sagittarius A*, das im Zentrum unserer Milchstraße liegt und ungefähr vier Millionen Mal so viel Masse wie unsere Sonne hat (lesen Sie das noch einmal). Es befindet sich natürlich im Sternbild Schütze (lat.: Sagittarius), auch wenn es nicht zu den sichtbaren Sternen gehört, da es, wie erklärt, ein gigantischer, Licht und Materie verschlingender Leviathan ist. Das Ganze lässt einen wirklich daran zweifeln, was es heißt, „in“ einem Sternbild zu liegen oder geboren zu sein – denn man würde dort definitiv nicht vorbeischauen wollen, wenn man wüsste, was einen erwartet. Zumindest sollte Ihr Horoskop aber derartige Tatsachen näher berücksichtigen.

Schütze. Diese Woche spielt das supermassereiche Schwarze Loch Sagittarius A im Herzen unserer Galaxis eine große Rolle und lädt Sie ein, über die Leere zu sinnieren und Ihre eigene Existenzangst zu akzeptieren. Während die Gravitationskräfte dieses kosmischen Rätsels zum Spiegelbild der Last Ihrer eigenen Gedanken werden, verblassen Ihre finanziellen und romantischen Aussichten im Angesicht der überwältigenden Dunkelheit. Suchen Sie Trost in der Tatsache, dass das Dasein flüchtig ist und sogar die hellsten Himmelskörper vergänglich sind. Heißen Sie in dem Bewusstsein, dass auf der großen Bühne des Universums nichts wirklich von Belang ist, die Ungewissheit des Lebens willkommen. Und lassen Sie sich von der Dunkelheit von Sagittarius A* zu einem tieferen Verständnis des Menschseins und der wunderbaren Ungewissheit der Existenz leiten.*

Am wechselhaften Leben eines Sterns sind alle vier fundamentalen Kräfte beteiligt. Wenn wir schon so weit gehen müssen, Sterne zu vermenschlichen, dann sollten wir wahrscheinlich zumindest sagen, dass sie sich um ihren eigenen Mist kümmern müssen – und der ist unendlich viel dringlicher und fantastischer als die Sorgen winziger Ameisen, die auf einem überwiegend unwirtlichen Planeten gefangen sind, der um einen ansonsten unscheinbaren Stern kreist, und kaum mehr tun, als schlechte finanzielle Entscheidungen zu treffen. Die fortwährende Transformation von Sternen stellt die Idee infrage, dass deren Positionen und Merkmale in der Astrologie feste und unveränderliche Bedeutungen haben. Allerdings ist am Ende sowieso alles egal, weil die Sonne irgendwann sterben und die Astrologie in einem letzten trotzigen Aufbäumen mit sich nehmen wird.

WO SIND DIE STERNE?

Wenn wir von Sagittarius beziehungsweise Schütze reden, fragen Sie sich vielleicht, wieso das Universum einen Haufen Sterne auf eine Weise angeordnet hat, die aussieht wie ... wie bitte, ich kann da gar nichts erkennen ... ein bogenschießender Zentaur, der seinen Bogen spannt? Verdammt, ich geb's auf. Es hat wirklich keinen Zweck, angestrengt nach der Form Ausschau zu halten, deren Umrisse diese Sterne angeblich zeichnen sollen – was auch immer das sein soll. Dennoch mögen die Anfang Dezember Geborenen, wenngleich sie inzwischen schon mal davon gehört haben, dass Sterne weit entfernte Kugeln aus ununterbrochenen nuklearen Explosionen sind, immer noch fragen: „Wie weit sind diese Sterne, die im Sternbild Schütze liegen und über mein Schicksal entscheiden, entfernt?" Das ist jedoch eine dumme Frage, weil die Sterne, die dieses Sternbild bilden, in Wirklichkeit über unsere gesamte Region in der Milchstraße verstreut sind. Auf diese wichtige Tatsache weisen Astrologinnen und Astrologen selten hin.

Waren Sie schon mal auf einer dieser 3D-Kunstausstellungen, bei denen alles bloß wie ein Haufen willkürlicher Blödsinn aussieht, außer wenn man es aus einem ganz bestimmten Blickwinkel betrachtet und dann einen Elefanten oder irgendwas anderes erkennt? Genau das ist das Sternbild Schütze – eine optische Illusion. Eine Täuschung, die dem ähnelt, was alle Möchtegern-Influencer auf Instagram erzeugen, die den total originellen Einfall haben, so zu tun, als würden sie den Schiefen Turm von Pisa stützen. Dazu müssen Sie wissen, dass selbst die beiden hellsten Sterne im Schützen, Kaus Australis und

Nunki, etwa zehn Billionen Kilometer weit voneinander entfernt sind, obwohl sie am Himmel scheinbar direkt nebeneinander liegen. Das bedeutet, dass Nunki erst von Ihrer Geburt erfährt, wenn Kaus Australis bereits ihren Tod mitbekommen hat.

Nunki ist auch nicht einfach nur weniger hell, weil er weiter entfernt ist. Tatsächlich leuchtet er zehnmal heller als Kaus Australis, aber zehn Billionen Kilometer sind einfach richtig weit weg. Nunki hat auch achtmal so viel Masse wie unsere Sonne, was bedeutet, dass er ein Schwarzes Loch zurücklassen wird, nachdem er in einer verheerenden Supernova stirbt. Aufgrund seiner Größe verbrennt er seinen Wasserstoffvorrat viel schneller als kleinere Sterne, weshalb er so heiß ist, dass er blau leuchtet. Außerdem hat er erst vor rund 30 Millionen Jahren zu leuchten begonnen, lange nachdem der letzte Dinosaurier zu den Sternen aufstieg und sich die Kontinente zum letzten Mal bewegten. Kann sein, dass ein gemeinsamer Vorfahre der Menschen und Affen damals nach oben blickte und seine Geburt (natürlich mit ein paar Hundert Jahren Verzögerung) sah. Nunki hat die Hälfte seines Lebens schon hinter sich, genau wie die Sonne, doch während diese noch fünf Milliarden Jahre vor sich hat, wird Nunki schon in etwa 25 *Millionen* Jahren erledigt sein. Ich würde gern sagen, dass das vollständige Verschwinden des Bogens des Bogenschützen seiner göttlichen Interpretation einen Dämpfer verpassen müsste, doch bis dahin wird noch jede Menge kosmischer Bullshit passieren.

Der dritthellste Stern im Sternbild Schütze ist Askella, der etwa auf halber Strecke zwischen Kaus Australis und uns liegt. Die Tatsache, dass es sich bei Askella überhaupt nicht um einen Stern handelt, sondern um *zwei* Sterne, die sich alle 22 Jahre einmal gegenseitig umkreisen, ist etwas, das sicherlich nicht in Ihrem Horoskop stehen wird. Ein weiterer Fun Fact: Askella ist überhaupt kein Doppelsternsystem, sondern ein *Dreifachsternsystem*. Jüngste Beobachtungen legen jedoch nahe, dass dieser dritte Stern die anderen beiden womöglich gar nicht umkreist, sondern schlicht ein anderer leuchtschwacher Stern ist, der auf derselben Sichtachse liegt. Ist das alles hier nicht viel interessanter als herauszufinden, dass Ihnen Ihre Glückszahlen im Lotto doch nicht so viel Glück gebracht haben?

Die riesigen Entfernungen zwischen Sternen lassen das gesamte Konzept „Sternbild" ziemlich willkürlich erscheinen; eine Tatsache, die Astrologinnen und Astrologen aber natürlich nicht abschreckt. Um uns zu helfen, die Wichtigkeit des willkürlichen Musters zu verstehen, das diese Sterne bilden, schrieb die Starastrologin Aliza Kelly im Rahmen einer „Erklärung" in der Zeitschrift *Allure*:

> *Sagittarius, der durch einen Bogenschützen (ein Zentaur, halb Mensch und halb Pferd) verkörpert wird, scheut sich nicht, mithilfe von Pfeil und Bogen ein ausgedehntes Terrain zu erkunden und an Orten und in Räumen, zu denen andere nicht im Traum vordringen würden, nach Antworten zu suchen.*

Hmpf. Es gibt keinen verdammten Bogenschützen. Schluss damit. Würden Sie tatsächlich vor dem Schiefen Turm von Pisa stehen, dann würden Sie eine einzige Person sehen, die den Turm zu stützen scheint, und daneben Dutzende andere, die wie Idioten aussehen und Grimassen schneiden, während sie Luft wegdrücken. Von jedem anderen Standpunkt als unserem eigenen aus betrachtet würden die Sterne eine vollkommen andere, aber genauso willkürliche Form ergeben. An unserem Blickwinkel auf diese willkürlich platzierten Lichtquellen ist genauso wenig Besonderes wie an unseren „Wandelsternen". Astronominnen und Astronomen haben allein im Sternbild Schütze mehr als 100 Planeten entdeckt, die andere Sterne umkreisen, und ständig werden weitere gefunden.

Und was noch schlimmer ist: Gäbe es auf einem jener Planeten außerirdische Astrologen, würden die nicht mal das schwache Licht unseres eigenen Sterns sehen. Wie erbärmlich. Das ist zu schade, weil ich mir sicher bin, dass wir als Teil einer penisförmigen Konstellation der totale Renner gewesen wären.

Die stillschweigende Annahme der Astrologie lautet, dass die Sterne Ansammlungen von kosmischer Bedeutung sind, die sorgfältig vom Universum angeordnet wurden, um unser Leben zu lenken. Die Wirklichkeit sieht aber so aus, dass sie sich im Hinblick auf ihre Entfernung, Größe und Helligkeit enorm unterscheiden, ohne irgendwelche immanenten Muster oder Bedeutungen mit Ausnahme von denen, die wir ihnen selbst zuschreiben. Viele davon sind nicht mal einzelne Sterne, sondern Mehrfachsternsysteme, und permanent entstehen neue Sterne, während andere erlöschen oder explodieren. Die Menschen lieben es, Muster zu entdecken, und auch ich ziehe genau wie jeder andere die Ordnung dem Chaos vor – und trotzdem kann ich mir nicht vorstellen, meine Lebensentscheidungen von einer kosmischen „Reise nach Jerusalem" abhängig zu machen.

DIE BEWEGUNG DER STERNE

Die Sterne scheinen am Himmel ein festes Muster zu ergeben – ein offensichtlicher himmlischer Hintergrund, vor dem sich das ganze Drama abspielt. Der Nordpol zeigt immer auf Polaris, den Polarstern, während die übrigen Sterne um ihn herum rotieren. Ähnlich ist es beim Südpol, der in Richtung Polaris Australis zeigt, während die übrigen Sterne sich im Kreis um ihn drehen – nur andersrum, genau wie die Toiletten in Australien (was beides übrigens ein Scherz ist). Die Sonne, der Mond und die Planeten bleiben dagegen im Verhältnis zu den Sternen nicht an Ort und Stelle, sondern bewegen sich

„durch" die Sternbilder. Doch wenn Sie sich im Sachunterricht die Plakate über das Sonnensystem genau anschauen würden, dann würden Sie feststellen, dass alle Planeten auf einer Ebene liegen. Das heißt, dass sie alle demselben Pfad am Himmel folgen wie die Sonne – der sogenannten *Ekliptik*. Während die Erde und der Rest der Planeten um die Sonne kreisen, scheinen sie dieselben Sterngruppen in regelmäßigen Abständen immer wieder zu „besuchen". Der Mond braucht jeweils 27 Tage, um sie alle einmal zu durchwandern, während die Sonne das nur einmal im Jahr tut – was auch der Grund dafür ist, warum sich die astrologischen Sternzeichen im Jahresverlauf ändern, bevor sie sich wiederholen.

Wie Sie sich bestimmt auch noch aus dem Sachunterricht (oder weil Sie einen Globus gesehen haben) erinnern, rotiert die Erde auf einer Achse, die um etwa 23 Grad geneigt ist, was die Ursache für die Jahreszeiten und auch der Grund dafür ist, dass die Sonne von einem festen Standort auf der Erde aus betrachtet im Jahresverlauf nicht derselben Bahn zu folgen scheint. Sie steht (auf der Nordhalbkugel) im Sommer höher und im Winter niedriger am Himmel und weil sich dadurch auch die Länge der Tage ändert, kommt es, dass unterschiedliche Sternbilder in der Abenddämmerung „aufgehen". Bei all dem handelt es sich um grundlegende wissenschaftliche Fakten, die Astrologinnen und Astrologen sogar benutzen werden, um den Anschein von Autorität oder Legitimität zu erwecken. Das Problem ist nur, dass die periodische Drehung der Erde auf ihrer Achse und um die Sonne nichts im Vergleich zu ihrer Bewegung im Verhältnis zu den Sternen ist.

Während die traditionelle Astrologie untrennbar mit der Vorstellung verbunden war, dass die Erde der stationäre Mittelpunkt des Universums wäre, scheint die moderne Astrologie von der Tatsache unbeeindruckt, dass sich die Erde mit mörderischen 100.000 Kilometern pro Stunde um die Sonne dreht. Mittlerweile ist das konzeptionelle Zentrum des Universums die Sonne und die Erde kehrt jedes Jahr an denselben Punkt zurück, von dem aus sie gestartet ist – was natürlich auch nicht stimmt. Die Sonne rast mit 800.000 Kilometern pro Stunde im Kreis um das Zentrum unserer Galaxis – der Milchstraße –, in der es grob geschätzt 100 Milliarden Sterne gibt. Die vielleicht 100 Sterne, auf die sich die Astrologie beruft, befinden sich in relativer Nachbarschaft, fliegen aber in etwas unterschiedlichem Tempo um die Galaxis herum. Selbst wenn man also die Geburt und den Tod von Sternen außer Acht lässt, sieht der Himmel in jeder Nacht ein kleines bisschen anders aus.

Sie erinnern sich an Askella? In Wahrheit bewegt er sich mit 80.000 Kilometern pro Stunde von uns weg, wahrscheinlich nur, um uns etwas zu beweisen. Vor einer Million Jahren, als unsere Vorfahren das erste Mal im Stehen pinkelten, dürfte Askella mehr als zehnmal so hell gewesen sein wie heute – und damit dreimal so hell wie der aktuell hellste Stern am Nachthimmel (Sirius). Stellen Sie sich vor, wie viele Geschichten man sich bis heute über die göttliche Bedeutung eines Sterns erzählt hat, der in Wirklichkeit zwei Sterne ist und sich entschlossen hat, einfach abzuhauen. Die Sterne, und damit auch die Sternbilder, verändern sich zwar nicht wirklich selbst, sehen aber *von der Erde aus* in der zeitlichen Größenordnung von rund 100.000 Jahren erheblich anders aus. Zum Beispiel wird der Schild des Orion in ein paar Tausend Jahren zerschlagen werden und der Jäger zudem seinen Kopf verlieren. Wenn die Menschen so lange durchhalten, wird es die Astrologie vermutlich immer noch geben. Und wenn man eins über sie sagen kann, dann, dass sie, was Bullshit betrifft, ein verdammt kreativer Haufen sind. Ich sehe es jetzt schon von mir …

In diesem neuen Zeitalter des Orion haben sich die astrologischen Gegebenheiten für alle, die in diesem Sternzeichen geboren wurden, verändert. Sein einst glänzender Schild, ein

Symbol für Schutz und Stärke, ist von den Gezeiten des Himmels zerschmettert worden und offenbart eine darunter verborgene Verletzlichkeit. Sein fehlender Kopf verweist auf die tiefgründige Idee, dass unsere Gedanken und unser Ego bisweilen unsere Wahrnehmung trüben können. Orion, der von nun an nicht länger der mutige, wild entschlossene Krieger ist, ruft seine Anhängerschaft dazu auf, sich im Angesicht des ewig wandelbaren Kosmos in Demut, Verletzlichkeit und Akzeptanz zu üben. Begrüßen Sie diesen Wandel, werte/r Orion-Geborene/r, und möge die Weisheit des kopflosen Jägers mit Ihnen sein.

Beim Kreuz des Südens, das irgendwann mal wie zwei parallele Linien aussehen wird, werden die Folgen noch deutlicher sein. Ein Haufen Leute in Australien mit unbeabsichtigten Vokuhilas und Zahnlücken wird demnach gezwungen sein, sich ihre Tattoos entfernen zu lassen, während einige andere Länder ihre Nationalflaggen neugestalten müssen.

Die Bewegung der Sterne hat einen beträchtlichen Einfluss auf die Gültigkeit der Astrologie. Ihre Sternzeichen und Interpretationen beruhen auf veralteten, statischen Sichtweisen des Kosmos, die dem dynamischen und sich ständig verändernden Universum, das wir in Wahrheit bewohnen, keinerlei Rechnung tragen. Die Folge ist, dass das Ausüben der Astrologie von vornherein fehlerbehaftet ist, da sie die Grundprinzipien der Kosmologie ignoriert. Diese Prinzipien sind mit der Vorstellung, dass unsere Persönlichkeiten, unsere Lebensereignisse und unser Schicksal durch willkürliche Muster auf einer zeitlichen Momentaufnahme eines nie gleichen Himmels vorherbestimmt sind, unvereinbar.

DIE KRÄFTE DER NATUR

Die folgende Tatsache sollten Sie mit einer gehörigen Portion Vorsicht genießen: Durch mindestens eine der fundamentalen Naturkräfte haben die Sterne *tatsächlich* einen direkten Einfluss auf Sie. Die beiden stärksten Kräfte agieren lediglich im subatomaren Maßstab, sodass man mit Sicherheit sagen kann, dass sie keinerlei Rolle bei der Vermittlung eines vermeintlichen Einflusses weit entfernter Sterne spielen.

Die offensichtlichste Grundkraft ist die Gravitation, und das, obwohl sie unter den vier fundamentalen Kräften in Wahrheit die schwächste ist. Ja, Sonne und Mond haben eine beträchtliche Wirkung auf die Erde, wie die Gezeiten belegen, aber sie sind uns auch richtig nahe, während einige der Sterne am Himmel riesig, aber auch extrem weit weg sind. Die gravitative Anziehung von einigen jener Sterne hätte eine geringere Wirkung auf Sie als jeder menschengemachte Satellit, der in diesem Moment über Ihrem Kopf vorbeizieht.

Die Internationale Raumstation durchquert gerade das Sternbild Stier! Was bedeutet das?

Und obwohl das hier natürlich ein Witz sein soll, haben die Internationale Raumstation und Kaus Australis tatsächlich ungefähr die gleiche Gravitationswirkung auf Sie. Allerdings gibt es dabei zwei Dinge zu beachten. Diese Wirkung ist erstens lächerlich gering, und zwar geringer als ein Millionstel von einem Millionstel der Kraft, die ich genau jetzt aufbringe, um die Tasten auf dieser Tastatur hier nach unten zu drücken. Zweitens – und das ist wahrscheinlich die wichtigste Tatsache von allen – wird der Einfluss jeder Kraft im Universum durch die Lichtgeschwindigkeit begrenzt. Aus diesem Grund werden kosmologische Entfernungen in Lichtjahren gemessen, der

Distanz, die Licht innerhalb eines einzigen Jahres zurücklegt. Kaus Australis ist 143 Lichtjahre entfernt; wenn Sie ihn also bei Ihrem nächsten eines Zentauren würdigen Abenteuer um Stärke bitten, wird er die Nachricht nie rechtzeitig bekommen. Indes ist die ISS alle 90 Minuten eine Tausendstel Lichtsekunde von mir entfernt. Demzufolge erfahre ich 16 Mal am Tag ein winziges Ziehen aus dem All, das dem eines Sterns entspricht. Wie reizend.

Apropos Licht: Dabei handelt es sich um die einzige Kraft von den Sternen, die unser Leben direkt beeinflusst. Allerdings stammt so ziemlich die ganze Energie, die dem Gedeihen des Lebens auf der Erde zur Verfügung steht, von einem einzigen Stern: der Sonne. Licht ist die Art, wie wir die elektromagnetische Kraft erfahren. Sie bewegt sich in Wellen, um elektromagnetische Wechselwirkungen zu vermitteln. Und da sie sich logischerweise mit Lichtgeschwindigkeit fortbewegt, erscheint ihre Wirkung hier auf der Erde unmittelbar, wenn man beispielsweise einen Schalter umlegt oder einen Magneten an den Kühlschrank heftet. Das Licht der Sonne braucht allerdings acht Minuten, um die Erde zu erreichen, und das bedeutet, dass Sie die Sonne, wenn Sie sie anschauen – was hoffentlich nicht um die Mittagszeit passiert – so sehen, wie sie vor acht Minuten war. Die Vorstellung, dass wir eigentlich die Vergangenheit erleben, wird wesentlich unheimlicher, wenn es um die Sterne geht.

Es gab in der Geschichte einen einzigen Moment, in dem wir mit bloßem Auge einen Stern sehen konnten, der jenseits unserer eigenen Galaxis lag. S. 1885A (oder auch *Supernova 1885*) war … na ja … eben im Jahr 1885 zu sehen. Obwohl sie vor allem mit Teleskopen untersucht wurde (weil wir sie eben zur Verfügung hatten), war sie hell genug, um in einer klaren Nacht für kurze Zeit ohne Hilfsmittel gesehen zu werden. S. 1885A ereignete sich in der Andromeda-Galaxie, die weit über zwei Millionen Lichtjahre entfernt ist. Mit anderen Worten: Der Stern starb und wir haben es erst Millionen Jahre später mitbekommen. Andromeda ist das entfernteste Objekt, das wir mit bloßem Auge erkennen können, und war schon den antiken Astronomen als kleine Staubwolke bekannt. Dennoch hat sie es nie ins Lexikon der allgemeinen Astrologie geschafft. Vielleicht hat Andromeda das ja vorhergesehen und beschlossen, einen ihrer Sterne in die Luft zu jagen, um ihren Unmut darüber zu signalisieren – oder es war doch bloß ein glücklicher Zufall für ein paar Hobbyastronomen.

Wenngleich Andromeda im Moment noch weit weg ist, sind unsere beiden Galaxien auf Kollisionskurs miteinander und dazu bestimmt, am Ende zu einer elliptischen Supergalaxie zu verschmelzen, der wir längst den Namen *Milkomeda* verpasst haben. Und während das Ganze von der Erde aus spektakulär aussehen wird, wird es sich auch zur selben Zeit wie der Tod unserer eigenen Sonne ereignen. Ich hoffe trotzdem, dass es dann immer noch irgendwo in Milkomeda Menschen gibt, die weiterhin die Sterne dokumentieren – nur diesmal als Reiseveranstalter und nicht als Ramschhändler von Bullshit.

DIE ALIENS WAREN NIE HIER – UND SIND AUCH NICHT AUF DEM WEG ZU UNS

Wenn jemand mitten in der Nacht an Ihre Tür klopfen und Ihnen ein einmaliges Abenteuer im interstellaren Raum vorschlagen würde, inklusive der Möglichkeit, auf außerirdisches Leben zu treffen, wäre Ihr erster logischer Schritt vermutlich, die Polizei zu rufen. Doch vielleicht gehören Sie auch eher zur freigeistigen Sorte oder haben sich die erbauliche „Nutze den Augenblick"-Botschaft auf dem Motivationsposter Ihres Kollegen ein bisschen zu sehr zu Herzen genommen. In jedem Fall habe ich Ihnen die Entscheidung sowieso längst abgenommen, also schnappen Sie sich die Flasche mit Desinfektionsmittel da hinten (wer weiß, wo dieses Raumschiff schon überall gewesen ist) und springen Sie an Bord.

Und jetzt lassen Sie uns darüber reden, was Sie zu erwarten haben. Das Ganze wird keine wilde Irrfahrt durchs All wie bei Douglas Adams. Denken Sie eher an eine Dokumentation von Michael Moore, aber nur das unveröffentlichte Material, das ihn zeigt, wie er den Mittleren Westen durchquert, weit und breit nichts als Trostlosigkeit und nirgendwo Anzeichen von intelligentem Leben. Denn soweit es das echte intelligente Leben auf der Erde beurteilen kann, ist da draußen nichts – keine exzentrischen galaktischen Politiker, keine künstlich intelligenten Wesen oder paranoiden Roboter und nicht mal ein versteckter Schimmelfleck unter einem Felsen. Nicht auszumalen, wie langweilig erst der Weltraum wäre.

Trotzdem würde es denen, die wirklich an Außerirdische glauben und von der Idee besessen sind, dass es da draußen grauhäutige Wesen mit Insektenaugen gibt, die in ihren fliegenden Untertassen herumflitzen, Kühe entführen, eigenartige Muster im Maisfeld von Bauer Bernie hinterlassen und einsamen Barbesitzern eine unaufgeforderte Darmspiegelung verpassen, nicht reichen, dort rauszugehen und mit eigenen Augen den Mangel an Beweisen dafür zu sehen, dass es sonst wo im Kosmos Leben gibt. Die wahrhaft Gläubigen werden sich nie vom Gegenteil überzeugen lassen, egal, ob es sich bloß um eine störrische „Ich will daran glauben"- oder eine unstillbar neugierige „Was wäre wenn"-Situation dreht.

Für die modernen technologieverrückten Nerds ist der alberne Schwindel der Popkultur-Aliens eine offenkundige Farce. Sie haben sich ihren Traum von Aliens stattdessen mit ultrateuren Science-Fiction-Filmen, mit Hochglanzbildern aus Hollywood von fortschrittlichen Zivilisationen erkauft, die eine Schwarmintelligenz besitzen und aus irgendeinem Grund scharf darauf sind, unseren ohnehin schon ramponierten Planeten zu zerstören. Doch obwohl die meisten von uns mit den Geschichten von *Men in Black* und *Independence Day* innig vertraut sind, haben nur wenige eine Vorstellung von der echten, wissenschaftlich fundierten Suche nach unseren angeblichen kosmischen Nachbarn. Die Suche nach außerirdischem Leben ist ein ebenso akademisches Unterfangen wie jede andere Fragestellung in der Astronomie – auch wenn das Ganze (Spoileralarm) nichts damit zu tun hat, dass Will Smith irgendwelche Aliens … oder Menschen … verhaut.

Sind wir alleine? Inzwischen sollten Sie eigentlich die am wenigsten aufregende Antwort erwarten, aber Wissenschaft ist so öde, nicht wahr? Sie sind vermutlich trotzdem noch einen Tick neugierig, während in Ihrem Hinterkopf langsam die Titelmelodie von *Akte X* anschwillt und jegliche Vernunft von einem einzigen Slogan verdrängt wird: *Die Wahrheit ist da draußen.* Also schön, packen wir's an. Denn ganz egal, ob wir im Universum nun allein sind oder nicht, sind die Geschichten, Mythen und Glaubensvorstellungen, die aus unseren kollektiven Fantasiebildern hervorgegangen sind, ein Zeugnis unserer endlosen Neugier (und vielleicht auch der unterschwelligen Hoffnung), in der Grenzenlosigkeit des Weltraums Verbündete zu finden – was uns in Missouri auf gar keinen Fall passieren wird.

WO KAMEN DIE ALIENS HER?

Je nachdem, zu welcher Generation Sie gehören, stellen Sie sich Aliens entweder als kleine grüne Männchen, schlaksige graue Gedankenleser, Maschinen, die sich aus irgendeinem Grund in US-amerikanische Markenautos verwandeln, oder als was auch immer vor, das James Cameron in letzter Zeit Alpträume bereitet hat. Die ersten Aliens waren aber nichts von alldem, sondern unendlich viel krasser.

Denken Sie an Re, den ägyptischen Gott, der die Sonne im altertümlichen Pendant zu einem Raumschiff (also einem Boot) über den Himmel beförderte. Oder an den nordischen Gott Odin, der auf einer Art Exoplanet namens Asgard lebte, der durch einen gottverdammten Weltraumaufzug namens Bifröst mit der Erde verbunden war. Und wie wär's mit dem Hindugott Shiva, der über Kräfte verfügte, vor denen noch nicht mal Tony Stark die Erde beschützen könnte? Und vergessen wir auch nicht, dass damals, als die Erde noch flach war, tief unter der Oberfläche ein Ort lag, der genauso andersweltlich war wie das Himmelreich. Dort hielt sich der griechische Gott Hades, der über abgefahrene Alientechnologien wie einen Unsichtbarkeitshelm verfügte, einen dreiköpfigen Schoßhund und kontrollierte die interplanetaren Schiffsverbindungen – Fährgeld nicht vergessen!

Um den riesigen, unfassbaren Kosmos irgendwie greifen zu können, brauchten unsere Vorfahren Narrative – und wieso nicht die ein oder andere dramatische Wendung dazuerfinden? All die Götter, Gottheiten und göttlichen Wesen bekriegten sich nicht nur gegenseitig in ihren Fantasiereichen, sondern beehrten bisweilen auch uns niederen Erdlinge mit ihrer Gegenwart. Freilich war es vermutlich nicht ganz so himmlisch, von einem Engel „berührt" zu werden, wie Ihnen das Mittagsfernsehen das gern weismachen würde. Sexuelle Belästigung scheint in außerirdischen Überlieferungen, von sumerischen und christlichen Mythen über Dämonen, die willenlose Menschen verführen, bis hin zu Zeus, der unzählige Halbgottkinder mit willenlosen Sterblichen zeugt, ein wiederkehrendes Thema zu sein.

Sie fragen sich vielleicht, welcher Zusammenhang zwischen Zeus, der schlafende Jungfrauen dazu überlistet, mit ihm zu schlafen, und kleinen grauen Männchen mit gottesgleichen Technologien, aber dezidiert rückschrittlichen medizinischen Eingriffen besteht. Im Kern sind diese beiden Figuren externe Wesenheiten mit einer schrägen Sexsucht und Kräften, die das menschliche Vorstellungsvermögen übersteigen. Der einzige Unterschied besteht darin, dass sich das „Anderswo" von einem „dort oben" zu einem „da draußen" gewandelt hat.

LETZTE RETTUNG WISSENSCHAFT?

Die wissenschaftliche Revolution hat unsere Sicht auf den Kosmos dramatisch verändert. Die Erde wurde von einer flachen Insel, die im Zentrum eines kleinen Universums lag und von einer Schildkröte getragen wurde, zu einer einsamen Kugel, die gemeinsam mit den übrigen Planeten um die Sonne raste und wie jene in einer endlosen Weite verloren war. Doch leider haben die Ankunft der Druckerpresse und die letztendliche Lust, mehr als nur Bibeln zu verbreiten, dazu geführt, dass nun abgesehen von der Wissenschaft auch unsere Fantasien viral gehen konnten.

Heute scheint es, als ob Wissenschaft nicht mehr genügt. Die Absatzzahlen verlangen, dass Berichte über die Forschung in wilden Spekulationen vorgetragen werden *müssen* – denn sonst werden die Konsumentinnen und Konsumenten einfach nicht genügend Werbung sehen! Dabei ist Sensationalismus im Hinblick auf die Wissenschaft gar nicht neu. Im Jahr 1686 legte der französische Schriftsteller Bernard le Bovier de Fontenelle bei einem der ersten Versuche, Wissenschaft populär zu machen, die Kerngedanken der Wissenschaftlichen Revolution dar. Dazu gehörte auch die Tatsache, dass die Erde nur einer von vielen Planeten ist und die ganzen Sterne selbst Sonnen sind, die vermutlich ihre eigenen Planeten beleuchten, die (damit sich die Pille leichter schlucken lässt) Außerirdische beherbergen.

Fontenelle spekulierte auch darüber, wie man sich die Bewohner auf den Planeten unserer eigenen Sonne vorstellen könnte. So seien die Venusianer „ein etwas dunkles, sonnengebräuntes Volk, von der Sonne versengt; voller Witz und Lebhaftigkeit, immer verliebt, in Versen sprechend, lauschend der Musik und Galas, Tänze und Turniere veranstaltend.“ Ein guter Anfang vielleicht für eine dramatische Weltraumoper, auch wenn die Vermarktungsrechte mutmaßlich nicht sehr lukrativ waren.

Bevor wir jetzt gleich zu hollywoodtauglichen Aliens in der Gesellschaft supertoller Actionfiguren kommen, müssen wir kurz Bilanz ziehen und festhalten, dass man sich außerirdische Wesen vor der Industriellen Revolution bloß als geringfügige Variationen des irdischen Lebens vorstellte und nicht als die wirklich fremdartigen Wesen, die wir anscheinend heute bevorzugen. Merken Sie sich das bitte, lassen Sie Siri eine Notiz anfertigen oder versehen Sie diese Seite einfach mit einem Lesezeichen – sie wird später nämlich wieder wichtig sein, weil sie dabei hilft, die Dämlichkeit von Alienfantasien zu unterstreichen.

MARS ATTACKS

Als das 19. Jahrhundert von den Laternen der Industriellen Revolution erhellt wurde, war unser Bild des Kosmos immer noch unscharf, während sich unten auf der Erde ein dramatischer Wandel vollzog. Der wissenschaftliche und technologische Fortschritt bewirkte eine kulturelle Verschiebung in dem Glauben, dass das Universum nicht nur der Spielplatz der Götter sei, sondern ein riesiges Gebiet, das nur darauf warte, von den Menschen erforscht zu werden. Und während sich unsere Grenzen in der realen Welt ausdehnten, geschah mit unseren fiktionalen Grenzen dasselbe.

Wir richteten unsere Teleskope auf Himmelskörper, um detaillierte Muster und Strukturen zum Vorschein zu bringen. Beobachtungen des Mars waren dabei besonders fesselnd. Im Jahr 1877 berichtete der italienische Astronom Giovanni Schiaparelli von der Sichtung von *canali* auf dem Mars. Während *canali* im Englischen sowas Ähnliches wie *channels* (und im Deutschen sowohl *Rinnen* und *Flussbetten* als auch *Kanäle*) bedeutet, und zwar ohne die ständigen Erinnerungen des Duolingo-Vogels, wurde es in der englischsprachigen Welt fälschlicherweise als *canals* (dt.: Kanäle) interpretiert. Die vermeintliche Existenz von Kanälen auf dem Mars führte zu weit verbreiteten Spekulationen darüber, dass es sich dabei um künstliche Wasserwege auf dem Planeten handele, die von intelligenten Marsianern angelegt worden seien.

Der Gedanke, es gäbe eine alte und möglicherweise sterbende Marszivilisation, die verzweifelt Kanäle buddelte, um Wasser von den polaren Eiskappen nutzbar zu machen, fesselte die öffentliche Vorstellungskraft. Diese Theorie wurde durch den amerikanischen Astronomen Percival Lowell, der mehrere Bücher zu diesem Thema schrieb, populär gemacht. Lowells Observatorium im US-Bundesstaat Arizona entwickelte sich zu einem Zentrum für die Erforschung des Mars und seine Beobachtungen und Spekulationen nährten das Gerücht von den Marsianern als fortschrittliche intelligente Wesen.

Unterdessen veränderten technische Entwicklungen wie Züge, Telegraphen und ja, auch Kanäle, Gesellschaften auf der Erde in einem nie zuvor dagewesenen Tempo. Falls eine marsianische Zivilisation in der Lage gewesen wäre, das gleiche in einem globalen Maßstab zu tun, wäre sie viel fortschrittlicher und viel strukturierter gewesen und … hey, guck mal, der hübsche blaue Planet da drüben mit dem ganzen Wasser …

Bühne frei für H. G. Wells mit seinem bahnbrechenden Roman *Der Krieg der Welten*. Diese 1898 veröffentlichte Geschichte handelt von einer erfundenen Marszivilisation, die es auf unseren Planeten abgesehen hat, statt ihren eigenen durch den Bau von Kanälen zu retten. Doch Wells' Marsianer hatten nichts Menschliches. Es waren krakenartige Geschöpfe mit einem enormen Intellekt, die fortschrittliche Technologien (darunter riesige Kampfmaschinen), chemische Waffen und Gewehre mit Hitzestrahlen nutzten. Und obwohl Wells die ganzen Sachen nicht Panzer, Senfgas und Laser nannte, war er trotzdem der erste Futurist der Welt, der bestimmte Technologien im Grunde genommen „erfand" und ihren Einsatz im Krieg Jahrzehnte, bevor dieser eintrat, vorhersagte. Er sprach auch von Krankheit und Konflikt im globalen Maßstab. Spoileralarm: Die Marsianer sind im Prinzip einer Pandemie zum Opfer gefallen – wenn dieser Typ nicht auch noch die Zeitmaschine erfunden hätte, wäre ich skeptisch!

Die Marsianer von Wells – die sich Steven Spielberg 2005 als das Resultat dessen vorstellte, was passiert wäre, wenn E.T. seinen Drogendealer angerufen hätte, statt nach Hause zu telefonieren – stellten einen Gegensatz zur romantischen Vorstellung von friedlichen menschenartigen Außerirdischen dar, die sich nicht für die Erde interessieren. Sein Roman war das erste fiktionale Werk, das die Folgen einer Begegnung zwischen der Menschheit und Besuchern aus einer anderen

Welt auslotete, und ebnete künftigen Darstellungen den Weg, die Aliens nicht nur als Kuriositäten präsentierten, sondern als existenzielle Bedrohung. Dieses Thema ist seitdem in der Literatur, in Filmen und Fernsehsendungen unzählige Male aufgegriffen worden, wodurch sich ein neues, antagonistischeres Paradigma der Mensch-Alien-Interaktion herausgebildet hat.

Es ist schon ein unglaublicher Gedanke, dass die Ursache für das alles – von epischen Science-Fiction-Dramen bis hin zu Aluhütchen – eine falsche Übersetzung war. Ich male mir gern aus, wie sich die Welt wohl entwickelt hätte, wenn *canali* stattdessen fälschlicherweise als *cannoli* übersetzt worden wäre, was ein sizilianisches Süßgebäck ist. Vielleicht würden wir uns heute dann nicht vor außerirdischen Invasionen fürchten, sondern genau jetzt den Livestream mit Gordon Ramsay einschalten, der auf der Suche nach durchgeweichten Patisserieböden zum Mars davondüst. Doch leider ist der anschließende Nervenkitzel einer siebenmonatigen Reise, die sich nur darum dreht, ob der Mars in Wahrheit aus Kuchen besteht, eine Sache, die das Universum niemals erleben wird.

EIN GOLDENES ZEITALTER DER ALIENS

Anscheinend kann alles ein „Goldenes Zeitalter" haben. In der Literatur gab es eine Zeit, in der „die Klassiker" einfach nur „die Bücher" waren. Die Welt der Kunst hatte eine Vielzahl solcher Momente und beim Film gab es eine Zeit, in der nicht jede Produktion einfach nur eine Neuauflage, ein Sequel oder eine Comicverfilmung war. Es gab sogar sowas wie das Goldene Zeitalter der Piraterie, als die Jolly Roger stolz über rumgetränkten karibischen Gewässern flatterte. Heute leben wir dagegen offensichtlich, falls überhaupt, im Goldenen Zeitalter der Verschwörungstheorien, wo man nie weiter als einen

Klick davon entfernt ist, in ein Rabbit Hole voller Reptilienmenschen hineinzufallen, die einen Mikrochip mit lauter Gehirnwäscheimpfstoffen tragen, die von Bill Gates höchstpersönlich in einer Pizzeria hergestellt werden.

Spaß beiseite – da ein Goldenes Zeitalter der *Höhepunkt* von etwas sein soll, das danach zu einem drastischen Niedergang bestimmt ist, hoffe ich wirklich, dass wir gerade im Goldenen Zeitalter der Influencer leben. Auf Nimmerwiedersehen! Wie dem auch sei. Der offiziellen Geschichte der US-amerikanischen Science-Fiction zufolge, die von den Wächtern von Wikipedia gebilligt wurde, umfasste das Goldene Zeitalter der Science-Fiction die Jahre 1938 bis 1946.

Das war zu einer Zeit, in der die Zahl der Magazine, die auf billigem Zellstoffpapier gedruckt wurden, explodierte – die sogenannten Pulp-Magazine (auch *Pulp Fiction*, von englisch „pulp" für Zellstoff), die mit schlimmen Detektiv-Stories, entsetzlichen Erotikerzählungen und Fantasy-Geschichten über Außerirdische vollgestopft waren. Und obwohl diese Hefte im Allgemeinen als Schauplätze minderwertiger Literatur gelten, legten sie doch das Fundament für die modernen Grundmotive des Science-Fiction-Genres. Tatsächlich begann die Karriere eines der berühmtesten Science-Fiction-Autoren aller Zeiten, Isaac Asimov, mit Beiträgen für derartige Magazine. Seine Erzählung *Nightfall*[1], die vielfach als die beste Science-Fiction-Kurzgeschichte überhaupt bezeichnet wird, erschien 1941 in einer Ausgabe von *Astounding Science Fiction*. Die Geschichte portraitiert einen Planeten mit sechs Sonnen, die ihn pausenlos in Sonnenlicht tauchen – außer natürlich einmal alle paar Tausend Jahre, wenn eine Sonnenfinsternis eine Hälfte des Planeten in Dunkelheit hüllt und die Gesellschaft kollabiert.

---

1 Anm. d. Übers.: Die deutsche Erstübersetzung von Otto Schrag erschien 1952 unter dem Titel *Einbruch der Nacht*.

Das Goldene Zeitalter der Science-Fiction war im Prinzip der Wilde Westen der außerirdischen Erzählkunst. Wir ließen uns auf vertrackte Erzählungen von Weltraumopern ein, deren Imperien gewaltiger waren als die Porzellankatzensammlung Ihrer Großmutter. Wir trafen auf Aliens, die sich einfach nur einen Becher Zucker leihen wollten, und andere, die versessen darauf waren, die Erde mithilfe von Plasmakanonen umzugestalten. Es gab sogar künstlich intelligente Roboter, die sich Fragen über ihre eigene Existenz stellten, utopische Träume schilderten und ganz allgemein einfach die angsterfüllte Mischung aus Hoffnung und Furcht im Hinblick auf eine technisierte Zukunft schürten. Hier wurde die Grundlage für alle Narrative über Außerirdische gelegt. Die Ereignisse des Zweiten Weltkriegs ließen die Menschheit aber in ein neues Zeitalter hineinstolpern, in dem Science-Fiction-Autoren vermutlich das Gefühl hatten, dass ihnen die Realität die Show stahl.

SIND WIR DIE BÖSEN?

Nachdem wir die Kunst der Selbstvernichtung erfolgreich gemeistert hatten, bestand der nächste naheliegende Schritt darin, mit dem ganzen Schlamassel auf Tournee zu gehen. Die Welt gaffte auf die zerstörerische Kraft von Raketen und Bomben und kam zu dem logischen Schluss, dass wir sie nicht ausmustern, sondern einfach nach oben statt nach unten richten sollten. Damit war der Wettlauf ins All geboren, der unsere Technologie in einen schrägen Mix aus blauäugigen Träumen und politischem Platzhirschgehabe verwandelte und dabei nie so beeindruckend war, wie es immer klingt. Und auch in den wissenschaftsnahen Bereichen der Fiktion wurde die Lage brenzlig, wenn auch etwas weniger folgenreich.

Der 1950 erschienene Roman *Der Mann, der den Mond verkaufte* von Robert A. Heinlein handelt von einem exzentrischen Geschäftsmann, der von dem unersättlichen Traum getrieben wird, die erste bemannte Mondlandung hinzulegen, allerdings nicht aus wissenschaftlicher Neugierde oder geopolitischen Erwägungen, sondern als kommerzielle Unternehmung. Und obwohl wir wissen, dass die eigentliche Mondlandung im Jahr 1969 anders vonstattenging, ist in Bezug auf den Mars noch immer alles möglich. Wenn wir doch bloß einen reichen größenwahnsinnigen Tech-Manager hätten, der zutiefst von dem Glauben an das unbegrenzte Potenzial der privaten Marktwirtschaft beeinflusst ist …

Die Erzählungen von außerirdischen Begegnungen und Raumfahrtabenteuern blieben nicht nur auf unser Sonnensystem oder gar das geschriebene Wort beschränkt. Die Narrative der Science-Fiction schafften den Sprung aus Pulp-Magazinen und Romanen heraus auf die Leinwand und in den Fernsehapparat, der hinsichtlich seiner Beliebtheit wie auch seiner Größe immer weiterwuchs. „Was ich sehe, glaube ich" entwickelte sich zu einem gefährlichen Motto, während die Darstellungen außerirdischer Besucher auf die Linsen eines ständig wachsenden Publikums … mit beständig schrumpfendem Hirnschmalz … trafen. Die Mischung aus Fortsetzungsfernsehen, Fantasien vom Weltraumzeitalter, Ängsten vor dem Hintergrund des Kalten Krieges und der Unfähigkeit, einen Mann im Ganzkörperanzug zu erkennen, stieß vor allem beim US-Publikum auf tiefe Resonanz und arbeitete die Grundmotive des Genres tief ins Gewebe der Popkultur ein.

Die Aliens, die in jenen Tagen über unsere Bildschirme stolperten, sahen eher wie das Personal bei einer Halloweenparty im Second-Hand-Laden aus. Im Jahr 1951 stieg ein außerirdischer Besucher in dem Film *Der Tag, an dem die Erde stillstand* aus seinem Papp-Ufo und erinnerte dabei eher an jemanden, der sich beim Robocop-Cosplay-Contest eine lobenswerte Erwähnung verdienen würde. Der

Film *Robot Monster* von 1953, ein offizieller Anwärter für den Titel „Schlechtester Film aller Zeiten", zeigte einen Mann in einem Gorillakostüm mit einem Tauchhelm auf dem Kopf. Sogar eigentlich „gefeierte" Streifen wie der Kultklassiker *Gefahr aus dem Weltall* von 1953 kamen nicht ohne ein Spaghettimonster mit riesigem Auge in der Stirn aus.

Die Nachkriegsära erlebte auch den Auftakt der menschlichen Weltraumforschung im galaktischen Maßstab. Das fortwährende Star-Trek-Universum, das in den 1960ern mit der Originalserie seinen Anfang nahm, drehte sich damals um die Abenteuer der USS *Enterprise*, bei denen die Crew neue Welten erforscht und mit diversen außerirdischen Spezies zusammentrifft. Alles im Namen der Urheberrechtsverletzung von so einprägsamen Phrasen wie „Lebe lang und in Frieden", „Widerstand ist zwecklos" und „Da gehört das aber nicht hin, Käpt'n Kirk!"

KAMBRISCHE EXPLOSION IM KOSMOS

In den letzten paar Jahrzehnten hat die Alien-Science-Fiction eine Vielzahl von Spezies hervorgebracht, die allein durch die Zahl der Namensnennungen begrenzt werden, welche in einen 20-minütigen Abspann passen. Sogenannte computergenerierte Grafiken oder auch CGIs läuteten ein neues Zeitalter ein, in dem es für Autorinnen und Autoren keinerlei praktische Beschränkungen mehr im Hinblick darauf gab, was sich gerade in den Requisiten auftreiben ließ. Stattdessen war es jetzt möglich, dass Aliens genauso wild aussahen wie auf einem LSD-Trip oder genauso realistisch wie der eine Typ in Ihrer Nachbarschaft – Sie wissen genau, wen ich meine.

Moderne Blockbuster wie James Camerons *Avatar* erweckten ganze Ökosysteme wie das des Planeten Pandora zum Leben, auf dem sich die Pflanzen und Lebewesen in ein globales biologisches Internet einklinken, dessen Latenz nur in den feuchten Träumen irgendwelcher Telekommanager möglich wäre. Die Fortsetzung *Avatar: The Way of Water*, deren Budget dem Bruttoinlandsprodukt eines kleinen Landes Konkurrenz machte, ist einer der teuersten Filme aller Zeiten. Das ist nun mal der Preis für Hyperrealismus und die Wahrung des eigenen Egos. Ironischerweise wird es jedoch umso schwerer, jeglichen Zweifel abzulegen, je „realistischer" diese Aliens werden. Die CGI beraubt uns in ihrem Streben nach hochauflösender Präzision zwangsläufig der Lücken, die unsere Fantasie einst lebhaft ausfüllte.

Mit ihrem körnigen amateurhaften Charme stellten die Bücher und Filme im Vor-CGI-Zeitalter nur ein halbfertiges Bild zur Verfügung. Das langsamere Tempo, die längeren Szenen und mehrdeutigen Ausgänge zwangen uns dazu, die Erzählungen mitzugestalten. Egal, ob es Umrisse im Nebel, suggestive Dialoge oder unheimliche Geräusche aus dem Off waren – sie alle gaben uns Hinweise und trieben unseren Geist dazu an, Fragen zu stellen, auf Wanderschaft zu gehen und Geschichten zu spinnen, die so viel fantasievoller waren als jene, die auf dem Bildschirm zu sehen waren. In den spärlich beleuchteten Kinosälen jener Tage entwarfen die Besucherinnen und Besucher ihr ganz eigenes Erstbegegnungsszenario, allesamt mit ihren persönlichen Ängsten, Hoffnungen und Erfahrungen im Gepäck.

Das Reich der Science-Fiction hat schon immer als Spiegel für die Träume, Ängste, Befürchtungen und Sehnsüchte der Menschheit fungiert. Doch als die Popularität des Genres sprunghaft zunahm, erinnerte dieser Spiegel irgendwann eher an den Zauberspiegel der bösen Königin als an ein passives Abbild unserer Psyche. Was in den Erzählungen von Wells und anderen einst der Welt der Fantasie zugeschrieben worden war, wurde plötzlich heimlich als Realität gehandelt. Und tatsächlich brachte dieser Zauberspiegel manche nicht nur dazu, an Aliens *zu glauben*, sondern sie auch *zu sehen* – oder wenigstens daran zu glauben, dass sie Aliens gesehen hätten. Dabei handelte es sich jedoch *nicht* um das Ergebnis einer Kettenreaktion von hyperrealistischen Explosionen wie in einem Film von Michael Bay. Es lag seltsamerweise an den Untertassen aus Plastik, die an Schnüren durch die Luft schwebten.

DIE „GRAUEN"

Bis hierhin haben wir nur über bewusst fiktive Darstellungen von Außerirdischen gesprochen. Doch wie Sie bestimmt wissen, gibt es mittlerweile auch viele *un*bewusst fiktive Geschichten über außerirdische Begegnungen – und je nach Ihrem ganz persönlichen Fetisch haben Sie schon viel zu lange auf den versauten Kram gewartet.

Schnell! Stellen Sie sich einen Außerirdischen vor. Und solange Sie nicht mein rassistischer Onkel auf der Familienweihnachtsfeier nach zu viel Rum und Eierlikör sind, wette ich, dass ich weiß, was Sie sich gerade vorstellen. Interessanterweise stammt das am weitesten verbreitete Bild eines Aliens – ein übergroßer Kopf, Nasenlöcher ohne Nase, große mandelförmige Augen und ein schlanker grauer Körper – gar nicht aus dem Reich der Fiktion. Diese sogenannten „grauen Aliens" zählen mittlerweile zu den anerkanntesten Darstellungen außerirdischer Wesen in der Popkultur.

Das ikonische Bild der „Grauen" geht hauptsächlich auf Berichte über Entführungen durch Außerirdische aus der Mitte des 20. Jahrhunderts zurück. Eines der frühen und unvergesslichsten Beispiele war die „Entführung" von Betty und Barney Hill aus dem US-Bundesstaat New Hampshire im Jahr 1961. Das Ehepaar behauptete, von Außerirdischen an Bord einer fliegenden Scheibe geholt und jener Art von Untersuchungen unterzogen worden zu sein, die sich zum Paradebeispiel für den Begriff „Analsonde" entwickelt haben. Das Paar sonnte sich in der medialen Aufmerksamkeit und war sehr darum bemüht, ihre 15 Minuten Ruhm auf stundenlange Spezialsendungen in der Primetime auszudehnen. Über ihre Interviews, Fotos und Sitzungen in hypnotischer Regressionstherapie wurde ausgiebig berichtet, was die perfekte Vorlage für Geschichten über Begegnungen mit Außerirdischen lieferte. Die Schilderungen der Tests, denen sie an Bord des Raumschiffs unterzogen wurden, enthielten ausführliche Angaben zu körperlichen Untersuchungen – mit besonderem Fokus auf den Intimbereich.

„Kunst imitiert das Leben", und so brannten sich die glühbirnenartigen Köpfe der „Grauen" noch tiefer in das öffentliche Bewusstsein ein – so etwa durch Steven Spielbergs Blockbuster *Unheimliche Begegnung der dritten Art* von 1977. Zugleich wurde das andere Ende (Wortspiel unbeabsichtigt) dank einer Mischung aus aufkommenden Nischenforen im Internet und den unermüdlichen Bemühungen des Kabelfernsehens darum, wer prüde Konservative am meisten ärgern konnte, als dauerhafter Aspekt des Außerirdischen-Mythos verfestigt. Ein typisches Beispiel dafür: der Serienauftakt von *South Park* im Jahr 1997, der den Titel „Cartman und die Analsonde" trug.

Doch während so gut wie jeder graue Alien (egal ob vermeintlich gesichtet oder fiktiv dargestellt) in irgendeinem Vehikel zur Erde kommt, muss das Gegenteil nicht unbedingt zutreffen. Es ist so ähnlich wie beim Feierabendverkehr: Wenn alle Leute auf dem Parkplatz in ein Auto steigen, können wir dann auch davon ausgehen, dass jedes Fahrzeug, das am Ende auf der Straße landet, eine Person enthält? Vermutlich schon. Derselben Logik folgend scheinen wir vorauszusetzen, dass jedes schwebende oder fliegende Etwas, das wir am Himmel sehen oder zu sehen glauben, von irgendwas gesteuert wird, das wie Steve Buscemi in einem vergammelten Selleriestangenkostüm aussieht. Und Grundgütiger – die Menschen sehen ständig allerhand unheimliches Zeug am Himmel.

FLIEGENDES SUPPENGESCHIRR

Wenn man die Obrigkeit in der Antike über geheimnisvolle Lichter oder Formen am Himmel unterrichtete, zog das einen Abstecher zum Tempel nach sich, wo man (natürlich) mit willkürlichen göttlichen Omen versehen wurde, inklusive der Anordnung, ein paar Kinder zu opfern. Ein paar Jahrhunderte später würde man (zumindest in Europa) auf gar keinen Fall die „Irrlichter" erwähnen wollen, die man über dem Moor gesehen hatte – es sei denn, dass man den Rest des Abends im Mittelpunkt einer Zusammenkunft mit Fackeln und Mistgabeln verbringen wollte. Als wir schließlich irgendwann die Industrialisierung im Griff hatten und unsere eigenen Flugmaschinen herstellten, zeigten solche Sichtungen zunehmend ein eher menschengemachtes Erscheinungsbild. Im Laufe der sogenannten Phantom-Luftschiff-Welle im ausgehenden 19. Jahrhundert kamen zahlreiche Berichte über rätselhafte Luftschiffe auf, die aus heutiger Sicht eher wie Plot-Elemente einer fantastischen Steampunk-Erzählung klingen als wie echte Spekulationen über eine marsianische Invasion in der Zeitung.

So richtig Fahrt nahm die ganze Sache im Zweiten Weltkrieg auf, als Kampfpiloten der Achsenmächte wie auch der Alliierten von der Sichtung von glühenden Himmelsobjekten berichteten, die ihren Flugzeugen folgten oder diese flankierten. Um Panik oder Falschinformationen vorzubeugen, wurden Berichte über diese sogenannten *Foo Fighters* – die später übrigens zugunsten der medialen Nutzung in *Dave Grohl* umbenannt wurden – anfangs unterdrückt. Es ist kein Geheimnis, dass Kriegsangelegenheiten geheim gehalten werden, was für ein Land, das jede gute Verschwörungstheorie über die Regierung *liebt*, nichts Gutes verhieß. Das Militär befürchtete offenbar, dass jene Foo Fighters geheime Waffen des Feindes wären, obwohl es sie zum Schluss atmosphärischen Eigenheiten zuschrieb, da Piloten aller

Länder von ihnen berichteten und sie anscheinend keine Gefahr darstellten. Soweit wir wissen, ist bis jetzt noch niemand von einem Foo Fighter getötet worden, und da Dave Grohl von sich behauptet, der einzige Musiker zu sein, der nicht ständig auf Koks oder Heroin ist, sind wir vermutlich auf der sicheren Seite.

Es bestand kein unmittelbarer Zusammenhang zwischen Foo Fighters und Außerirdischen, doch die Sache passt einfach so gut in das ganze Narrativ von Regierungsvertuschungen, dass man es Ihnen nachsehen würde, wenn Sie es heute nach einer kurzen Internetrecherche, die etwas anderes behauptet, trotzdem glauben würden. Das Timing war einfach zu perfekt: Die Nachkriegszeit, in der Raketenwissenschaft und Weltraumforschung die öffentliche Aufmerksamkeit fesselten, bot den perfekten Nährboden für den Fliegenden-Untertassen-Wahn. Als Ursprung des englischen Begriffs für fliegende Untertassen, *flying saucer*, der den der *Foo Fighter* als Sammelbezeichnung für jede unerklärte Sichtung verdrängte, wird dabei oft eine bestimmte Sichtung durch Kenneth Arnold im Jahr 1947 angeführt.

Der Fall Arnold – oder genauer gesagt die Medienberichterstattung über Arnolds Erzählung – löste das Fliegende-Untertassen-Fieber von 1947 aus, als von Tausenden ähnlichen Fällen berichtet wurde, darunter auch der weitaus berühmtere „Roswell-Zwischenfall". Nachdem ein unidentifiziertes Objekt auf einer Farm in der Nähe von Roswell im US-Bundesstaat New Mexico abgestürzt war, sprachen anfängliche Meldungen von einer „fliegenden Scheibe". Später stellten Militärvertreter mit Fotos und allem Drum und Dran klar, dass es sich um einen Wetterballon handelte. Trotz dieser offiziellen Darstellung kamen allerhand Spekulationen und Theorien auf und Roswell wurde zum Synonym für Aliens und Vertuschungen durch die Regierung.

Heutzutage liefert Roswell leider den krassen Beweis für die unfehlbare Fähigkeit der Menschheit, Dinge zu kommerzialisieren und zu trivialisieren und jedes noch so unscheinbare Rätsel in pure Abzocke zu verwandeln. Die Straßen der Stadt, die einst das lebhafte Brummen jener idyllischen Städte der 1950er-Jahre vernehmen ließen, die man aus historischen Filmen kennt, verbreiten heute eine Stimmung, bei der man sich wie auf einem Spaziergang durch die verlassene Karnevalskulisse eines Stephen-King-Films vorkommt. Schaufensterfronten bieten „authentische" Raumschiffteile feil und daneben hängen T-Shirts mit dem Spruch „Ich wurde in Roswell untersucht". Man könnte es einem nichtsahnenden Besucher vielleicht also nachsehen, wenn er diese Absturzstelle mit dem Ort verwechseln würde, an dem die kollektive Würde der Menschheit entführt wurde.

UFOS

Der Begriff *Unidentifiziertes Flugobjekt* und sein zugehöriges Kürzel wurden in den 1950er-Jahren durch die US-Luftwaffe geprägt, um jedes im Flug befindliche Phänomen zu bezeichnen, das sich nicht leicht identifizieren ließ. Er verdrängte den sensationsheischenden Begriff *Fliegende Untertasse* und seine bürokratische Farblosigkeit war kein Zufall. Er sollte diese Sichtungen nämlich von der zunehmenden öffentlichen Hysterie rund um das Thema außerirdisches Leben distanzieren. Doch die Öffentlichkeit hatte eine andere Vorstellung, und als das Weltraumzeitalter anbrach, häuften sich die UFO-Sichtungen und vermengten sich zusehends mit Mutmaßungen über Begegnungen mit Außerirdischen.

Die zweite Hälfte des 20. Jahrhunderts war voller Erzählungen über seltsame Objekte am Himmel, während die Liste von Entführungsgeschichten immer länger wurde. Das moderne Zeitalter der selbsternannten „Ufologen" wurde mit Begeisterung eingeläutet. Von den 1960ern bis in die 1990er-Jahre erlebte die Welt einen Anstieg solcher

Berichte, die von einer Flut an körnigen Fotos und wackeligen Camcorder-Aufnahmen begleitet wurden. Die Geschichten reichten von leuchtenden Himmelsobjekten über metallische Untertassen und dreieckige Schiffe bis hin zum ach so flüchtigen schwebenden Penis, der als „zigarrenförmiges Objekt" verschleiert wurde.

Diese Jahrzehnte waren die Blütezeit einer aufkeimenden UFO-Subkultur mit allen möglichen Tagungen, Büchern, Dokumentationsfilmen und natürlich zahlreichen Verschwörungstheorien. Geflüsterte Behauptungen über schattenhafte Regierungsorganisationen und deren Vertuschungsoperationen waren bald genauso weit verbreitet wie die Sichtungen selbst. Der Glaube, dass Regierungen – und allen voran die US-Regierung – nicht nur Beweise für außerirdische Besuche hätten, sondern an Orten wie der „Area 51", einer echten Militärbasis in Nevada, auch lebende Aliens gefangen hielten, führte zur Entstehung diverser quasi-religiöser Bewegungen.

Als wir aber die Schwelle zum 21. Jahrhundert überschritten, geschah etwas Merkwürdiges. Man sollte eigentlich meinen, dass die Beweise für UFOs überwältigend sein müssten, da dank Smartphone nun fast alle eine hochauflösende Kamera in der Hosentasche hatten. Doch obwohl die Bilder und Videos von angeblichen UFOs auf jeden Fall stark zunahmen, galt das Gleiche auch für die Mittel, um sie zu entlarven. Bildbearbeitungssoftware, Drohnen und eine zunehmend skeptische Öffentlichkeit mit direktem Zugang zu Informationen hatten zur Folge, dass echt aussehende UFO-Aufnahmen im Handumdrehen erklärt oder als Schwindel aufgedeckt wurden. Statt eines Booms von eindeutigen Beweisen bekamen wir eine Menge verschwendeter Pixel und sogar noch mehr handgemalte Bilder von Lichtern und Formen am Himmel.

Die Nichtregierungsorganisation National UFO Reporting Center aus den USA, die aufgrund ihres Namens bedauerlicherweise sehr offiziell klingt, bietet auf ihrer Website jedermann die Möglichkeit,

UFO-Sichtungen zu melden. Das einzig Interessante an diesen Meldungen ist – abgesehen von den manchmal urkomischen und von Kindergartenkunst begleiteten Zeugenaussagen –, dass sie sich immer zur selben Zeit zu überschlagen scheinen wie andere Verschwörungstheorien auch, zum Beispiel bei jedem Präsidentschaftswahlkampf, auf dem Höhepunkt der Corona-Pandemie und bei aktuellen Anhörungen im US-Kongress im Zusammenhang mit UFOs.

DER WILLE, ZU GLAUBEN

Mit dem Aufstieg des Internets haben sich UFOs vom nächtlichen Bargespräch zum Futter für die Meme-Kriegsführung und viralen Challenges entwickelt. So war etwa das Facebook-Event „Storm Area 51, They Can't Stop All of Us" nicht wirklich ein ernstgemeinter Schlachtruf, sondern eher ein Beleg für die Macht des Zusammenspiels von moderner Folklore mit Online-Blödsinn. Was ursprünglich als Scherz auf Facebook begann, endete Millionen Klicks später als Menschenansammlung in der realen Welt. Es wurden keine Aliens befreit, dafür wurde aber jede Menge Merchandise verkauft, was wieder einmal ein Beleg dafür ist, dass die Wahrheit womöglich irgendwo da draußen ist – nur wahrscheinlich auf einem T-Shirt.

Jeder vierte US-Bürger behauptet, schon mal ein UFO gesehen zu haben, womit alles zwischen schwebenden Lichtern am Himmel und herumflitzenden Schatten in Form einer Untertasse gemeint sein könnte. Ein Drittel dieser Gruppe glaubt, dass Außerirdische für diese mutmaßlichen UFOs verantwortlich sind. Diese Zahlen sind allerdings mit einer gewissen Portion Vorsicht – oder einer Prise Mondschein – zu genießen, weil dieselbe Umfrage auch angibt, dass ein beträchtlicher Teil davon an Bigfoot glaubt. Wie eine andere Studie herausfand, vermutet die Hälfte der US-Amerikanerinnen und

-Amerikaner, dass die Regierung ihnen Informationen über UFOs vorenthält, was wahrscheinlich der Wahrheit entspricht und trotzdem nichts mit Aliens zu tun hat.

Aber denken Sie nicht, dass ich hier nur auf den Leuten in den USA rumhacke. Das liegt einfach daran, dass sich die meiste Medienaufmerksamkeit dorthin richtet. In Wirklichkeit spiegeln globale Umfragedaten diese Zahlen wider. Eine scheinbar seriöse Studie von Ende 2022, die kurzfristige Zukunftstrends vorauszusagen versuchte, stellte einen Haufen langweiliger Fragen über das Gesundheitswesen, die Wirtschaft und so weiter und darunter auch eine darüber, ob die Befragten dachten, dass die Erde 2023 von Außerirdischen besucht würde – was bemerkenswerterweise nur zwei Drittel von ihnen für unwahrscheinlich hielten. Und falls das nicht schon absurd genug ist, stellen Sie sich bitte Folgendes vor: Eine Reuters-Umfrage von 2010 fand heraus, dass eine oder einer von fünf Befragten glaubte, dass die Aliens bereits unter uns sind und sich als Menschen ausgeben … und vielleicht auch diese Umfragen durchführen – das würde eine ganze Menge erklären.

Obwohl die Geschichten über Aliens heute viel variantenreicher sind und in den Medien wenig bis gar keine Beachtung finden, scheint der Glaube an sie mit den Jahren nicht geschwunden zu sein. Es gibt auch Theorien, die die Fassungslosigkeit bis aufs Äußerste strapazieren. Sendungen wie *Ancient Aliens – Unerklärliche Phänomene* und ähnliche Mockumentarys, die sich nicht eindeutig als Parodien zu erkennen geben, sorgen nur für Verwirrung und bringen das Publikum auf den Gedanken, dass selbsternannte Scheinwissenschaftlerinnen und -wissenschaftler auch nur einen Hauch von Glaubwürdigkeit besäßen. Wir könnten uns auch in das Rabbit Hole schwachsinniger Ideen mit interdimensionalen Wesen, Aliens, die auf der anderen Seite einer flachen Erde leben, Reptilienmenschen und all den anderen Dingen begeben, die sich sonst im Browserverlauf von Tom Cruise tummeln, aber um ehrlich zu sein: Solchem Blödsinn mehr als einen Absatz zu widmen, würde unseren verbleibenden Hirnzellen einen schlechten Dienst erweisen. Also lassen Sie uns *ernst* machen!

GANZ IM ERNST

Die US-Regierung hat bei zahlreichen Gelegenheiten verkündet, dass sie Berichte von UFOs „ernst" nehme, im Gegensatz zu den meisten vernunftbegabten Menschen, die sie schlichtweg ignorieren, und denen, die noch einen Schritt weiter gehen und sie ins Lächerliche ziehen. Die erste offizielle Untersuchung durch die US-Luftwaffe war das sogenannte *Project Blue Book*, das insgesamt 12.618 UFO-Sichtungen dokumentierte und im Winter 1969 zu Ende ging. Ihr Fazit war unmissverständlich: Es gab keine Hinweise auf eine Bedrohung für die nationale Sicherheit, keine Beweise für fortschrittliche terrestrische Technologien und keine Beweise für außerirdische Ursprünge. Abgesehen davon, dass er die Sichtungen als Bullshit entlarvte, kam der Bericht zu dem Schluss, dass es sich entweder um herkömmliche Objekte, bewusste Täuschungen oder das Gebrabbel von Verrückten handelte.

Als die Jahrzehnte ins Land zogen, bestand die offizielle Position der US-Regierung in einem Desinteresse gegenüber UFOs. Allerdings wurde im Jahr 2007 das – natürlich streng geheime – Advanced Aerospace Threat Identification Program (AATIP) geboren. Doch obwohl sein Budget mit 22 Millionen US-Dollar für die Jahre 2007 bis 2012 wahrscheinlich geringer ausfiel als die Rundungsfehler im gesamten Verteidigungsetat im selben Zeitraum, erwies sich seine schiere Existenz, die Ende 2017 mit vorhersehbar wenigen Einzelheiten enthüllt wurde, für Verschwörungsfans als unwiderstehlich. Die Parole lautete: „Ein geheimes Regierungsprogramm in Sachen UFOs? Kann doch nicht sein! Die verschweigen uns doch was!"

Im Jahr 2017 verlieh das US-Verteidigungsministerium Department of Defense (DoD) dem Projekt mit seiner Vorliebe für alles sinnlos Bürokratische einen neuen Namen und ein neues Leben, sodass es fortan den neuen Titel Unidentified Aerial Phenomena Task Force (UAPTF) trug. Und für den Fall, dass AATIP und UAPTF doch zu banal klangen, schuf die Defense Intelligence Agency (DIA) – der US-Nachrichtendienst für Verteidigung, seit jeher ein Verfechter des DBA (Dreibuchstabenakronyms) – 2021 die sogenannte Airborne Object Identification and Management Synchronization Group (AOIMSG), die 2022 schließlich in das All-Domain Anomaly Resolution Office (AARO) überführt wurde. Wenn das Ziel dahinter war, mehr Transparenz und weniger Verwirrung zu stiften, sind sie eindeutig gescheitert. Meine eigene Verschwörungstheorie lautet, dass die US-Regierung in einem der Kellergeschosse des Pentagon einen außerirdischen Troll hält, der sich diese Akronyme ausdenkt.

Jedenfalls gab Sean Kirkpatrick, bis Ende 2023 Chef des AARO, ein Statement über die vorläufigen Ergebnisse ab, das man problemlos mit einem einzigen Neuron vorhersagen hätte können. Er sagte: „Die Mehrheit der unidentifizierten Objekte, die dem AARO gemeldet wurden, weisen die profanen Merkmale von Ballons, unbemannten Flugsystemen, Müll, natürlichen Phänomenen oder anderen leicht zu erklärenden Quellen auf." Mit anderen Worten: All diese Programme, Akronyme und Steuergelder wurden verschwendet, um die Menschen zu beruhigen, dass ihre UFO-Fantasien hauptsächlich aus Vögeln, Schrott oder dem bestehen, was dabei rauskommt, wenn man zu lange in die Sonne starrt.

Verstehen Sie mich nicht falsch: Eine Militärbehörde, deren Aufgabe die Verteidigung der Grenzen ihres Landes ist, *muss* solche Sichtungen ernst nehmen. Könnten Sie sich etwas anderes vorstellen? Wenn Ihre Risikotoleranz praktisch null beträgt, macht es keinen Unterschied, ob es sich um eine Form am Horizont oder um irgendetwas handelt, das auf dem Meer schwimmt oder am Himmel schwebt, – jeder Bericht muss beurteilt werden. Die große Ernsthaftigkeit der Regierung in dieser Angelegenheit wird von vielen als unwiderlegbarer Beweis dafür betrachtet, dass solche UFOs (oder UAPs oder wie auch immer die Kellertrollmarkenberater sie heutzutage nennen) Aliens sein müssen. Doch die offizielle Antwort von allen, die das Ganze ein bisschen ernster nehmen als „Ich kann es nicht sofort erklären, also müssen es … Aliens sein", lautet im Hinblick auf all die vielen Hunderttausend Berichte wie folgt: *Es gibt keinen Beweis für einen außerirdischen Ursprung.*

Aus diesem Grund werden wir von jetzt an für den Rest des Kapitels *nicht* davon ausgehen, dass es keine Aliens gibt, sondern dass wir zum gegenwärtigen Zeitpunkt null Beweise dafür haben, dass es sie doch gibt … [Anmerkung des Herausgebers: An dieser Stelle wurden mehrere Absätze voller spannender Beweise und Zeugnisse redigiert, die in der streng geheimen Version dieses Buches natürlich vollständig enthalten sind.]

DASSELBE IN GRÜN

Wie lassen sich all diese Sichtungen also ohne Hinweise auf Aliens erklären? Stellen Sie sich vor, wie sich die alten Sumerer Geschichten über Götter zuflüstern, die in goldenen Karren aus dem Himmel herabsteigen. Oder die griechischen Mythen von Gottheiten, die über den Himmel segeln und ab und zu für einen Quickie auf der Erde vorbeischauen. Diese Erzählungen erinnern auf unheimliche Weise an moderne Geschichten, in denen außerirdische Wesen für ähnlich lüsterne Aktivitäten in glänzenden Schiffen über unsere Welt herfallen (obwohl niemand den modernen Aliens gesagt hat, dass so keine Babys gemacht werden). Der Erzählbogen, der in Geschichten über

Außerirdische gespannt wird, ändert sich nie; der einzige Unterschied besteht in der vermeintlich eingesetzten Technologie. Zuerst waren es Karren und Boote, dann Flugdrachen und Luftschiffe und schließlich Flugzeuge und Raumschiffe.

Wieso muss der griechische Gott des Schmiedehandwerks eine Rüstung für Achilles fertigen, anstatt dass Zeus sie ihm einfach aus einem Raumschiff herunterwirft? Die Antwort ist einfach: Es macht keinen Unterschied, mit welchen Mitteln Achilles seine Rache verübt, aber das Ganze muss zum kulturellen Milieu der Zeit passen. Wäre die *Ilias* erst heute geschrieben worden, würden darin nicht Schwerter, Schilde und Karren vorkommen, sondern Knarren, Raumschiffe und der Sixpack von Chris Hemsworth. In Wahrheit ist „Achilles" im Prinzip die Hauptfigur jedes Actionfilms. Zum Beispiel wird Thor in Marvels Neuinterpretation eine mächtige Waffe außerirdischer Herkunft geschenkt, ein Symbol seiner Würdigkeit, die er auf einer heldenhaften Reise voller Demut, Selbstaufopferung und epischer Posen unter Beweis stellen muss, während eine Kamera die ganze Zeit von unten um ihn herumschwenkt.

UFO-Sichtungen und Begegnungen mit Aliens sind nichts weiter als moderne Manifestationen einer uralten Erzähltradition. Wir Menschen sind von Natur aus geschichtenerzählende Tiere. Seit jenem Tag, an dem unsere Urahnen einen großen schwarzen Monolith fanden und berührten, der uns auf magische Weise das Bewusstsein schenkte, benutzen wir Geschichten und Mythen, um die Welt zu begreifen. Jede Gesellschaft hat ihren eigenen Kanon an Geschichten, der dazu dient, ihre Kultur zu strukturieren, den inneren Zusammenhalt zu wahren und das Handeln ihrer Mitglieder zu leiten. In dem unendlich weiten Raum zwischen Verschwörungstheorien und messerscharfer Wissenschaft erstreckt sich ein komplexes Netz aus menschlicher Psychologie und Kultur, das in der natürlichen Selektion kultureller Memes im Sinne Darwins die Umwelt verkörpert.

Und die, die überleben, tun dies nicht etwa, weil sie *wahr* sind, sondern weil sie sich leicht teilen lassen.

Auf diese Weise hat die moderne Technologie auch die Ungetüme der Konsumversessenheit und des Sensationalismus hervorgebracht. Vermeintliche UFO-Sichtungen verlaufen nicht mehr kurz, nachdem sie ausgesprochen wurden, im Sande, sondern werden kommerzialisiert, auf Merch-Artikel geklatscht, in Dokus verwandelt, als Eilmeldungen verkauft und an die Spitze der Social-Media-Feeds katapultiert. Roswell ist nicht etwa nur eine Stadt in New Mexico; es ist eine Marke, ein Touristenmagnet, ein T-Shirt-Design. Kurzum: Es ist ein Drecksloch – ein Drecksloch, das seine Nische in dem immer dünnflüssigeren globalen Ökosystem öffentlich zur Schau getragener Gedanken gefunden hat.

Ideen, die einst an den Rändern des rationalen Diskurses verkehrten, finden jetzt mit alarmierender Leichtigkeit ihren Weg in Mainstream-Debatten. Wie Masern auf einer Anti-Impf-Demo verbreitet sich ein anonymer Post heute schneller, als man braucht, um sich hinzusetzen und einen gut recherchierten Artikel zu schreiben. Wir haben ein Umfeld erschaffen, in dem Bullshit floriert – und unser einziger Trost ist, dass wir für ihn genau wie für die Billionen von Bakterien, die wir mit uns herumtragen, zumindest ein nützliches Vehikel sind.

DAS WUNDERHEILMITTEL

Das Gegengift ist natürlich wohlbekannt und kommt in zwei Geschmacksrichtungen daher: süß und pikant. Carl Sagan, der Astrophysiker und Wissenschaftsvermittler par excellence, war dafür bekannt, dass er von der Idee außerirdischen Lebens fasziniert war. Doch selbst er sagte bekanntlich: „Außergewöhnliche Behauptungen erfordern außergewöhnliche Beweise". Diese Aussage wurde zum Symbol des rationalen Denkens und des Skeptizismus. Je haarsträubender eine Behauptung ist, desto stärker müssen die Beweise sein, um sie zu stützen. Es handelt sich um ein Prinzip, das Skeptiker regelmäßig – und ironischerweise beinahe wie ein magisches Schwert – gegen die Vielzahl von Behauptungen über UFOs, Entführungen durch Aliens und den immer größer werdenden Haufen aus Bullshit zücken, der aus dem Internet sickert.

Wenn Carl Sagan der Mr. Rogers der Wissenschaftsvermittlung war, dann war Christopher Hitchens der Simon Cowell derselben. Der scharfzüngige Journalist und personifizierte Querkopf griff Sagans Slogan mit einer ähnlichen Geisteshaltung auf, die inzwischen als Hitchens' Rasiermesser bekannt ist: „Was ohne Beleg behauptet werden kann, kann auch ohne Beleg verworfen werden." In einer Welt voller Geschichten über Entführungen, Sichtungen und Untersuchungen ist Hitchens' Rasiermesser der Spam-Filter. Abstruse Anekdoten sind ebenso wenig ein Beweis für Aliens wie eine unlesbare E-Mail, die Ihnen 4,3 Millionen US-Dollar anbietet, einen Beleg dafür darstellt, dass irgendein nigerianischer Prinz Ihre Kontaktdaten hat. Mal ehrlich, was wäre wirklich nötig, damit Sie glauben, dass ein Alien in Roswell eine Bruchlandung hingelegt hat? Sicherlich mehr als ein paar Regierungsfotos von einem zerfledderten Ballon, ein bisschen Folklore und der unzusammenhängende Blödsinn in der Broschüre einer Stadt, die von Touristen abhängig ist.

Erlauben Sie, dass ich Ihnen aus Transparenzgründen ein kleines Geheimnis anvertraue. Ich hatte gerade eben erst eine Begegnung mit einem UFO. Ich bin ins Freie getreten, habe die Weite über mir angestarrt, die Augen geschlossen und dann fest auf meine Lider gedrückt. Und siehe da, wie aus dem Nichts sind plötzlich tanzende Lichter aufgetaucht. Meine logische Reaktion hätte eigentlich so aussehen sollen, im Internet nach einer Erklärung zu suchen, aber es klang irgendwie lustiger, „Die Aliens sind da!" zu rufen. Alternativ hätte ich es auch einfach als einen der vielen unbedeutenden Ausschläge in der ununterbrochenen Flut von Lichtern, Gerüchen, Klicks und Ticks verbuchen können, die wir unterbewusst normalerweise ignorieren. Es geht mir hier nicht darum, echte Erlebnisse kleinzureden, sondern eher darum, zu betonen, dass wir das, was wir sehen, zwar glauben, aber unser Glaube an etwas der Realität rein gar nichts auferlegt. Die Tatsache, dass es so leicht ist, etwas zu glauben, sollte eine Warnung sein. Sie verlangt nach Urteilskraft und danach, unsere Überzeugungen lieber auf handfeste Beweise zu stützen statt auf Sinneseindrücke, die unser Geist in Trugbilder verwandelt.

WAHRSCHEINLICH GIBT ES ALIENS VIELLEICHT

Es gibt tatsächlich eine Wissenschaft namens *Astrobiologie*, die sich mit Aliens befasst, und wir werden sie uns bald genauer anschauen. Trotzdem werden Sie sich nach allem, was ich gerade erst gesagt habe, vielleicht fragen, wie es so etwas überhaupt geben kann.

Es heißt, dass Enrico Fermi die berüchtigte Frage „Wo sind sie alle?" beim Mittagessen mit anderen Physikerinnen und Physikern am US-Forschungszentrum Los Alamos National Laboratory im Sommer 1950 beiläufig gestellt habe. Es ist eine wunderbare Frage, weil jede Antwort darauf gleichermaßen interessant ist … oder beängstigend. Entweder wir finden heraus, wo noch anderes Leben existiert, oder wir stellen fest, dass wir die Einzigen hier sind.

Das Universum ist annähernd 14 Milliarden Jahre alt, und auch unsere Milchstraße ist schon fast genauso lange da. Bei so einem riesigen Zeitfenster hätte selbst eine Zivilisation, die sich langsam bewegt, schon mehrmals durch die Galaxis reisen können. Und doch haben wir nichts gefunden – es gab keine physischen Begegnungen, keine Signale und noch nicht mal irgendwelche hinterlassenen Müllsäcke (obwohl das voraussetzt, dass eine intelligente Zivilisation ihren Müll auf jedem Himmelskörper hinterlassen würde, den sie besucht hat). Ich mache hier mal eine Pause, damit Sie es googeln können. Diese widersprüchlichen Alternativen umschreiben etwas, das inzwischen als das *Fermi-Paradoxon* bekannt ist.

Die sogenannte *Drake-Gleichung*, die 1961 durch den Astronomen Frank Drake aufgestellt wurde, quantifiziert das Fermi-Paradoxon. Sie stellt einen Versuch dar, die komplexe Frage nach der Existenz außerirdischer Zivilisationen in eine Reihe von kleineren Fragen zu zerlegen, die jeweils spezifischere Größen darstellen, die sich leichter schätzen lassen. Die Gleichung berücksichtigt Faktoren wie die Rate der Sternenbildung, den Anteil der Sterne mit Planeten, den Anteil der Planeten, auf denen Leben möglich wäre, den Anteil der Planeten, auf denen tatsächlich Leben entsteht, den Bruchteil davon, der sich zu intelligentem Leben entwickelt, den Bruchteil dessen, der messbare Signale aussendet, und so weiter. Viele dieser Zahlen sind unbekannt und man kann sie sich nur aus dem Kreuz leiern – was Drake selbst mit seiner anfänglichen Schätzung von 10.000 anderen fortschrittlichen Zivilisationen in unserer Galaxis auch getan hat.

Wie bitte, Sie wollen ein bisschen rechnen? Na gut, wenn Sie darauf bestehen. Fangen wir mit der Rate der Sternenbildung in unserer Galaxis an. Diese Zahl sagt uns, wie viele neue Sterne jedes Jahr geboren werden, um die sich potenziell lebensfreundliche Planeten sammeln können. Einen brandneuen nuklearen Glutofen von der durchschnittlichen Größe unserer Sonne zu bilden, ist kein banales Unterfangen. Unsere Galaxis bringt pro Erdenjahr etwa zwei neue Sterne hervor. Als Nächstes müssen wir wissen, wie groß der Anteil der Sterne mit Planeten ist. Nicht alle Sterne haben Planeten, so wie auch nicht alle Planeten Monde haben – armer Merkur! Die Suche nach Exoplaneten bringt oft neue Planetensysteme ans Licht, also lassen Sie uns einfach eine Münze werfen und sagen, dass 50 Prozent der Sterne auch Planeten haben.

Na gut, jetzt liegen wir also bei einem neuen Planetensystem pro Jahr in der Galaxis. Doch wie unsere eigene kosmische Nachbarschaft belegt, enthalten nicht alle Planeten Leben. Demnach müssen wir also die Zahl der Planeten kennen, auf denen Leben möglich wäre. Wir drücken noch immer die Daumen, was den Mars betrifft. Lassen Sie uns deshalb also optimistisch sein und annehmen, dass es zwei Planeten gibt, die über die richtige Größe und Temperatur verfügen, um flüssiges Wasser zu enthalten. Nur an der richtigen Stelle zu liegen, ist aber noch lange kein Garant dafür, dass sich dort auch Leben entwickeln kann, selbst wenn es erstmal in Gang kommt. Wir müssen wissen, wie groß der Bruchteil der potenziell bewohnbaren Planeten ist, auf denen sich tatsächlich Leben entwickelt – was offensichtlich die große Unbekannte ist, schließlich wissen wir noch nicht einmal, wie das Leben hier begonnen hat. Aber lassen Sie uns auch hier optimistisch sein und sagen, dass es zehn Prozent sind.

Wir stellen uns jetzt Planeten vor, auf denen das Leben in Gang kommt. Aber selbst wenn Leben entsteht, ist weiterhin unklar, wie oft dieses Leben eine Intelligenz wie unsere hervorbringt. Die Evolutionssprünge, die sich über Milliarden von Jahren angehäuft haben, sind atemberaubend. Lassen Sie uns die zurückhaltende Schätzung abgeben, dass ein Prozent der Planeten, die Leben beherbergen, Intelligenz hervorbringen wird. Auf der Erde gibt es intelligentes Leben aber schon seit Millionen von Jahren – und deutlich länger, wenn man nicht-menschliche Formen einbezieht –, während wir erst kürzlich damit angefangen haben, unsere Klagen und Lappalien in den Kosmos zu senden. Also lassen Sie uns erneut den alten Zahl-aus-dem-Kreuz-leiern-Trick durchziehen und schätzen, dass zehn Prozent der intelligenten Zivilisationen eine Technologie entwickeln, die messbare Signale aussendet.

Zu guter Letzt brauchen wir noch die durchschnittliche Lebensdauer einer technologisch fortschrittlichen Zivilisation. Das Ganze hängt nicht nur von Naturkatastrophen (wie dem, was unseren genialen Dinosauriern widerfahren ist) ab, sondern auch von Faktoren wie der Selbstzerstörung. An dieser Stelle ist jetzt ganz eindeutig Pessimis… ähm, ich meine Realismus angebracht. Nehmen wir an, wir geben diesen Zivilisationen ein ganzes Jahrtausend, – und ich darf Sie daran erinnern, dass es an uns ist, das Gegenteil zu beweisen. Wenn man all diese Zahlen miteinander multipliziert, gelangt die Drake-Gleichung zu der Schätzung, dass es zu jedem erdenklichen Zeitpunkt in unserer Galaxis 10.000 technologisch fortschrittliche Zivilisationen gibt – inklusive Teenager, die ihre Fürze mithilfe von Radiowellen aufnehmen und verschicken.

Mit anderen Worten: Die Drake-Gleichung liefert uns ein hoffnungsvolles Bild einer lebhaften Kleinstadtgalaxie, in der es vor Gesprächigkeit nur so summt. Dagegen macht das Fermi-Paradoxon das alles kaputt und mischt eine Portion empirischer Skepsis bei, indem es nahelegt, dass unsere Galaxis eher einem verlassenen Parkplatz ähnelt. Sowohl die Gleichung als auch das Paradoxon sorgen für allerhand Diskussion, wobei wir uns in der Wissenschaft nur auf das konzentrieren, was sich messen, testen und quantifizieren lässt. Drakes Beispiel folgend, brechen Wissenschaftlerinnen und Wissenschaftler die große Frage auf viele kleinere Fragen herunter, um junge Studentinnen und Studenten anschließend in einem absolut fairen Handel dazu zu zwingen, die besten Jahre ihres Lebens darauf zu verwenden, sie in 200-seitigen Abschlussarbeiten, die kein Mensch jemals lesen wird, zu beantworten. Doch auch wenn das alles vielleicht eintönig klingt, ist eine quantifizierte, übertrieben pedantische Antwort auf eine kleine und schwer verständliche Frage immer noch 1000-mal wertvoller als qualitativer Bullshit, der sich nur für die Klatschpresse eignet.

DIE WISSENSCHAFT ÜBER ALIENS

Die *Astrobiologie*, deren Name Mitte des 20. Jahrhunderts geprägt wurde, ist die Wissenschaft über Aliens. Und obwohl der Begriff *Aliens* schlauerweise in keinem ihrer Lehrbücher auftaucht, bezieht sich diese Disziplin allgemein auf die systematische Erforschung des Lebens im Universum, wozu auch seine potenziellen Ursprünge, seine Entwicklung und Verbreitung gehören. Der Großteil der Astrobiologie ist von der aktiven Suche nach Leben im Kosmos gekennzeichnet und nicht vom Warten auf Leute, die unfähig sind, ein Stativ aufzustellen, um von ihren erotischen Fieberträumen zu berichten. Bei dieser Suche halten wir Ausschau nach *Biosignaturen*, dem Fachbegriff für „Anzeichen von Leben".

Die Grundidee solcher Biosignaturen besteht nicht etwa darin, irgendwelches Leben an sich zu finden, sondern eher den rauchenden Colt, der einen Hinweis auf Leben gibt. Wir hoffen darauf, die Nebenprodukte existierenden Lebens aufzuspüren oder die Spuren, die von vergangenem Leben hinterlassen wurden, welche unter Umständen gar nicht selbst „lebendig" sind. Wie Sie sich vielleicht vorstellen können, wird das Ganze sehr schnell ziemlich kleinteilig. So produziert das Leben auf der Erde zum Beispiel eine Menge einfacher Moleküle wie Sauerstoff, Kohlendioxid, Wasser, Methan und so weiter, die aber auch auf anderen Planeten direkt hier in unserem Sonnensystem vorkommen, auf denen es mit ziemlicher Sicherheit kein Leben gibt. Die Venus hat beispielsweise eine Atmosphäre, die fast vollständig aus Kohlendioxid besteht. Und dennoch hat keine der etwa ein Dutzend Sonden, die wir bislang dorthin geschickt haben, länger als zwei Stunden in der erdrückenden Hitze und unter dem gewaltigen Druck jener Atmosphäre durchgehalten – was ein etwas anderes Bild vermittelt als Fontenelles Vision einer sonnengetränkten Dauerparty. Fürs Erste haben wir uns deshalb auf die Suche nach hochkomplexen

Molekülen beschränkt, bei denen es unwahrscheinlich ist, dass sie aus ziellosen anorganischen Prozessen oder schlicht durch Zufall entstanden sind.

Die direkte Suche nach Biosignaturen wird durch zahlreiche Sekundärfaktoren unterstützt. Zum Beispiel erfordert das Leben auf der Erde Ozeane aus Wasser, sodass es nur wenig Sinn ergibt, an Orten nach lebenden Dingen Ausschau zu halten, an denen es kein Wasser gibt. Deshalb haben wir auch aufgehört, irgendwelche Sachen zur Venus zu schicken, hoffen aber immer noch darauf, Anzeichen für früheres Leben auf dem Mars zu finden. Obwohl sich heute unter seiner Oberfläche Eis befindet, wird gemeinhin davon ausgegangen, dass es dort in der Vergangenheit flüssiges Wasser gab. Die Betten einstiger Seen und Flüsse auf dem Mars sind vermutlich ein guter Ort, um nach Biosignaturen zu suchen. Und tatsächlich gibt es derzeit gleich drei aktive Rover auf dem Planeten. Während ich das hier im Jahr 2024 schreibe, legt der Mars-Rover *Perseverance* gerade vorsorglich eine Sammlung von Gesteinsproben an, die eine künftige Rückkehrmission in rund zehn Jahren mitnehmen soll. Ich hätte ihn eher Sisyphus getauft, aber mich hat ja niemand gefragt.

In den kommenden Jahrzehnten werden wir uns einige der Monde von Jupiter und Saturn bei geplanten Missionen ganz aus der Nähe anschauen, und zwar in erster Linie auf der Suche nach flüssigem Wasser, das man derzeit unter deren Oberflächen vermutet. Für mich war das dann wahrscheinlich auch schon alles. Ich werde längst tot sein, bevor es die Menschheit oder ihre roboterhaften Nachkommen wagen werden, in andere Sonnensysteme vorzudringen. Immerhin haben wir tatsächlich schon Teleskope, die fantastische Aufnahmen von unserer Galaxis und darüber hinaus machen können. Doch obwohl wir schon seit den 1990ern in der Lage sind, Planeten außerhalb unseres Sonnensystems (sogenannte *Exoplaneten*) überzeugend zu identifizieren, hat es bis zum Start des Kepler-Weltraumteleskops 2009 gedauert, ehe wir über jeden berechtigten Zweifel hinaus sagen konnten, dass es wirklich andere „erdähnliche“ Planeten gibt.

Dem sogenannten NASA Exoplanet Archive zufolge gibt es Stand 28. August 2025 exakt 5989 bestätigte Exoplaneten. Dabei hat Kepler 361 Planeten innerhalb der *habitablen Zone* ihrer Wirtssterne gefunden, wo die Temperatur genau richtig wäre, um flüssiges Wasser auf deren Oberfläche zu ermöglichen. Und weil die Kepler-Mission nur einen winzigen Ausschnitt des Himmels und eine kleine Zahl von Sternen abdecken konnte, gelangen wir per Hochrechnung zu der offiziellen Schätzung von rund elf Milliarden Exoplaneten, die in der habitablen Zone sonnenähnlicher Sterne liegen – und das allein in unserer Galaxis. Wenigstens einer davon wird ja wohl nicht schlimmer als Missouri sein.

Keplers Nachfolger, der sogenannte Transiting Exoplanet Survey Satellite beziehungsweise TESS, wurde so konzipiert, dass er Planeten im Umfeld heller und naheliegender Sterne aufspüren kann. Das Ganze geschah in der Hoffnung, Ziele für eine direkte Bildgebung zu finden, für die das neueste Objekt der Begierde der Weltraumnerds zuständig ist: das James-Webb-Weltraumteleskop (JWST). Das JWST ist das größte, krasseste, mit Gold verzierte und Bienenwabenspiegeln versehene Stück Weltraumtechnologie, das wir je gebaut haben. Während ich diese Zeilen schreibe, bestehen die bislang veröffentlichten Ergebnisse vor allem aus seltsamem Geprotze für Pressemitteilungen, doch seine Fähigkeit, direkte Bilder von Exoplaneten zu erzeugen und ihre Atmosphäre zu analysieren, hat das JWST ebenfalls bereits unter Beweis gestellt. Aber das hier ist ein Buch und kein lebendiges Dokument. Deshalb werde ich mich aus dem Fenster lehnen und einfach wild drauflos raten: Sie werden vermutlich nicht überrascht sein, dass ich die Rolle des griesgrämigen Propheten spiele und sage, dass das JWST trotz seiner ganzen Großartigkeit keine überzeugenden Hinweise auf außerirdisches Leben finden wird.

LEBEN – WAS IST DAS ÜBERHAUPT?

Die Wahrheit unserer Suche nach außerirdischen Brüdern und Schwestern ist jedoch eine andere, als all die geschwollenen Pressemitteilungen und Hochglanz-Zeitschriftencover voller Optimismus vermuten lassen. Unsere Jagd nach außerirdischem Leben ist irgendwie gehemmt, und zwar nicht ausschließlich durch mangelnde Vorstellungskraft, sondern auch durch ein Übermaß an akademischer Vorsicht. Im Grunde genommen sind wir wie ein Betrunkener, der unter einer Laterne nach seinem Schlüssel sucht, weil dort das Licht ist. Wenn wir zu weit ins Dunkle torkeln, treten wir am Ende vielleicht in einen Haufen Hundescheiße oder werden womöglich sogar vom History Channel interviewt, was das Allerpeinlichste überhaupt wäre. Folglich stützt sich unsere Suche vor allem auf „das Leben, wie wir es kennen". Doch wenn man bedenkt, wie riesig und bizarr die Bandbreite an Bedingungen ist, die auf fernen Welten herrschen, dürfte das eine kurzsichtige Haltung sein.

So ähnlich wie mit den Filtern bei einer Airbnb-Suche halten wir Ausschau nach Wasser, angenehmen Temperaturen und einer schönen gesunden Verbreitung organischer Moleküle. Das Leben könnte aber auch in den Methanseen des Saturnmondes Titan, den Schwefelsäurewolken der Venus oder den Studiowohnungen von New York City herumlungern, was eher an die Ergebnisse einer ungefilterten Tinder-Suche erinnert. Wir agieren auf der Basis sehr anthropozentrischer Konzepte, von denen wir uns nur schwer lösen können. Manche Forschungsansätze hier auf der Erde versuchen, eine andere Richtung einzuschlagen. Bei den sogenannten *Extremophilen* handelt es sich um Organismen, die unter Bedingungen gedeihen, die für die meisten Lebensformen als unwirtlich gelten. So florieren Thermophile zum Beispiel in der extremen Hitze von kochendem Geysir-Wasser und Halophile in Umgebungen mit hohen Salzkonzentrationen wie

Salzwüsten, während Toxicophile in den Kommentarspalten von Internetforen vor allem dadurch überleben können, dass sie ihre Tastatur zum Katalysator ihrer Selbstgerechtigkeit machen. All diese Extremophilen erweitern unser Verständnis dessen, was der Begriff „habitable Zone“ überhaupt meint, und dehnen die Möglichkeiten von Leben auf ein breiteres Spektrum von Himmelsobjekten aus.

Wir müssen im Licht suchen, denn wenn wir vorher erst Fragen wie „Was ist Leben?“ beantworten müssten, würden wir wahrscheinlich nie anfangen. Eine ähnlich schwierige Frage lautet: „Was ist Intelligenz?“ Zum Glück wird jede mögliche Definition die Fähigkeit und das Bedürfnis beinhalten, die Gesetze der Physik auszunutzen – ein Merkmal, das wir mit jeder anderen hypothetischen Zivilisation teilen, so fremdartig sie auch sein mag. Solche Anzeichen von Technologienutzung werden *Technosignaturen* genannt. Die Erde dürfte derartige Signale zum Beispiel zumindest in den letzten paar Hundert Jahren ausgesendet haben, was lange genug ist, um Tausende nahegelegener Sterne erreicht zu haben.

SOS INS WELTALL

Die Signale von der Erde tragen den Stempel unseres technologischen Fortschritts und zeichnen das Bild einer Zivilisation, die inzwischen Erfahrung mit der Nutzung des elektromagnetischen Spektrums hat, wenn auch nur für die Verbreitung von Memes. Unser Einsatz von Radiowellen für die drahtlose Kommunikation stellt in der Kakophonie der Signale, die wir bislang in den Kosmos freigelassen haben, eine stetig anschwellende Quelle von kosmischem Geschnatter dar. Von den ersten Radiosendungen bis hin zum endlosen Summen moderner Datenübertragungen haben wir unseren Planeten in ein Megaphon für banale Status-Updates mit kurzen Werbeunterbrechungen verwandelt. Unser Hang, jeden einzelnen Gedanken in den Äther rauszuballern, dürfte den ersten Hinweis auf unsere Existenz liefern, wenn sich irgendwer (oder irgendwas) da draußen hinzuschaltet.

Ein weiteres *leuchtendes* Zeichen für das Voranschreiten unserer Technologie ist die Beleuchtung der dunklen Seite unseres Planeten. Der Anblick von Las Vegas aus dem All könnte außerirdische Zivilisationen wie die Motten zum Gratisbuffet (oder Videopokerautomaten) anziehen. Ein weiterer wichtiger Indikator für unsere technologischen Aktivitäten sind die atmosphärischen Nebenprodukte unserer industriellen Prozesse, die für unsere eigenen Augen allerdings unsichtbar sind – es sei denn, Sie leben im kalifornischen Long Beach oder in der Nähe einer Raffinerie. Und nicht zu vergessen das *pew pew* der Laser, die wir in der wissenschaftlichen Forschung und bei militärischen Anwendungen einsetzen oder einfach zum Spaß ins All schießen. Ihre kohärenten Strahlen sind in der Lage, das Vakuum mit minimalen Verlusten zu durchqueren.

Neben all dieser kosmischen Graffiti haben wir auch mehrere bewusste Nachrichten in die Leere geschickt, oder anders ausgedrückt: Die Zahl der bekannten intelligenten Zivilisationen im Universum, die Grüße übers Radio verschicken, liegt bei eins – eine exzellente Statistik, die Sie raushauen können, wenn Sie potenzielle Geldgeber von Ihrer Forschung über Technosignaturen überzeugen wollen.

Die sogenannte *Arecibo-Botschaft* war in gewisser Weise unser erster Versuch im Bereich des interstellaren Nachrichtenversands. Diese von einem Team unter Leitung von niemand anderem als Frank Drake und Carl Sagan erstellte Nachricht wurde 1974 vom Arecibo-Observatorium in Puerto Rico aus verschickt – derselben Einrichtung, über die bekanntlich auch Pierce Brosnan (oder vielleicht auch sein Stunt-Double) hinwegtänzelte, um im James-Bond-Film *GoldenEye* die Kuh vom Eis zu holen und den Versand einer ähnlichen Nachricht zu verhindern. Die Arecibo-Botschaft besteht nur aus 1679 Bits (für die Nerds: Das sind 73 Zeilen mit jeweils 23 Einsen und Nullen – Primzahlalarm!). Ich zitiere:

```
„00000010101010000000000
00101000001010000000100
10001000100010010110010
10101010101010100100100
00000000000000000000000
00000000000011000000000
00000000001101000000000
00000000001101000000000
00000000010101000000000
00000000011111000000000
00000000000000000000000
11000011100011000011000
10000000000000110010000
11010001100011000011010
11111011111011111011111
00000000000000000000000
00010000000000000000010
00000000000000000000000
00001000000000000000001
11111000000000000011111
00000000000000000000000
11000011000011100011000
10000000100000000010000
11010000110001110011010
11111011111011111011111
00000000000000000000000
00010000001100000000010
00000000001100000000000
00001000001100000000001
11111000001100000011111
00000000001100000000000
00100000000100000000100
00010000001100000001000
00001100001100000010000
00000011000100001100000
00000000001100110000000
00000011000100001100000
00001100001100000010000
00010000001000000001000
00100000001100000000100
01000000001100000000100
01000000000100000001000
00100000010000000010000
00010000000000001100000
00001100000000110000000
00100011101011000000000
00100000001000000000000
00100000111110000000000
00100001011101001011011
00000010011100100111111
10111000011100000110111
00000000101000000111011
00100000010100000111111
00100000010100000110000
00100000110110000000000
00000000000000000000000
00111000001000000000000
00111010100010101010101
00111000000000101010100
00000000000000101000000
00000000111110000000000
00000011111111100000000
00001110000000111000000
00011000000000001100000
00110100000000010110000
01100110000000110011000
01000101000001010001000
01000100100010010001000
00000100010100010000000
00000100001000010000000
00000100000000010000000
00000001001010000000000
01111001111101001111000."
```

Das Ganze ist auch nach mehrmaligem Korrekturlesen immer noch spannender als ein Tweet von Elon Musk.

Die Arecibo-Botschaft enthielt einen Binärcode (die Einsen und Nullen des Computersprech) über einige willkürliche Fakten wie die Zahlen Eins bis Zehn, die Ordnungszahlen der Atome in der DNA, die Größe des menschlichen Genoms und so weiter. Das alles *bedeutet* definitiv etwas für uns (vorausgesetzt, dass Ihnen jemand sagen würde, wie man es liest), doch die Hoffnung dahinter lautete, dass ein ausreichend intelligenter Empfänger es ebenfalls entschlüsseln könnte. Die Botschaft wurde jedenfalls auf Messier 13, einen 25.000 Lichtjahre entfernten Sternhaufen, gerichtet, was sie eher zu einer symbolischen Geste als zu einem praktischen Kommunikationsversuch macht. Tatsächlich ist das Arecibo-Teleskop Ende 2020 in sich zusammengestürzt, und auch wenn Google Maps angibt, dass es lediglich „temporär geschlossen" sei, gibt es aktuell keine Pläne für seinen Wiederaufbau – zumindest nicht innerhalb der nächsten 50.000 Jahre.

Seit die Arecibo-Botschaft verschickt wurde, haben wir unsere Transmitter auf andere Sterne und einige in jüngerer Zeit entdeckte, potenziell bewohnbare Exoplaneten gerichtet. Im Jahr 2008 wurde das Signal „A Message from Earth" zu dem nur 20 Lichtjahre entfernten Planeten Gliese 581c geschickt, was, wenn Sie es an Ihren Menschenfingern und -zehen abzählen, bedeutet, dass es 2028 ankommen wird. Die Chancen für eine Antwort stehen dabei gut, weil die Nachricht selbst in einem gewissenhaften Verfahren durch … Moment, ich schau' mal eben in meine Notizen … einen Wettbewerb auf Social Media erstellt wurde. Ach verdammt. Vergessen Sie's.

Und für den Fall, dass keines dieser umherirrenden Signale aufgefangen wird, haben wir auch noch physische Flaschenpost-Botschaften verschickt. In den Jahren 1972 und 1973 wurden die sogenannten *Pioneer-Plaketten* im Zuge der Pioneer-Missionen 10 und 11 an Raumsonden befestigt. Zum Glück gab es damals noch keine sozialen Medien, weshalb das Erstellen der Nachricht den Experten überlassen war: Sie bestand aus einem Dickpic und einer Karte, die den Weg zu unserem Planeten zeigt. Ernsthaft. Wir haben ein Bild von unserem Sonnensystem mit einem großen Kreis um die Erde rausgeschickt und daneben eine Zeichnung von zwei nackten Menschen, von denen einer unmissverständlich die Hand zu der universellen Geste für „35 Jahre, männlich, Single, mag lange Spaziergänge am Strand und Analuntersuchungen" hebt.

KEIN ANSCHLUSS UNTER DIESER NUMMER

Physische Dinge bewegen sich viel langsamer fort als Radiosignale, und Pioneer 10 wird auch in den nächsten zwei Millionen Jahren keinen anderen Stern erreichen. Natürlich könnte jede dieser Nachrichten theoretisch auch im interstellaren Raum abgefangen werden, bevor sie ihr endgültiges Ziel erreicht. Deshalb bin ich mir sicher, dass Sie vor Spannung fast platzen werden, ob wir schon irgendwas gehört haben, richtig?

Mitte des 20. Jahrhunderts begannen kleine Programme offiziell mit der Suche nach Technosignaturen in Form von Radiowellen. Seitdem haben solche Bemühungen, die meistens unter dem Akronym SETI (Suche nach extraterrestrischer Intelligenz) laufen, durchgehend auf diese oder jene Art den Himmel überwacht. Erst kürzlich zahlte Yuri Milner, ein Multimilliardär und Privatsponsor von Wissenschaftsprojekten, 100 Millionen US-Dollar für mehr Radioteleskopzeit, um die Suche auszuweiten. Die vorläufigen Ergebnisse lassen sich in einem einzigen Wort zusammenfassen: *Stille.*

Na gut, keine absolute Stille – wir durften uns schon über den ein oder anderen Telefonscherz oder Hosentaschenanruf freuen. Da wäre zum Beispiel der Stern KIC 8462852, der nach der ersten Autorin des wissenschaftlichen Papers, das über die Entdeckung seiner unregelmäßigen Lichtschwankungen berichtete, auch Tabbys Stern genannt wird – oder manchmal auch WTF-Stern, in Anlehnung an den Untertitel des Papers, „Where's the flux?" (dt.: „Wo ist der [Licht-]Fluss?"). Diese durchtriebenen Astronomen – die wussten definitiv, was sie da taten. Wenngleich weitere Untersuchungen interstellare Staubwolken als die wahrscheinlichste Erklärung benannten, hielt das einige Leute nicht davon ab, zu behaupten, dass die Dellen in der Lichtintensität des Sterns auf Energiegewinnung durch außerirdische *Megastrukturen* zurückzuführen wären. Mal ehrlich – WTF!

Die Technosignatur-Forschung ist oft weitaus spekulativer als die Suche nach Biosignaturen. Auch wenn sie häufig auf legitime Fragen wie „Wie könnte eine technologisch fortgeschrittene Zivilisation mit maximaler Effizienz Energie aus einem Stern gewinnen?" zurückgeht, driftet sie nicht selten schnell in Richtung Science-Fiction ab. Denken Sie etwa an Dyson-Sphären.

Die sogenannte Dyson-Sphäre, die inzwischen als das Paradebeispiel von hypothetischen Megastrukturen gilt, ging aus einem Gedankenexperiment des Physikers Freeman Dyson hervor. Im Idealfall hüllt sie einen Stern komplett ein, um so den Großteil seines Energieausstoßes, wenn nicht all seine Energie, abzuschöpfen. Für Dyson selbst war das Ganze keine praktische Blaupause, sondern eher eine Möglichkeit, die potenziellen Energiebedürfnisse weiterentwickelter Zivilisationen zu veranschaulichen. Die Idee hat seither jedoch ein Eigenleben entwickelt und stellt heute ein unwiderstehliches, wenn auch spekulatives Ziel für die Suche nach Technosignaturen dar.

Bei der Jagd nach Dyson-Sphären und anderen Megastrukturen geht es in erster Linie darum, den Kosmos nach Signalen abzuscannen, die weit im Infrarotbereich liegen. Die Idee dahinter lautet, dass eine effiziente Konstruktion das gesamte hochenergetische Licht des betreffenden Sterns abschöpfen würde und dazu gezwungen wäre, niedrigere Energie in Form von Wärmestrahlung abzugeben. Das Ganze ist eine kuriose Mischung aus echter Wissenschaft (in Bezug auf physikalische Berechnungen) und Science-Fiction und weist durchaus gewisse Ähnlichkeiten mit Drehbüchern aus Hollywood auf. Hier schließt sich der Kreis also scheinbar wieder.

Über die Jahre waren sowohl das Interesse an der Suche nach Technosignaturen als auch deren Finanzierung stets gewissen Schwankungen ausgesetzt, die im perfekten Gleichklang mit technologischen Neuerungen auf der Erde standen. Neue Teleskope, Missionen und Vorschläge lassen immer wieder neuen Optimismus aufkeimen. In der Stille hallt allerdings zwangsläufig der Geist Fermis wider, und was einst so viel Aufregung erregte, dass es eine Pressemitteilung wert war, wird irgendwann nichts als ein weiterer Projektordner in irgendeinem institutionellen Cloud-Archiv sein.

UND WAS IST MIT ROBOTERN?

Wir haben bisher stillschweigend angenommen, dass Aliens *lebendig* – im Sinne von „aus lebendem, organischen Material gemacht" – sind, wie auch immer sie aussehen mögen. Und seltsamerweise hält es nicht mal die Science-Fiction für nötig, das Gegenteil näher zu erforschen. Es gibt sehr wenige Referenzen auf anorganische Aliens und selbst die sind undeutlich, wie die Unterdrücker aus der Romanserie *Revelation Space*: eine uralte, anorganische Intelligenz, die überall in der Galaxis die Weiterentwicklung von Zivilisationen zu verhindern versucht. Ihre Motive bleiben genauso im Dunkeln wie ihre Herkunft, was das Problem, sich etwas derart Fremdartiges überhaupt vorzustellen, auf wunderbare Weise unterstreicht. Andererseits sind sie einfach nur Wesenheiten, die keine Moral und keine Gefühle, dafür aber eine Abneigung gegen intelligentes Leben hegen und bloß scharf darauf sind, alle Immobilien der gesamten Galaxie zu besitzen. Wenn man es so sieht: Vielleicht fällt Ihnen ja doch der ein oder andere ein.

Auf der einen Seite dürfte eine roboterartige außerirdische Intelligenz die wahrscheinlichste Anwärterin von allen sein. Denken Sie nur an die Lebensdauer von Maschinen im Vergleich zu biologischen Organismen. Roboter – und besonders jene, die für die Erforschung des Weltraums entwickelt werden – sind so gebaut, dass sie Extrembedingungen standhalten können, die für organisches Leben tödlich wären: Strahlung, Vakuum, extremen Temperaturen und dem Mangel an live gestreamten Inhalten. Das macht sie zu idealen Kandidaten für die Erforschung und Besiedlung des Kosmos. Darüber hinaus verschafft das fehlende Bedürfnis nach Nahrung, Wasser, Luft und anderen lebensnotwendigen Dingen Robotern bei dem Vorhaben, sich in der ganzen Galaxis auszubreiten, um unser Revier zu markieren und für unvermeidliche Zerstörung zu sorgen, einen beträchtlichen Vorteil gegenüber organischem Leben (ganz zu schweigen von der Fähigkeit, auf interstellaren Reisen über Jahrtausende hinweg Winterschlaf zu halten).

Ein besonders faszinierendes Gedankenmodell für roboterartige Außerirdische ist das des sich selbst replizierenden Raumschiffs, auch bekannt als Von-Neumann-Sonde. Diese erstmals Mitte des 20. Jahrhunderts durch John von Neumann vorgeschlagenen Maschinen sind der Vorstellung nach imstande, Material von Wirtsplaneten und -monden zu sammeln, um damit Kopien von sich zu erstellen. Das eröffnet die Möglichkeit exponentiellen Wachstums und das Potenzial für eine Zivilisation von Maschinen, die sich viel schneller in der Galaxis verbreitet, als organisches Leben sich das je erträumen würde. Doch obwohl theoretisch machbar, werden realistische Vorschläge in dieser Richtung bislang durch zahlreiche praktische Hürden verhindert. Was zugleich auch bedeutet, dass wir die ethischen Herausforderungen, die damit verbunden sind, dass wir unsere Robotersklaven losschicken, um ferne Ökosysteme zu keinem anderen ersichtlichen Zweck als unkontrollierter Expansion zu ruinieren, noch immer nicht ernstgenommen haben. Aber seien wir mal ehrlich – nichts von alldem wird uns davon abhalten, es trotzdem zu versuchen, also wieso sollte es eine außerirdische Zivilisation daran hindern, das Gleiche zu tun?

Der Gedanke, dass E.T. in einer fliegenden Untertasse daherkommt, fühlt sich mit einem Mal putzig an. Das wahrscheinlichere Szenario ist, von sich selbst reproduzierenden Raumschifffabriken bombardiert zu werden, die sich auf rohstoffreiche Länder herabstürzen, ohne unsere Gegenwart überhaupt eines Blickes zu würdigen. Wobei der Umstand, dass exponentiell wachsende, sich selbst replizierende Roboter „problemlos" die Galaxis besetzen könnten, angesichts der Tatsache, dass sie (zumindest laut einer klitzekleinen Sache namens Beweise) nicht existieren, eigentlich viel unheimlicher ist. Denken Sie mal darüber nach: Wenn man bedenkt, wie viele Milliarden Jahre sie die Gelegenheit dazu hatten, sollten sie inzwischen eigentlich überall sein – und falls das so wäre, wäre ihre destruktive Präsenz genauso spürbar wie die von Will Smith bei den Oscars 2022. Doch wie bei allen anderen Anzeichen von Leben auch fehlt bislang jede Spur von ihnen.

WO SIND SIE ALLE?

Unsere Fortschritte im Bereich der Technologie haben uns einen tieferen Blick in den Abgrund gewährt, doch je mehr wir sehen, desto weniger scheinen wir zu finden. Unsere einst naive Vision einer galaktischen Gemeinschaft voller interstellarer Zivilisationen ist mit der Zeit nüchterner geworden – wie ein Kind, das allmählich den

Glauben an den Weihnachtsmann verliert, nur mit weniger Keksen und mehr Existenzangst. Wir haben es echt versucht, Fermi, wirklich.

Doch vielleicht lagen Fermi und Drake auch falsch. Vielleicht liegt eines der Glieder in der Drake-Gleichung in Wirklichkeit so nahe bei null, dass die Erde einem kosmischen Glücksfall epischen Ausmaßes gleicht. Diese sogenannte Rare-Earth-Hypothese setzt voraus, dass sich die Bedingungen auf der Erde so einmalig für Leben eignen, dass es nur ein einziges Mal dazu gekommen ist. Mit anderen Worten: „Erdähnlich" ist nicht gut genug, es muss schon „erdgleich" sein, und solche Planeten sind aller Wahrscheinlichkeit nach extrem selten. Ein ähnliches Konzept ist das des sogenannten Großen Filters – merken Sie, dass all diese Konzepte richtig coole Namen haben müssen, um als Gegenstand von TED-Talks oder Erklärvideos auf YouTube zu taugen? Die Theorie vom Großen Filter schlägt vor, dass es in der evolutionären Entwicklung des Lebens eine Phase gebe, die unglaublich schwer zu überwinden sei, so ähnlich wie ein Filter. Es könnte sein, dass sich die Menschheit dieser Schwelle gerade nähert, wobei wir letztlich unsere eigene Auslöschung einläuten würden – oder wir könnten zu den sehr wenigen gehören, die diese Schwelle bereits überwunden haben.

Vielleicht neigen Zivilisationen im Einklang mit der Idee, dass der Filter vor uns liegt, einfach dazu, sich selbst zu zerstören, bevor sie die Fähigkeit zum interstellaren Reisen erlangen. Vielleicht ist Intelligenz für die Langlebigkeit eines Planeten keine so gute Sache. Davon abgesehen leben Sterne auch nicht ewig. Wenn das Leben auf der Erde das interstellare Reisen nicht hinbekommt, wird es, wenn die Sonne in etwa fünf Milliarden Jahren stirbt, in diesem Teil der Galaxis aufhören zu existieren.

Das bringt uns zum Konzept der technologischen Level, einem Einstufungssystem für Zivilisationen, das der Astrophysiker Nikolai Kardaschow – vermutlich nach zu vielen Videospielen – geprägt hat.

Er hat sich eine Skala ausgedacht, auf der eine Typ-I-Zivilisation alle auf ihrem Heimatplaneten verfügbaren Ressourcen nutzt, eine Typ-II-Zivilisation sich die Energie ihres Sterns zunutze macht (hallo, Dyson-Sphären) und eine Typ-III-Zivilisation sich der Energie ihrer Heimatgalaxie bedient. Nach dieser Einstufung landen wir nicht mal bei Typ I, auch wenn wir noch so sehr von uns selbst begeistert sind. Kann sein, dass die Schwelle irgendwo zwischen Zivilisationen vom Typ I und Typ II liegt. Doch wenn es irgendwas gibt, das die Menschheit ausmacht, dann ist es blinder Optimismus. Also lassen Sie uns an dieser Stelle ein bisschen herumspinnen, indem wir jede noch so wilde Spekulation willkommen heißen.

Vielleicht wissen fortgeschrittene Zivilisationen um unsere Existenz, entscheiden sich aber, im Verborgenen zu bleiben, vielleicht beobachten sie uns wie Wildtiere oder meiden den Kontakt, bis wir einen gewissen Reifegrad erreicht haben. Glauben Sie, dass Ameisen wissen, dass wir sie beobachten? Es könnte auch sein, dass Typ-II-Zivilisationen neben ihren Raumfahrtskills über fortgeschrittene Kommunikationsfähigkeiten verfügen – was auf jeden Fall nicht im Widerspruch zu den bekannten Gesetzen der Physik steht. Und so könnten sie ihre Nachrichten mit weiterentwickelten Verschlüsselungsmethoden verbergen … ich meine, hallo? Radiowellen? Das beruht natürlich auf der Annahme, dass sich andere Zivilisationen überhaupt mit derart schrulligen Technologien abgeben würden. Und weil Schwarze Löcher die effektivsten Informationsspeicher von allen sind, gehen manche Leute so weit, zu behaupten, dass fortgeschrittene Zivilisationen sie als Quantencomputer verwenden werden. In Wahrheit sollten wir, so die Behauptung weiter, nach Signalen von Fabriken für Schwarze Löcher suchen – als wüssten wir überhaupt, wie sowas aussehen würde.

Die Menschheit selbst setzt auf Verschlüsselung, wenn sie über den Äther kommuniziert, was für alle – mit Ausnahme des beabsichtigten Empfängers – wie willkürliches Rauschen aussieht. Manche haben deshalb nahegelegt, dass die Merkmale des Signals die Wahrheit ans Licht bringen sollten. So wird die zukünftige Quantenkommunikation zum Beispiel starkes kohärentes Laserlicht verwenden, was alles andere als natürlich ist. Andererseits wurde aber auch gezeigt, dass man Quantencodes zur Kommunikation sowie galaxisumspannende Datenverarbeitung im Sternenlicht verbergen kann. Falls Sie also immer noch daran glauben wollen, dass die Aliens vor Ihrer Tür stehen, ergänzen Sie Ihr unzusammenhängendes Gebrabbel einfach um das Wörtchen *Quanten* und niemand wird in der Lage sein, Ihnen zu widersprechen.

LITERWEISE EXISTENZANGST

Vielleicht liegt die Antwort aber auch direkt vor unseren Augen. Das schiere Ausmaß des Universums ist überwältigend, selbst wenn es da draußen andere Zivilisationen geben sollte. Falls irgendwelche Aliens am anderen Ende der Galaxis in der Lage wären, die Erde heute zu sehen, würden sie trotzdem kein intelligentes Leben finden, weil sie die Erde so sehen würden, wie sie vor 100.000 Jahren war.

Ihr Gefühl für die Dimension des Universums hat vermutlich wenig mit der Realität zu tun, weil jedes Bild, das Sie je vom Sonnensystem gesehen haben, falsch ist. In der Regel werden Erde und Mond im korrekten Verhältnis dargestellt – der Mond hat ungefähr ein Viertel der Größe der Erde –, wobei der Mond aber viel zu nahe platziert wird. Stellen Sie sich vor, wir würden ein maßstabsgerechtes Modell unseres Sonnensystems bauen, in dem die Erde so groß wie ein Fußball ist. Der Mond, der jetzt die Größe eines Tennisballs hat, wird normalerweise etwa einen Meter von der maßstabsgetreuen Erde platziert, während es in Wahrheit etwa sieben Meter sein sollten, was ungefähr der Breite eines Fußballtores entspricht.

Die Sonne müsste indes ein monströser Ball sein, der so hoch wie ein achtstöckiges Gebäude und ungefähr 2,5 Kilometer entfernt wäre. An einem klaren Tag würden Sie das meiste davon sehen, auch wenn der Boden, auf dem dieses Gebäude stehen würde, unterhalb des Horizonts läge. Unser lieber Nachbar Mars würde leider weit unterhalb des Horizonts liegen und der nächste Stern, Proxima Centauri, befände sich irgendwo hinter Paris, vorausgesetzt, dass unser Fußballspiel mitten im Nirgendwo stattfindet – sorry, not sorry, liebe Leute aus Missouri.

Das Besondere an Planeten wie der Erde ist, dass sie seltene Klumpen aus extrem dichter Materie sind. Wasser hat zum Beispiel die schöne runde Dichte von einem Kilogramm pro Liter. Bestellen Sie sich ein Supersize-Big-Mac-Menü, schütten Sie die ganze Zuckerbrühe weg, die in Ihrem Becher gelandet ist, und füllen Sie ihn mit schönem, klaren Biogletscherwasser – schon haben Sie ein Kilo Materie in der Hand. Und jetzt stellen Sie sich vor, dass Sie einen willkürlichen Ort in unserer Galaxis aufsuchen und damit ein bisschen Milchstraße schöpfen. Ich kann Ihnen nicht mal sagen, wie die genaue Masse des Becherinhalts lauten würde, ohne dafür eine wissenschaftliche Schreibweise zu verwenden, aber er wäre so gut wie leer. Wenn die Galaxis eine einheitliche Atomsuppe wäre, hätten Sie vermutlich ein paar Hundert Wasserstoffatome eingebechert und sonst nichts. Der entscheidende Punkt lautet: Der Weltraum ist gewaltig und größtenteils leer. Wenn wir das Universum in unserer Vorstellung so weit zusammenschrumpfen, dass es in unsere Gehirne passt, wird es dadurch so stark verzerrt, dass es nicht mehr als Karte der Realität taugt.

Die Enormität der Herausforderungen aus wissenschaftlicher Perspektive zu begreifen, bewirkt, dass Geschichten über Aliens, die andauernd auf der Erde vorbeischauen, Leute entführen oder antike Zivilisationen beeinflussen, genauso komisch erscheinen wie ein Typ in einem Gorillakostüm. So wie das Wissen über die wahre Beschaffenheit der Sterne die Kernbehauptungen der Astrologie entzaubert, bewirkt das Wissen um die unermessliche Weite, die Komplexität und die Herausforderungen des Universums das Gleiche für volkstümliche Behauptungen über Außerirdische.

Und dennoch … ich hoffe immer noch. Ich denke, dass es irgendwo im Kosmos intelligentes Leben gibt. Wahrscheinlich ist es aber so weit in Raum und Zeit entfernt, dass es genauso gut in einem anderen Universum sein könnte. Aus diesem Grund werde ich selbst keine astrobiologische Forschung betreiben. Ich bin aber froh, dass andere es tun, und werde ihnen aus einem einfachen Grund vertrauen: Die Wissenschaft bemüht sich zumindest darum, ein öffentliches Gut zu sein. Wissenschaftlerinnen und Wissenschaftler legen uns all ihre Daten und Methoden offen, um ihre Forschung zu reproduzieren. Wenn eine Gruppe ein Signal findet, werden andere nachziehen und versuchen, die Ergebnisse zu wiederholen. So lustig eine Reinszenierung der Barney-Hill-Geschichte auch sein mag, sie hat einfach nicht dasselbe Kaliber.

Letztendlich liegt der tiefschürfendste Aspekt der Alien-Frage nicht in den Antworten, die wir vielleicht finden werden, sondern in den fortwährenden Geheimnissen, die sie offenlegen. Es scheint, dass wir auf unserer Suche nach anderen Wesen fast zufällig über die tiefgründigsten Rätsel des Kosmos und des Bewusstseins gestolpert sind und sogar an die Grenzen unseres eigenen Wissens stoßen. In diesem unbekannten Terrain finden wir ein grenzenloses Meer an Möglichkeiten vor und vernehmen einen Ruf, der den Forschungsdrang in uns allen weckt. Wir streben nicht nur nach dem Unbekannten, um herauszufinden, was es für uns bereithält, sondern auch wegen dem, was es unterwegs mit uns anstellt. Manche hören das Echo vergangener Abenteurer, von Forscherinnen und Forschern, die uns Denkanstöße und Hinweise hinterlassen haben, während andere den Sirenen kosmischer Spekulation lauschen.

Die Suche nach außerirdischem Leben ist mehr als ein wissenschaftliches Vorhaben; sie spiegelt unsere tiefsten Sehnsüchte wider, unseren Platz im Universum zu verstehen und uns mit etwas zu verbinden, das über uns selbst hinausgeht. Unsere Fähigkeit zu staunen und unsere unbeugsame Hoffnung bringen uns dazu, über die riesigen und einsamen Entfernungen des Weltraums hinweg nach anderen zu suchen, die unseren Blick erwidern und an der stillen Symphonie des Universums teilhaben.

Deshalb erscheint es zutiefst ironisch, dass Sie und ich, liebe Leserinnen und Leser, selbst schon „Aliens" sind, fremd in vielerlei Hinsicht, aber auch miteinander verbunden. Verbunden nicht durch Lichtjahre des Weltraums, sondern durch diese Worte. Es ist ein Beleg für etwas, das wir miteinander teilen und von dem wir nicht einmal im Traum hoffen würden, es irgendwo anders im Kosmos zu finden: unsere Menschlichkeit. Und vielleicht zeigt ein Spiegel, den ein hypothetischer Alien hochhält und der eigentlich ein Bild unseres unfassbaren Verlangens nach kosmischer Bedeutung zeigen müsste, in Wahrheit einfach nur uns, nackt, verwundbar und voller Sehnsucht nach Verbindung. Die Wahrscheinlichkeit, dass wir in diesem riesigen Unbekannten auf außerirdische Intelligenz stoßen, ist gering, aber vielleicht entdecken wir dabei einfach uns selbst wieder.

WIR SIND DIE LAHMSTEN ZEITREISENDEN DES UNIVERSUMS

Wir machen alle Fehler. Ich habe zum Beispiel eingewilligt, Zehntausende Wörter zu schreiben, wodurch ich gezwungen war, totlangweiligen Schrott im Internet zu recherchieren, und Sie haben dafür bezahlt, diese Wörter zu lesen. Sie werden womöglich von einem Rückgaberecht profitieren, aber ich nicht. Und selbst wenn, bekommt Amazon sein Buch und Sie Ihr Geld zurück, doch es gibt eine Sache, die niemand zurückkriegt, vor allem nicht die arme Seele, die Sie dazu genötigt haben, in der ganzen Stadt Pakete zu verteilen, während sie versucht hat, ein dysfunktionales E-Bike anzutreiben. Zeit … das ist es, worauf ich hinauswollte.

Was würden Sie nicht dafür geben, die ruhmreichen Zeiten der Internet-Modems und Münzfernsprecher nochmal zu erleben, stimmt's? Vielleicht sehnen Sie sich auch nach dem Nervenkitzel, der Geburt Jesu oder dem Tod von Dschingis Khan beizuwohnen. Oder vielleicht ist es eher etwas Praktisches, zum Beispiel Ihre Entscheidung zum Kauf von Bitcoins gegen Ende 2021 zu überdenken, oder Ihre gestrige Entscheidung, bei KFC essen zu gehen. Und wieso nur rückwärts in der Zeit, warum nicht vorwärts? Die Lottozahlen von nächster Woche zu kennen wäre nett für Ihren Kontostand. Wenn ich's mir genau überlege, gibt es eine endlose Liste von Dingen, die das Zeitreisen verbessern könnte. Verdammt, im Moment wäre es sogar ein Segen, das laufende Zoom-Meeting vorzuspulen, dessen Teilnahme Sie gerade vernachlässigen.

Was wäre, wenn ich Ihnen sagen würde, dass das Zeitreisen nicht nur möglich ist, sondern Sie es tatsächlich gerade tun? Jeder Sonnenaufgang ist ein neuer Stempel auf dem Reisepass des Daseins, jeder Geburtstag eine Kerbe auf dem kosmischen Kilometerzähler, und je nachdem, wie viel Pflaumensaft Sie trinken, … na ja, benutzen Sie Ihre Fantasie. Allerdings handelt es sich um die gradlinigste, vorhersehbarste und offen gesagt zermürbend langweiligste Zeitreise, die man sich vorstellen kann. Wir schlurfen vorwärts, eine schleppende Sekunde nach der anderen, durch die kosmische Melasse, die wir Gegenwart nennen. Keine Zeitreise-Jacuzzis, keine magischen Telefonzellen und auch keine Spritztouren im DeLorean in die Vergangenheit, um mit dem Gedanken inzestuöser Paradoxa zu spielen. Nur wir, während sich unsere Falten wie zeitbedingte Radierungen vertiefen, und die nagende Gewissheit, dass das Universum angesichts unseres jämmerlichen Wunsches, diese zeitlichen Ketten abzustreifen, gelangweilt gähnt.

Obwohl die Maschinen, die Zeitreisen angeblich möglich machen, neu sind, gilt das nicht für die menschliche Faszination in Bezug auf dieses Thema. Seitdem es Geschichtenerzähler gibt, köchelt es in unserer kollektiven Vorstellung leise dahin und zieht sich durch uralte Mythen und philosophische Grübeleien und mündet schließlich in surrenden Robotern und Fluxkompensatoren. Es ist ein schwindelerregender Ritt. Also schnallen Sie sich an, verehrte Co-Chrononauten, und vergessen Sie die Energiekristalle nicht, weil Sie diese 30 Minuten nie mehr zurückkriegen werden!

SIND WIR BALD DA?

Woran denken Sie, wenn Sie das Wort *Zeitreisen* hören? Wahrscheinlich an eine Maschine, die ihren Inhalt auf magische Weise unversehrt aus der gegenwärtigen Zeit in eine andere Zeit versetzt, richtig? Das ist die einfachste und am häufigsten geschilderte Version des Zeitreisens in der Popkultur. Sie beinhaltet, dass sich jemand augenblicklich von einem Punkt im ansonsten ununterbrochenen Fluss der Zeit zu einem anderen bewegt, was aber ein Zeitkonzept voraussetzt, das in etwa so präzise ist wie die geschätzte Ankunftszeit Ihres Fahrers bei Uber.

Unsere Intuition legt nahe, dass der Weltraum ewig und mit einer objektiven Uhr ausgestattet ist, die die „wahre" Zeit des Universums abbildet, während jede richtig gehende Uhr mit ihr synchronisiert ist. Die fiktionale Vorstellung des Zeitreisens ist vergleichbar damit, die Zeiger der universellen Uhr vor- und zurückzudrehen. Falls Zeitreisen überhaupt möglich wären, dann auf keinen Fall so.

Erinnern Sie sich daran, dass Einstein uns die Raumzeit, das dehnbare und biegsame Leintuch des Kosmos, beschert hat. Wir müssen uns nicht alle vier Dimensionen von Raum und Zeit vorstellen, um sie zur Darstellung des Zeitreisens zu verwenden. Stellen Sie sich einfach zwei Dimensionen – eine der Zeit und eine des Raums – vor, wie die vertikalen und horizontalen Ausrichtungen eines Blatts Papier. Jeder Punkt auf diesem Blatt steht für einen einzigen Zeitpunkt und einen einzigen Ort. Wenn wir stillstehen, bleibt unser Ort unverändert, aber wir bewegen uns weiterhin durch die Zeit, wobei wir eine perfekte vertikale Linie in der Raumzeit hinterlassen. Unsere Weltlinien fließen, ob wir uns bewegen oder nicht, auf der Seite nach oben, driften vielleicht mal nach links oder nach rechts ab, aber immer *vorwärts* in der Zeit. Für jeden Beobachter scheint die Zeit gewissermaßen mit einer Sekunde pro Sekunde voranzuschreiten.

Wenn wir uns die Raumzeit als ein Blatt Papier vorstellen, wählen wir dabei implizit einen bevorzugten Bezugsrahmen – eine bevorzugte Uhr sozusagen. Und auch wenn wir jene Uhr nicht als eine Art universelle Uhr betrachten können, können wir sie zum Beispiel als die Uhr der Erde oder irgendeine tatsächlich existierende Uhr betrachten, die auf der Erde immer an ihrem Ort bleibt. Obwohl wir die Uhr der Erde nicht manipulieren können, bietet die Erde einen ziemlich guten Bezugsrahmen für all jene von uns, die auf ihr festsitzen. Auf unser Blatt Papier bezogen würde die naive Vorstellung des Zeitreisens bedeuten, den Bleistift an einem Punkt in der Raumzeit abzuheben, um an einem anderen Punkt in der Zeitdimension neu zu beginnen.

Aber Einstein hat uns gezeigt, dass Zeit *relativ* ist, also für Uhren in relativer Bewegung zueinander in unterschiedlichem Tempo vergeht. Das beschert uns eine völlig andere Vorstellung des Zeitreisens. Wenn die Zeit für mich langsamer läuft, werden Sie mich zu irgendeinem Zeitpunkt Ihrer Zukunft in meiner Vergangenheit antreffen, und meine Gegenwart wird Ihre Zukunft sein. Ich werde in *Ihrer* Zeit vorwärts gereist sein. Und falls „Ihre" Zeit dieselbe ist wie die von allen anderen auf der Erde, werde ich im Grunde das Gleiche getan haben wie in dem naiven Zeitreise-Szenario oben. Wir haben uns beide in der Zeit voran bewegt und doch ist für jeden von uns eine andere Menge davon verstrichen. Und auch wenn das Ganze sehr nuanciert scheinen mag, bringe ich es hier und jetzt zur Sprache, weil die ersten schriftlich fixierten Zeitreisekonzepte der Menschheitsgeschichte überraschenderweise exakt zu dieser relativistischen Lesart gehörten – und das lange vor Einstein!

ZURÜCK IN DIE ZUKUNFT

Die womöglich erste Beschreibung des Zeitreisens findet sich in einer uralten hinduistischen Schrift, in der Kakudmin ungewollt etwas von den Gefahren der Relativität mitbekommt, als er für seine Tochter Revati keinen geeigneten Ehemann finden kann. Natürlich bittet er seinen Gott Brahma um Rat – der, wie Sie sich vielleicht erinnern, aus einem goldenen Ei geschlüpft ist, um das Universum zu erschaffen. Bedauerlicherweise tauchten Kakudmin und Revati im Himmel auf, als Brahma gerade ein bisschen Live-Musik genoss, sodass sie warten mussten, weil der Track noch nicht auf Spotify verfügbar war. Allerdings wusste Kakudmin nicht, dass die Zeit im Hause Brahmas langsamer verstreicht als im Rest der Welt. Das Lied war kurz, doch auf der Erde waren Millionen Jahre vergangen.

Bei ihrer Rückkehr reisten Kakudmin und Revati also praktisch in die Zukunft. Alle Kandidaten, die Kakudmin für eine Hochzeit mit seiner Tochter ausgewählt hatte, waren logischerweise tot, aber wie es der Zufall wollte, hatte ein anderer Gott in der Zwischenzeit Menschengestalt angenommen und war absolut heiratswürdig. Revati ehelichte ihn, wenngleich das Happy End ein Stück weit dadurch getrübt wurde, dass die Menschen viele Millionen Jahre in der Zukunft anscheinend „hinsichtlich ihrer Statur geschrumpft, ihrer Tatkraft gemindert und ihres Intellekts geschwächt“ sind, was es nötig machte, Revati mit einer Schaufel auf den Kopf zu hauen, um sie in Größe und Intelligenz auf das Niveau des neuen Durchschnittsmenschen runterzubringen. Das Ganze ist keine Fabel von Äsop, aber ich bin mir sicher, dass irgendwo darin eine Moral steckt.

Eine ähnlich alte Erzählung ist die von Urashima Tarō, der Hauptfigur eines uralten japanischen Märchens, das bereits viele Male neu erzählt und übersetzt wurde. Tarō rettet eine Schildkröte, die ihn dafür mit einem Trip zum Drachenpalast belohnt, wo er von einer

Prinzessin unterhalten werden soll. Er bleibt mehrere Tage lang dort, langweilt sich aber schließlich, weil es im Palast kein WLAN gibt. Wieder zu Hause angekommen, stellt er jedoch fest, dass er 100 Jahre weg war. Und um die Sache noch schlimmer zu machen, öffnet er eine verbotene Schachtel, die ihm die Prinzessin geschenkt hatte und ihn in einen alten Mann verwandelt. Die Moral ist diesmal offensichtlich: Rette bloß keine Schildkröten.

Diese beiden Erzählungen beleuchten die Relativität der Zeit und greifen damit Einstein – zumindest im Geiste – voraus, indem sie zeigen, dass effektives Zeitreisen dann stattfindet, wenn eine Uhr langsamer tickt als eine andere. Es gibt viele andere Erzählungen, die ähnliche Folgen haben und wo die langsamer werdende Uhr durch Schlaf vermittelt wird. Da ist die Geschichte von Epimenides aus dem alten Griechenland, der angeblich 57 Jahre lang in einer Höhle schlief, oder die jüdische Erzählung von Choni dem Kreiszieher (lange Geschichte), der über 70 Jahre in einer Höhle schlief, oder die von den Sieben Schläfern der christlichen Folklore, die 190 Jahre in … Sie ahnen es … einer Höhle schliefen.

Auch das Grundmotiv der Schlafgeschichten-Zeitreise ist nicht aus der Mode gekommen. In seiner Kurzgeschichte *Rip Van Winkle* von 1819 erzählt Washington Irving die Geschichte des Niederländisch-Amerikaners Rip, der, nachdem er vor seiner keifenden Ehefrau davongelaufen ist, in den Bergen einige Leute trifft, die sich mit einem geheimnisvollen Schnaps betrinken. Und natürlich gesellt er sich dazu, wird ohnmächtig und fällt in einen 20-jährigen Schlaf, um anschließend in einer Welt zu erwachen, die durch die Amerikanische Revolution transformiert wurde. Heute ist Rip, der eindeutig den amerikanischen Traum verkörpert, ein wahrer US-amerikanischer Volksheld, von dem es Statuen und sogar einen Bourbon gibt, der zu seinen Ehren nach ihm benannt wurde.

Das gleiche Plot-Element verwendet der hellseherisch-dystopische Roman *Wenn der Schläfer erwacht* von H. G. Wells, der 1899 veröffentlicht wurde. Darin verfällt Graham in einen tiefen Schlaf und wacht 200 Jahre später im Jahr 2100 wieder auf – soziale Unruhen, hochaufragende Städte, fortschrittliche Technologien und der ganze andere futuristische Kram, aber mit einem besonderen Dreh. Da Graham geschlafen hatte und nicht in der Lage gewesen war, Geld auszugeben, war sein Wohlstand exponentiell gewachsen. Dank Zinseszinsen (genau das, worüber der Investment-Influencer auf TikTok gefaselt hat) war er zum reichsten und mächtigsten Menschen auf der Welt geworden ... zumindest theoretisch. Ich will nicht alles verraten, doch weil Graham „der Gute" ist, trägt er sowohl innere als auch äußere Kämpfe aus, was letztlich dazu führt, dass er die Situation rettet, indem er dahinterkommt, dass Kapitalismus doof ist. Wer hätte das geahnt?

Wenn wir uns dem bewegten Bild zuwenden, stellen wir fest, dass die Darstellung von Schlaf anscheinend zu langweilig war, weshalb man in Hollywood auf das Den-gefrorenen-Mann-auftauen-Motiv setzte, dessen Goldenes Zeitalter die 1990er waren. Der Film *Forever Young* erzählt die Geschichte von Mel Gibson als einem Testpiloten der Armee, der in einen (außerplanmäßig 53 Jahre langen) Kälteschlaf versetzt wird. Als er aufwacht, gibt er vor, zu schauspielern, obwohl er sich stattdessen rapide in eine verdächtig präzise ältere Version seiner selbst verwandelt. Oder *Steinzeit Junior*, bei dem es um ... ach, vergessen Sie's. Und nicht zu vergessen: Die Austin-Powers-Reihe parodierte das gesamte Geheimdienstgenre, indem sie die Abenteuer eines britischen Spions und seines Erzfeindes aus den 1960ern begleitete. Die beiden werden in den 1990ern aufgetaut, um auf diese Weise von den vorhersehbaren Gags und zweideutigen Anspielungen zu profitieren, die durch die zeitlich bedingten kulturellen Unterschiede vorgegeben werden.

GIGA... WAT?

Wir hätten Einstein also nicht mal wirklich gebraucht, um uns vorzustellen, dass Zeitreisen mit verschieden schnell tickenden Uhren so natürlich sind, dass ihre Verwendung im Bereich der Fiktion außer Frage steht. Allerdings haben Sie vielleicht auch gemerkt, dass sich die Zeit für alle trotzdem weiter *vorwärts* bewegt, und zwar unabhängig von der relativen Geschwindigkeit der einzelnen Uhren in den bisherigen Beispielen. Wie es gelingen kann, sich in der Zeit rückwärts zu bewegen, ist viel schwerer vorstellbar. Sowas würde definitiv einen gewissen Aufwand erfordern – genau gesagt „einspunkteinundzwanzig Gigawatt".

Denken Sie an die kultigste „Zeitmaschine" von allen, Doc Browns DeLorean aus der Reihe *Zurück in die Zukunft*, die einen „Fluxkompensator" benutzt, der mit einer Milliarde Watt betrieben wird, die wiederum durch Plutonium und/oder Blitzschlag erzeugt werden. Während ein Gigawatt (oder„jigowatt", wie es genau eine einzige Figur im englischen Original ausspricht) einerseits eine echte Einheit für Strom ist, die der Produktion eines typischen Kraftwerks entspricht, handelt es sich beim Fluxkompensator andererseits um einen erfundenen Begriff. Diese Art von *Technobabble* – ein grandioser Mix aus Wissenschaftssprache und vollkommenem Unsinn – hatte sich spätestens in den 1980er-Jahren fest etabliert. Wenn Doc die Textverarbeitungssoftware beschreiben müsste, mit der ich das alles gerade schreibe, würde er wahrscheinlich etwa Folgendes sagen:

Doc (schreit): Mein Gott, Marty! Du musst dir unbedingt dieses Ding aus der Zukunft anschauen! Es wird alles kaputtmachen! Es ist ein Textmanipulations- und Produktionslingulator, der Schreibmaschinen überflüssig machen wird. Aber das eigentliche Problem daran ist, dass er sich mit einem globalen Daten-

nexus verbindet, der einem bösen Unternehmen namens Joogle gehört, das jedes Wort, das du schreibst, mitliest, um dir später Werbung von Sachen zu zeigen, die du dir längst gekauft hast! Das Ding ist die Hölle. Schnell, hol dein Skateboard, wir müssen das unbedingt verhindern!

Das war nicht immer so. Die erste bekannte Zeitmaschine war eine einfache Uhr, die, sobald man sie aufdrehte, rückwärts lief und die Leute in ihrer Nähe in der Zeit zurücktransportierte. Dieses fiktive Gerät tauchte 1881 in einer Kurzgeschichte namens *Die Uhr, die rückwärts lief* auf, ohne dass die technischen Einzelheiten der Uhr in echtem oder skurrilen Jargon beschrieben werden. Und doch ist es – wie bei fast allen Science-Fiction-Genres – H. G. Wells, dem der Verdienst zugeschrieben wird, das Zeitreisen mithilfe von Maschinen populär gemacht zu haben. In seinem sehr buchstäblich betitelten Roman *Die Zeitmaschine* wird die Apparatur anschaulich bis ins kleinste Detail nur mittels damals bekannter wissenschaftlicher und technischer Elemente beschrieben – Apparate, Zifferblätter, Zahnräder, Kupfer und Quarz.

Manche fiktiven Apparate haben eine geheimnisvollere Herkunft, zum Beispiel die scheinbar unscheinbare blaue Polizeibox TARDIS in *Doctor Who*. Die Beschreibung von TARDIS als ein technologisch fortschrittliches außerirdisches Raumschiff, das in der Lage ist, Zeit und Raum zu durchqueren, entfacht unsere Neugier, vermeidet komplizierte Erklärungen und macht sich den universellen Reiz von magischen Portalen zu eigen. In *Terminator* kommt ein Killer-Roboter aus der Zukunft in einem Apparat an, der von einem ihm folgenden Menschen aus der Zukunft als „Zeitverschiebungsanlage" oder sowas in der Art beschrieben wird, was erneut die Frage nach dem *Wie* umschifft und sie durch angedeuteten komplizierten Wissenschaftskram ersetzt, den einfache Soldaten sowieso nicht verstehen würden.

TECHNOPORN

Im Gegensatz zu den skurrilen und rätselhaften Apparaturen aus der Frühzeit der Science-Fiction, die Wissenschaft als eine undurchschaubare Domäne portraitieren, zu der nur einsame und oft skrupellose Genies Zugang haben, bemühen sich moderne Darstellungen des Zeitreisens wie *Interstellar* und *Avengers: Endgame*, „echte" Wissenschaft zu transportieren, indem sie unsere komplexesten physikalischen Theorien anzapfen. Diese Filme vollführen einen heiklen Balanceakt zwischen wissenschaftlicher Genauigkeit und Unterhaltung und bewegen sich auf dem schmalen Grat zwischen dem Wunsch, das Fantastische plausibel erscheinen zu lassen, und dem Versuch, eine völlige Falschdarstellung wissenschaftlicher Realitäten zu vermeiden.

In *Interstellar* ist das Zeitreisen zum Beispiel ein zentrales Thema, wobei der Film seine Story auf die echten wissenschaftlichen Prinzipien der Relativitätstheorie zu gründen versucht. Der Plot hangelt sich an den Effekten der Gravitation auf die Zeit entlang, einem Konzept, das von Einsteins Theorien abgeleitet wurde. Diese besagen, dass die Zeit in starken Gravitationsfeldern langsamer verstreicht. Dieser Einbezug echter Wissenschaft verleiht der Story eine zusätzliche Ebene der Authentizität und lädt das Publikum dazu ein, sich mit schwer verständlichen wissenschaftlichen Konzepten auseinanderzusetzen, während es in einem visuell eindrucksvollen und emotional mitreißenden Narrativ versunken ist. Doch indem sie die fünfte Dimension der Liebe zuschreibt, die natürlich alles – sogar die Logik – überwindet, kommt sie leider schnell unter die Räder.

Der Film *Avengers: Endgame* nähert sich dem Zeitreisen aus der Comic-Heft-Perspektive, macht sich aber die Mühe, die Vertrautheit des Publikums mit den Grundmotiven und Paradoxa des Zeitreisens zu berücksichtigen und damit zu spielen. Er führt eine Reihe von eigenen Regeln fürs Zeitreisen ein, wofür er auf das Konzept des „Quantenreichs“ zurückgreift: einen lose auf Aspekten der Quantenphysik beruhenden Begriff, der allerdings stark fiktionalisiert wird, um den Plot schnell genug voranzutreiben, damit es noch für eine halbstündige Endkampfszene reicht.

Diese modernen Portraits dokumentieren, wie sich das Verhältnis zwischen Science-Fiction und echter Wissenschaft weiterentwickelt. Während frühere Darstellungen eher dazu tendierten, detaillierten wissenschaftlichen Erklärungen auszuweichen, heißen zeitgenössische Narrative sie häufig mit offenen Armen willkommen. Darin spiegelt sich ein wachsendes öffentliches Interesse wider, wissenschaftliche Konzepte zu begreifen, solange die sich nur mit futuristischen Technologien vermählen lassen. Dieser Trend birgt allerdings auch ganz eigene Gefahren. Die scheinbare Machbarkeit von abgehobenen Apparaturen verwischt die Grenze zwischen Fiktion und Wirklichkeit und führt möglicherweise zu falschen Vorstellungen darüber, was Wissenschaft leisten kann und was nicht.

Und während in diesen Geschichten oft brillante Wissenschaftlerinnen oder Ingenieure vorkommen, ist es essenziell, das Klischee vom „einsamen Genie“ zu vermeiden. Wissenschaft ist ein Gemeinschaftsprojekt, bei dem Durchbrüche normalerweise das Ergebnis kollektiver Bemühungen darstellen und nicht bloß auf den Erkenntnissen eines einzelnen Individuums beruhen. Indem die Science-Fiction einen Mittelweg zwischen dem Wunder der Entdeckung und einem nuancierteren Portrait des wissenschaftlichen Vorgehens einschlägt, kann sie Ehrfurcht und Neugier wecken, ohne dabei jene abzuschrecken, die sich von Wissenschaft vielleicht überfordert fühlen.

Ironischerweise sind Filme und Streamingproduktionen, die bis oben hin mit Technobabble vollgestopft sind, Brutstätten für künftige Ingenieurinnen und Wissenschaftler. Und natürlich weckt das Ganze bestimmt ein Gefühl des Staunens und der Neugierde und vielleicht sogar das Interesse an einer beruflichen Laufbahn in Wissenschaft und Technik. Aber andererseits resultiert daraus auch ein verzerrtes Bild der wissenschaftlichen Prinzipien sowie der eigentlichen Arbeit von Wissenschaftlerinnen und Wissenschaftlern und was es heißt, zu dieser Gruppe dazuzugehören. Die Enttäuschung, die sich in den Gesichtern aller übereifrigen Studierenden abzeichnet, wenn ihnen klar wird, dass Tony Stark wahrscheinlich 100.000 Stunden Mathematik und Statistik gepaukt haben muss, um den Anzug von Iron Man zu entwickeln, ist greifbar – das war definitiv nicht Teil der Handlung. Das Publikum, das auf technologische Beschleunigung und vermutlich einen geringen Preis scharf ist, hält die Unvermeidbarkeit von fiktiven Apparaten oder Theorien für selbstverständlich, ignoriert dabei aber die enorme Komplexität oder schiere Unmöglichkeit, die in diesen steckt.

SICH ZEIT NEHMEN, UM ÜBER DIE ZEIT NACHZUDENKEN

Neben all den technologischen, wissenschaftlichen und Science-Fiction-Fantasien in Bezug auf Zeitreisen gab es schon immer Leute, die heimlich im Gebüsch lauerten und quälende Fragen wie „Was ist Zeit überhaupt?“ stellten: Bühne frei für die Philosophen.

Die antiken Philosophen machten sich hauptsächlich über das Wesen der Zeit Gedanken und nicht so sehr darüber, wie man sie manipulieren und kontrollieren konnte. Ein Paradebeispiel dafür ist der griechische Philosoph Zenon von Elea, der verschiedene Paradoxa der Zeit aufstellte, darunter das sogenannte Pfeil-Paradoxon. Stellen Sie sich einen Pfeil vor, der sich paradoxerweise nicht bewegen kann. Wieso? Nun ja, der Pfeil befindet sich in jedem einzelnen *Moment* der Zeit an einem Ort und ist stationär, so wie man es auf einem Foto gesehen hätte, wenn es iPhones schon vor 2500 Jahren gegeben hätte. Er kann sich weder zum Ort bewegen, den er aktuell einnimmt, weil er bereits dort ist, noch zu einem anderen Ort, weil ein Moment keine Dauer besitzt. Mit anderen Worten: Wenn sich die Zeit komplett aus Momenten zusammensetzt, ist Bewegung an sich unmöglich – ein klassisches philosophisches Paradoxon. Falls Sie sich ein bisschen mit Philosophie auskennen, werden Sie nicht überrascht sein, dass Philosophinnen und Philosophen bis heute darüber streiten. Und es wird Sie auch nicht überraschen, dass sie nicht daran dachten, zunächst mal das erste Problem zu lösen, bevor sie unzählige weitere schufen.

Ein gutes Beispiel dafür ist der Philosoph Augustinus von Hippo aus dem vierten Jahrhundert. Er schrieb, dass Zeit nicht mal eine objektiv reale Sache sei – die Vergangenheit sei lediglich eine Erinnerung in der Gegenwart und die Zukunft eine Erwartung in der Gegenwart. Laut Augustinus hat die Zeit keine unabhängige Existenz, sondern ist stattdessen vom Geist abhängig. Ziemlich starker Tobak. Doch leider gaben sich die anderen Leute, die so privilegiert waren, dass sie Tinte und Feder besaßen, in den darauffolgenden Jahrhunderten damit zufrieden, über die religiöse Doktrin zu streiten, statt interessante Probleme zu lösen.

Nach der Wissenschaftlichen Revolution wurden Philosophie und Wissenschaft immer enger miteinander verflochten, und Isaac Newton erlegte dem philosophischen Denken mit so viel Autorität, wie man sich nur vorstellen kann, enge Grenzen auf. Zwar hatten die mathematischen Gesetze, die er formulierte, zum Beispiel zur politischen Philosophie nur wenig Bezug, aber dafür großen Einfluss darauf, wie die Zeit wahrgenommen und mit ähnlich verzwickten Fragen verbunden wurde. So stellten etwa Philosophen wie David Hume die Vorstellung infrage, dass man die Vergangenheit ändern könne, und argumentierten, dass dadurch die Kausalität im Sinne der newtonschen Wissenschaft unwiderruflich durchbrochen würde.

Die Diskussionen über das Wesen der Zeit gingen weiter, was zu einer Zersplitterung in Lager wie *Eternalismus* und *Präsentismus* führte, die bei Fragen wie der, ob die Vergangenheit und die Zukunft überhaupt auf die gleiche Weise „echt“ sind wie die Gegenwart, miteinander kollidieren. Die Möglichkeit des Zeitreisens, das lauter einfache und offensichtliche Widersprüche aufweist, stand überhaupt nicht zur Debatte – das heißt, bis Einstein es möglich machte. Im Jahr 1949 stieß Kurt Gödel auf Lösungen für Einsteins Gleichungen der Allgemeinen Relativitätstheorie, die *geschlossene zeitartige Kurven* erlauben, welche man sich in unserer Papieranalogie der Raumzeit als Schleifen vorstellen kann. Das Ganze ist in gewisser Hinsicht gar nicht so schwer vorstellbar, wenn wir die Realität im Sinne der Raumzeit begreifen. Wir können uns im Raum schließlich vor und zurück bewegen, wieso also nicht auch in der Zeit?

DU DARFST NIRGENDWO DRAUFTRETEN!

Ich erinnere mich noch, wie ich damals in den Neunzigern (bestes Jahrzehnt überhaupt, dahin würd' ich als Erstes zurückreisen) jedes Jahr ungeduldig auf das Halloween-Special von *Die Simpsons* wartete. Die fünfte Episode, die in Nordamerika 1994 unter dem Titel „Time and Punishment“[2] ausgestrahlt wurde, drehte sich um Homer, der mithilfe eines kaputten Toasters versehentlich ins prähistorische Springfield zurückreist. Er erinnert sich, dass Grampa ihn davor gewarnt hat, die Vergangenheit zu verändern: „Wenn du jemals zurück durch die Zeit reist, darfst du nirgendwo drauftreten.“ Und natürlich ignoriert Homer ihn und schlägt einen Moskito tot. Bei seiner Rückkehr in die Gegenwart findet er sich in einer dystopischen Gesell-

2 Anm. d. Übers.: In Deutschland wurde sie 1997 unter dem Titel „Zeit und Strafe“ ausgestrahlt.

schaft wieder, die von Ned Flanders beherrscht wird, der eine überraschende Vorliebe für Hirnamputationen an seiner Sklavenbevölkerung hat. Hoppla.

Homer versucht, seinen Fehler ungeschehen zu machen und reist dazu mehrere Male in die Vergangenheit zurück, wodurch es am Ende natürlich mit jedem Mal schlimmer wird. Jede Veränderung durch Homer löst eine Kette von Ursachen und Wirkungen aus, die sich auf unvorhersehbare Weise akkumulieren. Und weil das Publikum hauptsächlich aus Zwölfjährigen bestand, gab es keinen Grund, die logischen Widersprüche, die Homer erzeugte, genauer zu betrachten. Sofern Sie aber genau hinschauen, wenn Homer in die Gegenwart zurückkehrt, ist da überhaupt kein Toaster. Offensichtlich hat er die Vergangenheit also in einer Weise verändert, die zu einer Zukunft ohne Zeitmaschine führte. Und wenn es keine Zeitmaschine gab, wie konnte Homer dann überhaupt erst in die Vergangenheit reisen?

Die meisten sogenannten Zeitreiseparadoxa hängen mit einer Pervertierung unseres heiligen Prinzips von Ursache und Wirkung zusammen. Das berühmteste Beispiel dafür ist das *Großvaterparadoxon*, und weil Sie wahrscheinlich schon mal davon gehört haben, hier die Kurzfassung: Sie können nicht in die Vergangenheit reisen und Ihren Großvater umbringen, weil Sie dann niemals geboren worden und nicht in der Lage gewesen wären, in die Vergangenheit zu reisen, um Ihren Großvater umzubringen. In anderen Varianten bringen Sie Ihre Eltern und sogar sich selbst um. Es gibt verschiedene weitere Paradoxa, die auf denselben Zug aufspringen und die allesamt die These vertreten, dass das Zeitreisen *logisch* unmöglich ist – unabhängig von dem, was Einstein in irgendeiner Arbeit über dessen physikalische Möglichkeit geschrieben hat.

Es gibt allerdings ein paar Auswege. Der erste ist simpel. Er geht davon aus, dass die Vergangenheit nicht real ist und Sie deshalb nicht dorthin reisen können – fertig aus. Der nächste ist beliebt, weil er für tolle Plot-Elemente in der Fiktion sorgt. Der unter verschiedenen Namen wie *Nowikow-Selbstübereinstimmungsprinzip* oder *Vermutung zum Schutz der Zeitordnung* (*Chronology Protection Conjecture*) bekannte Ansatz legt nahe, dass die Zeit Veränderungen an der Vergangenheit, welche die Gesetze der Kausalität oder der Logik verletzen würden, verhindert – als ob sie selbst handlungsfähig wäre. Stellen Sie sich vor, Sie wären in der Vergangenheit gerade dabei, Ihren Opa umzubringen, aber Ihre Pistole blockiert oder Sie rutschen auf einer Bananenschale aus oder kommen (wenn wir ausblenden, wie Empfängnis funktioniert) ein paar Minuten zu spät und verfluchen dann denjenigen, der das Ganze nicht das „*Großmutter*paradoxon“ genannt hat.

Doch obwohl das alles auf amüsante Weise belanglos scheint, werden die Schlussfolgerungen ziemlich schnell auf existenzielle Weise düster. Wenn Sie zwar in die Vergangenheit reisen, dort aber überhaupt nichts machen können, was sagt das über den freien Willen aus? Arthur Schopenhauer wird bekanntlich frei damit zitiert, dass er gesagt haben soll „Der Mensch kann tun, was er will, aber er kann nicht wollen, was er will.“ Im Prinzip können wir tun, was wir wollen, aber wir können nicht darüber bestimmen, was wir wollen. Damit wollte er die Behauptung aufstellen, dass wir keinen freien Willen haben. Das Zeitreisen macht die ganze Sache aber noch schlimmer, weil wir noch nicht mal tun können, was wir wollen! Die Möglichkeit, Ereignisse in der Vergangenheit zu beeinflussen, wirft die Frage auf, ob unsere Handlungen überhaupt von Bedeutung sind.

Falls wir allerdings wirklich in der Lage sein sollten, Vergangenheit oder Zukunft durch Zeitreisen zu beeinflussen, impliziert das ein Maß an Kontrolle und Unvorhersehbarkeit, das eigentlich wahrnehmbar sein müsste. Bestimmt hätten wir diese Effekte bis jetzt schon beobachtet. Falls das Zeitreisen wirklich möglich wäre, müssten Zeitreisende im Extremfall überall sein! Aber bis jetzt haben wir keinen einzigen von ihnen gesehen … es sei denn …

DIE REGIERUNG!

Das sogenannte Philadelphia-Experiment ist heute ein Begriff für ein weites Feld von Verschwörungstheorien, die das gesamte Spektrum abdecken: Aliens, Tarnvorrichtungen, Teleportation und natürlich Regierungsvertuschungen. Das Einzige, was bei all seinen vielen Varianten gleichbleibt, ist die Behauptung, dass die US-Marine im Jahr 1943 ein geheimes Experiment durchgeführt habe, durch das die *USS Eldridge*, ein echtes Kriegsschiff von der Größe eines Fußballplatzes, verschwunden sei. Die ganze Sache wurde 1984 durch einen gleichnamigen kultigen Science-Fiction-Film populär gemacht, der das „Experiment" in einem Zeitreisefilm unterbrachte. Die US-Marine dementiert natürlich, dass es ein derartiges Experiment je gegeben hat, was für die wahren Gläubigen aber keinen Unterschied macht. Mittlerweile hat die Person, die das Gerücht in Umlauf gebracht hatte, zugegeben, dass das Ganze bloß ein Schwindel war, und die Logbücher des Schiffs zeigen, dass es sich nie an dem vermeintlichen Ort aufgehalten hat, von dem es spontan verschwunden sein soll.

Die Legende zeigt, dass es nur einen einzigen Idioten braucht, um ein Meme in die Welt zu setzen, das ungeachtet seines Wahrheitsgehalts viral gehen kann. Genau so ein aufmerksamkeitsbedürftiger Trottel hat vermutlich das Philadelphia-Experiment mit dem sogenannten Montauk-Projekt in Verbindung gebracht, einer Reihe von topsecret Regierungstests, die an der Montauk Air Force Station im US-Bundesstaat New York durchgeführt wurden. Welche Art von Experimenten? Ach, bloß so völlig banal klingendes Zeug wie Gedankenmanipulation und die Inszenierung der gefälschten Mondlandung und dazu noch Aliens und was auch immer gerade in Verschwörungskreisen hoch im Kurs ist. Die beiden dem Anschein nach durch Jahrzehnte getrennten Experimente sind via Zeitschleife miteinander verbunden, durch die Leute aus den Vierzigern in die

Achtziger transportiert worden waren. Und obwohl einer der „Überlebenden“ 2011 verstarb, hat er eine Website, die gütigerweise von irgend so einem Internet-Serviceprovider weitergepflegt wird, bei dem Sie immer noch eine DVD darüber kaufen können, wenn Sie ihm mit der Post einen Scheck über 30 US-Dollar schicken.

Dabei ist es keine Überraschung, dass Zeitreisen an den Brutstätten von Verschwörungstheorien, die sich inzwischen fast ausschließlich auf Onlineforen verlagert haben, mit in den Topf geworfen werden. Das sogenannte Time Travel Institute, das definitiv kein „Institut“, sondern ein Onlineforum mit fast 10.000 stolzen Mitgliedern ist, hat eine Reihe von Regeln, die sich auf skurrile Weise schwerer lesen lassen als Juristensprache. So lautet Regel Nummer Drei beispielsweise wie folgt:

> *Innerhalb des Instituts löst jede Geste ein Echo aus, egal ob es sich um einen Kommentar, einen geteilten Post oder sogar ein „Like“ handelt. Gib als Chrononaut stets acht auf Deinen digitalen Fußabdruck. Die Tools, die Dir zur Verfügung stehen, dienen dazu, Weisheit zu unterstreichen oder Störungen aufzuzeigen. Verwende sie umsichtig, indem Du sicherstellst, dass jede Tat die Vision und den Geist unseres Heiligtums mehrt.*

Ein solcher „Chrononaut“ war John Titor, der zeitreisende Soldat. Im Jahr 2000 tauchte im Forum eine Person auf, die vorgab, ein Zeitreisender aus dem Jahr 2036 zu sein. Er behauptete, sich auf einer militärischen Mission zu befinden, um einen alten Computer von 1975 zu bergen, und dabei einen „persönlichen“ Abstecher in die Gegenwart, also das Jahr 2000, zu unternehmen. Das Ganze hatte einen ziemlich kuriosen Beigeschmack, bis er anfing, Vorhersagen über eine zukünftige Pandemie, einen weiteren US-amerikanischen Bürgerkrieg und den Dritten Weltkrieg zu machen. Durch die mediale Aufmerksamkeit, die von außerhalb des ansonsten abgeschotteten Internetforums mit lauter extrem gelangweilten und bisweilen durchgeknallten Leuten ausging, wurde die Titor-Geschichte zur Sensation. Bis heute gibt es im Forum immer noch Posts wie „John Titor, bisst du noch hier, DU MUST DASS HIER LEESEN!“

Das Eine, was Sie dadurch retten werden, dass Sie solche Orte meiden, sind Ihre Gehirnzellen. Die Theorien, die aus diesen Kloaken aufsteigen, sind unberechenbar. Sie verkörpern den Wilden Westen des rationalen Diskurses und reichen von Behauptungen darüber, der in die Gegenwart verpflanzte Messias zu sein, bis hin zu Bauplänen für Zeitmaschinen, die aus Autoersatzteilen gefertigt werden. Die meisten davon sind Nonsens, einige unterhaltsam und ein klitzekleiner Teil davon ist tatsächlich gefährlich, wenn auch im niedrigschwelligen Bereich. Und obwohl spezifische Betrugsfälle im Zusammenhang mit Zeitreisen durch deren schnelle Fluktuation und die Enormität des Internets kaum dokumentiert sind, gibt es doch ein paar allgemeine Trends und wiederkehrende Muster.

Da wäre zum Beispiel der arme gestrandete Chrononaut. In einem Internetforum oder auf einer Social-Media-Plattform taucht eine einzelne Person auf, die behauptet, ein Zeitreisender aus der Zukunft zu sein. Diese Person spinnt ausgeklügelte Geschichten darüber zusammen, wie er oder sie in unsere Zeit gelangt ist, jetzt aber aufgrund einer defekten Zeitmaschine oder erschöpften Energiequelle festhängt. Danach bittet diese Person Sie um finanzielle Unterstützung, um ganz bestimmte und oft unergründliche Teile zu kaufen, die angeblich für die Reparatur der Zeitmaschine nötig sind.

> *Hi Leute, ich bin Max aus dem Jahr 3021. Die schlechte Nachricht: Mein Zeitxylokubator hat in eurer Epoche den Geist aufgegeben. Die gute Nachricht: Ich kann das mit eurer primi-*

tiven Technik reparieren, bin in eurer Zeit aber pleite. Habt ihr ein bisschen Kleingeld für einen gestrandeten Zeitreisenden übrig? Ich werde eure Zeitlinie auch bestimmt nicht ausradieren, versprochen!

Oder wie wär's mit dem klassischen nigerianischen Prinzen mit einem besonderen Dreh? Ein Betrüger oder eine Betrügerin kontaktiert potenzielle Opfer per E-Mail und gibt vor, die nächsten Lottozahlen oder Fußballergebnisse zu kennen – vielleicht durch eine zukünftige Version der eigenen Person. Er oder sie bietet an, Sie an dieser Information teilhaben zu lassen, wenn Sie einwilligen, den Gewinn zu teilen.

Verehrter Herr,
ich hoffe, es geht Ihnen gut. Ich wende mich mit einer Gelegenheit an Sie, wie sie sich nur einmal im Leben bietet. Ich stand, so unglaublich es vielleicht klingt, dank eines unbedeutenden Lapsus im Raum-Zeit-Kontinuum mit meinem zukünftigen Ich in Kontakt … das zufällig ein nigerianischer Prinz im Jahr 2068 ist!

Und vergessen Sie nicht die Kristalle! Onlineangebote oder New-Age-Shops in Küstenstädten lieben es, Apparate zu verkaufen, die Zeitreisen möglich machen sollen. Diese reichen von kleinen tragbaren Geräten bis hin zu großen Maschinen, was natürlich zu deren Glaubwürdigkeit beiträgt. Ihr Versprechen lautet, dass die Kunden mit dem Gerät – und mit dem entsprechenden Wissen oder der richtigen Energiequelle – durch die Zeit reisen können. Der Film *Napoleon Dynamite* hat diese Art von Szenario perfekt dargestellt. Darin sehnt sich der im mittleren Alter befindliche Onkel Rico danach, seine ruhmreichen Tage als Quarterback an der High School noch einmal zu erleben, und kauft sich im Internet eine Zeitmaschine: ein Headset, für dessen Betrieb Kristalle nötig sind und das ihm nichts weiter als einen Stromschlag versetzt.

Erinnern Sie sich noch an Uri Geller, den narzisstischen Zauberer, der behauptete, dass seine Kräfte zum Verbiegen von Löffeln von Aliens stammen würden? Nun, es wird Sie nicht überraschen, dass es von ihm auch Bücher gibt, in denen er Ihnen beibringt, wie Sie mithilfe der „Macht des Geistes“ durch die Zeit reisen können. Durch Anwendung seiner drei Regeln, die 1. Fokus, 2. Fokus und 3. Fokus lauten (kein Scherz!), können Sie in Ihrem Geist die Vergangenheit durch Affirmationen und Meditation aufleben lassen. Herzlichen Glückwunsch, Sie haben gerade 20 Euro rausgeschmissen, um sich auf die ungenauste Art überhaupt erzählen zu lassen, was Erinnerungen sind.

Beenden wir das Ganze mit einem harmloseren Beispiel für Zeitreise-Mumpitz: Im Jahr 2005 organisierten Studierende des MIT in Massachusetts zum Spaß ein Zeitreisekonvent, zu dem sie Zeitreisende aus der Zukunft einluden. Das sorgte für einige Aufmerksamkeit in den Medien, darunter eine kurze Erwähnung in der Talkshow *Saturday Night Live* in deren Rubrik „Weekend Update“. Am Ende tauchten 450 Leute auf, von denen einer in einem DeLorean ankam, aber niemand, der behauptete, aus der Zukunft zu stammen – wobei man fairerweise erwähnen sollte, dass man seinen Alkohol offenbar selber mitbringen musste. Ziemlich lahm.

WIE MAN WIRKLICH DURCH DIE ZEIT REISEN KANN

Ich habe eingangs erwähnt, dass das relative Verstreichen der Zeit effektives Zeitreisen hervorbringt. Aber wie genau soll das funktionieren und ist es überhaupt real?

Kurz nachdem Einsteins Arbeiten von 1905 *in* Physikerkreisen den Durchbruch geschafft hatten, wurde das relativistische Zeitreisen sogar außerhalb physikalischer Kreise berühmt. Mehrere Wissenschaftler, darunter Einstein selbst, befassen sich mit einem offensichtlichen Paradoxon, dem sogenannten *Zwillingsparadoxon*, in dem exaktes und kalkulierbares Zeitreisen dargestellt wird. Die einfache Version geht wie folgt: Es gibt zwei Zwillinge, der eine ist ein Stubenhocker und die andere eine raumfahrende Abenteurerin (keine wahre Geschichte). Der zweite Zwilling steigt in eine Rakete und saust mit annähernder Lichtgeschwindigkeit (sagen wir mit 99,9995-prozentiger, um es ausrechnen zu können) davon. Nach einem Jahr an Bord beschließt sie, umzudrehen und mit der gleichen Geschwindigkeit zur Erde zurückzukehren. Sie glaubt, dass ihre Reise nur zwei Jahre gedauert hat, um beim Aussteigen aber festzustellen, dass auf der Erde mehr als 100 Jahre vergangen sind. Das heißt, dass ihr Zwillingsbruder tot ist.

Die meisten Leute denken, wenn sie diese Geschichte zum ersten Mal hören, das „Paradoxon“ resultiere daraus, dass Flüge mit annähernder Lichtgeschwindigkeit das eigene Zeitempfinden verlangsamen, was aber weit gefehlt ist. Erstens behauptet die Spezielle Relativitätstheorie nicht, dass der abenteuerlustige Zwilling die Zeit anders *empfinden* würde. Tatsächlich empfindet sie das Verstreichen der Zeit exakt genauso wie ihr Zwilling auf der Erde. Die Relativitätstheorie kennt keine „Bullet Time“, wie man sie im Film *Matrix* sieht. Die Zeit läuft an Bord des Raumschiffs wirklich langsamer ab. Da alle wiederkehrenden Prozesse, zu denen auch die biologischen gehören, im Prinzip Uhren sind, denkt, altert und bewegt sich der reisende Zwilling im selben Takt wie jede andere verlangsamte Uhr in ihrem Bezugsrahmen. Auf diese Weise reist sie, obwohl sie die Zeit nicht anhalten oder in die Vergangenheit reisen kann, effektiv in die Zukunft aller, die auf der Erde festhängen.

Zugegeben, so ein Experiment ist noch nie durchgeführt worden, und zwar nicht etwa deshalb, weil wir nicht eine Hälfte eines Zwillingspaares finden könnten, die sich freiwillig als potenziell letzter Mensch auf Erden zur Verfügung stellen würde. Es liegt einfach daran, dass wir nicht mal annähernd über die technologischen Fähigkeiten verfügen, um jemanden auf eine zweijährige Reise in den interstellaren Raum zu schießen, und schon gar nicht in einem Tempo, das auch nur entfernt an die Lichtgeschwindigkeit herankommt. Allerdings haben wir tatsächlich jemand geringfügig weniger Verrücktes gefunden, um es im Rahmen unserer Möglichkeiten trotzdem zu versuchen. Der US-Astronaut Scott Kelly verbrachte zwischen 2015 und 2016 ein ganzes Jahr auf der Internationalen Raumstation, die die Erde ungefähr 16-mal pro Tag umrundet … also ziemlich schnell.

Bei seiner Rückkehr war er um satte fünf Millisekunden weniger gealtert als sein Zwillingsbruder. Und auch wenn das jetzt nicht allzu beeindruckend klingt, will ich Sie daran erinnern, dass Scott Kelly ein verdammter waschechter Zeitreisender ist!

Es gibt nicht wirklich einen medizinischen Test, wie sich nach links zu drehen und zu husten, mit dem man das Alter eines Menschen auf die Millisekunde genau bestimmen könnte. Kelly hatte offensichtlich ein paar präzisere Uhren mit an Bord. Wir wissen, wie viel Zeit er miterlebt hat, indem wir uns die Uhren anschauen, die er dabeihatte. Und tatsächlich wurden die relativistischen Effekte auf die Zeit mithilfe von Atomuhren, die auf die Lebensdauer des gesamten Universums betrachtet nicht eine Sekunde verlieren würden, durch zahlreiche Präzisionsexperimente an Bord von Hochgeschwindigkeitsflugzeugen und Satelliten bestätigt. Ich darf Sie hier also – und nicht zum letzten Mal – daran erinnern, dass es keine objektive Definition der Zeit gibt, so sehr das unserer Intuition auch widersprechen mag. Okay, relativistisches Zeitreisen, das auch als *Zeitdilatation* bezeichnet wird, ist also möglich. Aber worin besteht dann eigentlich das Paradoxon?

Das Paradoxon kommt dadurch zustande, dass jeder Zwilling den anderen als denjenigen sieht, der sich bewegt, weshalb jeder die Zeit des anderen als langsamer verstreichend sehen sollte. Die Situation ist jedoch nicht vollkommen symmetrisch, weil die raumfahrende Zwillingsschwester auf ihrer Reise sowohl Be- als auch Entschleunigung erfährt (wenn sie das Raumschiff für die Rückkehr zur Erde umdreht), was die Symmetrie zunichtemacht. Man *braucht* die Allgemeine Relativitätstheorie nicht unbedingt, um eine überzeugende Erklärung für das Paradoxon zu liefern, doch sie ist erhellender, weil sich die meisten Objekte nicht in gleichbleibendem Tempo in eine immergleiche Richtung bewegen. In Wirklichkeit geschieht mit Uhren an Bord von Satelliten, die sich zweifellos schnell bewegen, so ziemlich das Gegenteil. Beliebte Sciencelogs formulieren das gern so: *Deine Füße sind jünger als dein Kopf.*

Sobald wir das Bild um die Gravitation – oder genauer gesagt die Wirkung von Masse auf die Raumzeit – ergänzen, kommen wir dahinter, dass sich die Zeit in Bezugsrahmen, die in der Nähe von großen Masse- und Energiekonzentrationen liegen, langsamer bewegt. Mit anderen Worten: Die Zeit verstreicht auf der Erde langsamer als im Weltraum. Ihr Kopf ist dem Weltraum näher, sodass seine „Uhr" schneller tickt als die in Ihren Füßen. Weiter draußen im Weltraum verläuft die Zeit aufgrund der Geschwindigkeit eines Satelliten langsamer, doch der gravitative Effekt der Zeitdilatation wirkt dem entgegen. Die Internationale Raumstation ist der Erde relativ nah, während manche Satelliten – zum Beispiel die, aus denen das GPS besteht, das Global Positioning System, auf das wir uns verlassen, um rechtzeitig unsere Pizza zu bekommen – so weit weg sind, dass für sie die Zeit viel schneller tickt. Wenn Sie sich klarmachen, dass der Standort Ihrer Pizza dadurch berechnet wird, dass zeitliche Daten mit jenen Satelliten abgeglichen werden, dann können Sie sich vorstellen, weshalb akkurate Uhren so wichtig sind. Würde man die

Zeitreiseaspekte jener Satelliten nämlich ausklammern, dann könnte es passieren, dass Ihre Pizza einen Kilometer weit weg und nicht bloß einige Meter von dem Ort entfernt landet, wo sie hin muss … in Ihren Bauch.

WIE MAN THEORETISCH DURCH DIE ZEIT REISEN KANN

Das schnellste Objekt, das der Mensch je gebaut hat, ist die *Parker Solar Probe*, eine Raumsonde der NASA, die nahe an der Sonne vorbeisauste und dabei Geschwindigkeiten von über einer halben Million Kilometer pro Stunde erreichte. Fragen Sie niemanden aus Texas, aber das ist über 100-mal schneller als eine Gewehrkugel – und dennoch weniger als 0,1 Prozent der Lichtgeschwindigkeit! Und natürlich stimmt es auch, dass wir Teilchen in Experimenten mit Teilchenbeschleunigern wie dem sogenannten Large Hadron Collider (LHC) am CERN auf 99,999999 Prozent der Lichtgeschwindigkeit beschleunigen. Doch der Unterschied in Sachen Maßstab und Reichweite zwischen dem und der Vorstellung, dasselbe mit einem Menschen zu tun, ist so bescheuert riesig, dass es sich angesichts dessen, was wir überhaupt für technologisch machbar halten, noch nicht mal lohnt, über irgendeinen ernsthaften Vorschlag nachzudenken. Abgehalten, darüber zu fabulieren, hat das alles Science-Fiction-Autorinnen und Blogger jedoch trotzdem nicht.

Die Energie eines Menschen, der sich genauso schnell fortbewegt wie die besagten Teilchen, ist (sogar ohne das Raumschiff) höher als die aller fossilen Brennstoffreserven der Welt. Somit stehen konventionelle Methoden des Zeitreisens eindeutig außer Frage. Es gibt allerdings ein paar semirealistische Vorschläge für den interstellaren Antrieb. Ein *Sonnensegel* nutzt zum Beispiel – analog zum eigentlichen

Segel und Wind – die Strahlung von Sternen. Wind wird durch Druckunterschiede in der Luft erzeugt. Genauso verursacht Licht, zum Beispiel das von Sternen oder sogar Lasern, einen Strahlungsdruck, den man sich mithilfe von dünnem reflektierendem Material zunutze machen kann. Das Prinzip ist sogar durch eine Raumsonde vorgeführt worden, die ganz unironisch IKAROS getauft wurde. Sie war 2010 gestartet und bis zum Jahr 2013 auf die halbe Geschwindigkeit einer Pistolenkugel beschleunigt worden. Sonnensegel werden bis heute als Methoden des interstellaren Reisens ernstgenommen, aber nicht bei den relativistischen Geschwindigkeiten, die für eine sinnvolle Form des Zeitreisens nötig wären.

Uns selbst werden Sonnensegel wahrscheinlich auch nicht befördern, aber vielleicht unseren roboterhaften Nachwuchs. Rufen Sie sich das Konzept der Von-Neumann-Sonden aus dem vorangegangenen Kapitel in Erinnerung. Diese selbstreplizierenden Raumschiffe würden irgendein interstellares Antriebssystem brauchen, das sie auf ein paar Prozentpunkte unterhalb der Lichtgeschwindigkeit beschleunigen könnte (vorausgesetzt, sie wären klein genug). Während wir mit den Beschränkungen unserer sterblichen DNA-Stränge ringen, werden diese Sonden unser Vermächtnis von Neugierde und Ehrgeiz womöglich lautlos ins All tragen. Und während die zahllosen „Zwillinge" des ursprünglichen Designs unermüdlich die Galaxis erforschen, werden sie in einer kosmischen Laune des Schicksals vielleicht zu den wahren Erben der Milchstraße. Zu welchem Zweck? Wer weiß das schon. Da wir aber durch das Ticken unserer eigenen biologischen Uhren gefesselt sind, wird einer jener anorganischen Zwillinge eines Tages vielleicht in unser Sonnensystem zurückkehren und die Menschheit auf einem anderen Planeten vorfinden. „Wie lang ist das her!", werden wir sagen, worauf er natürlich nicht antworten wird – aber seine Uhr wird uns zeigen, dass er gerade erst aufgebrochen ist.

WARPGESCHWINDIGKEIT

Stellen Sie sich Folgendes vor: Ich werfe einen Bluetooth-Lautsprecher mit doppelter Schallgeschwindigkeit nach Ihnen, der „Stairway to Heaven" spielt. Sie würden ihn natürlich kommen sehen, aber Sie würden ihn nicht *hören*. Wenn er Sie dann trifft, würden Sie allmählich die Musik hören, die hinter ihm hergeflogen käme. Allerdings würden Sie nicht die wohltuenden Klänge von Robert Plant vernehmen, sondern irgendwelche satanischen Verse, da der Song rückwärts abgespielt würde, weil der Teil der Musik, der ihnen am „nächsten" wäre, das Ende ist.

Legen wir noch einen oben drauf: Stellen Sie sich vor, ich würde einen Bluetooth-Lautsprecher mit doppelter *Licht*geschwindigkeit nach Ihnen werfen, der „Stairway to Heaven" spielt. Jetzt würden Sie ihn nicht nur nicht kommen hören, sondern auch nicht kommen *sehen*. Und wenn er Sie trifft, würden Sie in Wahrheit sogar sehen, wie er sich von Ihnen *weg*bewegt, und zwar den ganzen Weg bis zu meiner Hand. Ist der Lautsprecher in die Vergangenheit gereist? Nein, nicht wirklich. Sie hören die Musik rückwärts und „sehen" sie auch rückwärts, doch das ist nur ein Störsignal unserer Wahrnehmung. Der Lautsprecher trifft Sie, egal wie schnell ich ihn werfe, trotzdem im Gesicht, *nachdem* er meine Hand verlassen hat. Doch wie wir wissen, hat die Raumzeit mehr als nur ein Ass im Ärmel.

Plot-Twist! Der Lautsprecher hat von Anfang an Ihnen gehört. So ist es wirklich passiert: Wir standen nebeneinander, Sie mit Ihrem Lautsprecher und ich mit einem Plan. Ich schnappte mir den Lautsprecher und teleportierte mich ein paar Meter weit weg, um dann sehr schnell, aber nicht schneller als das Licht, wegzurennen. Kurz danach drehte ich mich um und warf den Lautsprecher zu Ihnen zurück, und zwar schneller als mit Lichtgeschwindigkeit. Was sehen Sie? Erstmal gar nichts – in Wahrheit haben *Sie den Lautsprecher immer noch in der Hand*! In Ihrem Bezugsrahmen ist der Lautsprecher in der Zeit zurückgereist und in dem Moment angekommen, als ich ihn gestohlen habe. Was Sie als Nächstes sehen, ist eine Art Trugbild des Lautsprechers, der von Ihnen weg- und zu mir hinfliegt, während ich plötzlich ein paar Meter von Ihnen entfernt auftauche.

Na gut, das war nett und irgendwie schräg – aber war es auch problematisch? Nein, zumindest nicht in dieser Version. Doch weil ich mich von Ihnen wegbewege, sind Ereignisse, die wir als gleichzeitig betrachten, nicht identisch. Mein „Jetzt" scheint in Ihrer Vergangenheit zu liegen, weshalb es möglich ist, dass ein Objekt in Ihrer Vergangenheit ankommt, wenn ich es schneller als das Licht zu Ihrem Standort befördern kann. Aber ich war doch mit Ihnen in Ihrer Vergangenheit. Wenn das Objekt, das ich losgeschickt habe, eine Kugel war, die mich umgebracht hat, wie konnte ich Sie dann überhaupt erst abfeuern? Wir befinden uns schon wieder mitten im Großvaterparadoxon. Es hat vielleicht den Anschein, dass ich mir das alles nur ausgedacht habe, aber weit gefehlt: Falls die Relativitätstheorie richtig liegt, ist Zeitreisen die Folge von Dingen, die sich schneller als das Licht bewegen.

Langer Rede kurzer Sinn: Die überwiegende Mehrheit der Physikerinnen und Physiker hält Überlichtgeschwindigkeitsreisen – und sogar -kommunikation – für unmöglich. Tatsächlich war Einstein selbst wahrscheinlich der Erste, der diese Überzeugung vertrat. In seinen Gleichungen stellte er fest, dass die Energie eines massereichen Objekts, das sich der Lichtgeschwindigkeit nähert, unendlich ist. Demnach ist die Lichtgeschwindigkeit eindeutig eine unüberwindliche Grenze. Darüber hinaus verwies er auf dasselbe wie oben, nämlich dass Überlichtgeschwindigkeiten zugleich beinhalten würden, dass man mit der Vergangenheit kommunizieren könnte. Die einzige Möglichkeit, Widersprüche zu vermeiden, besteht darin, das Relativitätsprinzip zu „verletzen". Genau das tun Science-Fiction-Autoren. Sie gehen, ähnlich wie Newton, von einem absoluten Bezugsrahmen aus, unter dem man sich eine Art *Erzähl*zeit vorstellen kann und in dem sie ihre Figuren durch den Raum, nicht aber durch die Zeit, springen lassen.

Berühmt wurde die Idee des Überlichtgeschwindigkeitsreisens durch den vollkommen fiktiven „Warpantrieb" in Star Trek. Genau wie bei vielen anderen fiktiven intergalaktischen Antriebssystemen, die Namen wie Hyperantrieb oder Quantensprungantrieb tragen oder bloß einfache Teleporter sind, besteht das Ziel normalerweise darin, augenblicklich an andere Orte im Raum zu reisen, während die Uhrzeit dieselbe bleibt wie am Ursprungsort. Es scheint also, dass wir die Relativitätstheorie, das Reisen mit Überlichtgeschwindigkeiten und Zeitreisen nicht widerspruchsfrei unter einen Hut bekommen. Eins davon muss nachgeben.

SCHLECHTE WISSENSCHAFT

Im Jahr 1994 schlug Miguel Alcubierre eine Methode des Überlichtgeschwindigkeitsreisens vor, die mit den Gleichungen der Allgemeinen Relativitätstheorie vereinbar zu sein schien. Er behauptete, von Star Trek inspiriert zu sein und malte sich aus, den Raum vor dem Schiff zu verdichten und dahinter auszudehnen. Daraufhin würde sich das Schiff wie ein kosmischer Surfer, der eine Welle aus Raumzeit reitet, auf natürliche Weise vorwärtsbewegen. Zudem hielt es Alcubierre für wichtig zu erwähnen, dass sich das Schiff in dem kleinen Bereich in seiner Umgebung nicht mit Lichtgeschwindigkeit fortbewegen müsse. Stattdessen folge es einfach der Krümmung der Raumzeit, wie sie durch die Gleichungen vorgegeben wird. Das wäre also Überlichtgeschwindigkeitsreisen ohne jeglichen Widerspruch, richtig? Junge, Junge, haben Sie ein Glück, wenn Sie sowas begeistert!

Denn es gibt endlos viele Online-Foren und echte Conventions, auf denen Sie mit Leuten darüber sprechen können, die so tun, als würden sie etwas von Physik verstehen.

Das wahre Problem ist damit jedoch nicht verschwunden. Auch wenn sich der hypothetische Apparat in dem kleinen Bereich der Raumzeit, der ihn umgibt, vielleicht mit weniger als Lichtgeschwindigkeit fortbewegt, ist er aus Sicht eines außenstehenden Beobachters trotzdem schneller unterwegs als das Licht (und darum geht es ja irgendwie) und kann somit für Zeitreisen verwendet werden, die jeder Logik widersprechen. Das Gute an dieser Art von „harten" Science-Fiction-Szenarien, die wissenschaftliche Genauigkeit zumindest voller Enthusiasmus vorgaukeln, ist, dass man leichter feststellen kann, wo das physikalische Problem liegt. Im Fall des Warpantriebs muss der Apparat die Raumzeit in seiner Umgebung auf unmögliche Weise modifizieren. Dabei geht es nicht mal darum, dass er unvorstellbar viel Energie benötigen würde und das Ganze bloß ein praktisches Problem wäre. Es geht darum, dass er *negative* Energie benötigen würde, und so etwas gibt es gar nicht.

Es folgt eine Analogie. Stellen Sie sich vor, Sie hätten eine wunderschön detaillierte Karte eines fiktiven Landes, wie man sie in Fantasyromanen oder Computerspielen findet. Die Karte enthält verschiedene Gebiete, Orientierungspunkte und Pfade und wirkt wie ein absolut funktionsfähiger Leitfaden, um sich in jener Welt zurechtzufinden. In der echten Welt hat diese Karte jedoch, wie präzise sie auch sein mag, keinerlei praktischen Nutzen, weil das, was sie abbildet, nicht unbedingt existieren muss. Sie können versuchen, mit Ihrer Hilfe den Weg zum Supermarkt zu finden, dabei genauso gut aber auch in einem Graben landen.

Diese Karte, die in ihrem eigenen fiktionalen Kontext ein vollkommen gültiges Abbild darstellt, hat in der realen Welt keinerlei Anwendung oder Nutzen. So ähnlich ist es mit der negativen Energie:

Nur weil sie als mathematische Hochrechnung existiert, heißt das nicht, dass sie hier draußen in der Realität ein physisches Gegenstück oder irgendeinen praktischen Nutzen hätte. Es ist mit Sicherheit spannend, über negative Energie nachzudenken und sie theoretisch zu erforschen, obwohl sich ihre Existenz jenseits von Spekulationen wahrscheinlich genauso schwer nachvollziehen lässt wie die von Gleis Neundreiviertel am echten Londoner Bahnhof King's Cross.

Leider haben wir spekulativen Ideen wie etwa negativen Energieteilchen oder „Tachyonen" den Namen *Exotische Materie* verpasst. Tachyonen besitzen eine imaginäre Masse, die es ihnen erlaubt, in die Vergangenheit zu reisen. Diese Vergegenständlichung von rein hypothetischen Dingen ist problematisch und macht es für manche Leute schwerer, zwischen nützlichen Ideen, entfernten Potentialen und schlichtem Blödsinn zu unterscheiden.

PORTALE

Denken Sie an unsere Analogie mit dem Blatt Papier zurück. Bislang haben wir uns hauptsächlich mit der *flachen* Raumzeit, dem Reich der *Speziellen* Relativitätstheorie, beschäftigt. Um zur Allgemeinen Relativitätstheorie (und dem Zeitreisen darin!) zu gelangen, falten Sie das Papier sanft auf sich selbst zurück und stechen einen Bleistift hindurch. Herzlichen Glückwunsch, Sie haben gerade ein *Wurmloch* erzeugt!

Wurmlöcher sind in der Science-Fiction beliebt, wenn die Autorinnen und Autoren keine Raumschiffe und Maschinen benutzen wollen, um die Figuren von einem Planeten zum anderen zu befördern. Das Portal selbst ist dabei immer ein großes kreisförmiges Ding, das – einmal „aktiviert" – wie ein flüchtiger glasiger Pool aussieht, durch den die Figuren hindurchsteigen oder -fliegen. Die Reise zum Zielpunkt deckt sich mit der Darstellung von Überlichtgeschwindigkeitsreisen und wird oft mithilfe von Röhren oder Tunneln dargestellt, die an kosmische Wasserrutschen erinnern und ihren Inhalt am anderen Ende ausspucken. Es wird Sie vielleicht überraschen, dass einiges davon beinahe stimmt – zumindest in der Theorie.

Das Wurmloch ist ein Fachbegriff, der genauso alt ist wie die Idee der Allgemeinen Relativitätstheorie selbst und für spezifische Lösungen der Raumzeit in den einsteinschen Gleichungen steht. Einstein stellte sich darunter ursprünglich „Brücken“ in der Raumzeit vor, die zwei Regionen in den Raumdimensionen miteinander verbanden und es Teilchen ermöglichten, hineinzutaumeln und auf der anderen Seite wieder herauszupurzeln. Dabei ging es ihm nie darum, ein Portal in dem Sinne zu erschaffen, sondern die Probleme zu „beheben“, die durch die Singularität im Zentrum der Lösungen seiner Gleichungen für Schwarze Löcher hervorgerufen wurden. Später hat sich herausgestellt, dass Wurmlöcher so plötzlich auftauchen und verschwinden, dass noch nicht mal Licht sie passieren könnte – falls sie überhaupt existieren. Und schließlich machte Kip Thorne in den 1980ern den Vorschlag, dass exotische Materie (wieder die von der Kategorie negative Energiedichte) ein Wurmloch stabilisieren und damit offenhalten könnte.

Lassen Sie uns einen Moment innehalten und, nur so zum Spaß, auf den „Ich bin von der Weltraumerkundung des Menschen fasziniert“-Hype aufspringen. Was würden diese Wurmlöcher eigentlich bewirken? Zuerst mal würden sie Sie von einem Ort im Weltraum an einen anderen transportieren, genau wie in der Science-Fiction. *Transportieren* ist allerdings nicht das richtige Wort. Das Wurmloch nimmt zwei voneinander entfernte Regionen im Weltraum und identifiziert sie als identisch. Sie würden sich also nicht wirklich von einer Region zur anderen „bewegen“, weil sie *ein und dieselbe* Region sind. Das dürfte ziemlich merkwürdig aussehen, oder nicht? Nein, eigentlich nicht wirklich.

Stellen Sie sich vor, Sie halten eine Glaskugel in der Hand, fast so wie eine Influencerin auf Instagram, die das perfekte Urlaubsfoto schießen will. Wenn Sie hindurchschauen, wirkt der ferne Horizont verzerrt, auf den Kopf gestellt und natürlich kleiner. Diese optische Verzerrung ist analog zu der Art und Weise, wie ein Wurmloch unsere Wahrnehmung von Entfernungen und Zusammenhängen im Universum verändern dürfte. Eine Reise durch ein Wurmloch würde im Gegensatz zum Durchqueren der herkömmlichen Weite des Weltraums bedeuten, die Kugel zu betreten, wobei Ihre Sicht auf die andere Seite immer klarer wird, bis Sie dann, ohne an eine klar definierte Grenze oder irgendwas Ähnliches zu stoßen, plötzlich einfach da sind. Und falls Sie sich umdrehten, würden Sie die sphärische Verzerrung Ihres Startpunkts sehen.

Weil es sich dabei praktisch um Überlichtgeschwindigkeitsreisen aus Sicht eines außenstehenden Beobachters handelt, werden Sie nicht überrascht sein, dass Wurmlöcher auch das Zeitreisen erlauben. Indem Sie die „Öffnungen" der Wurmlöcher wie im Zwillingsparadoxon relativ zueinander bewegen und in der richtigen Reihenfolge reinspringen, können Sie mit ihrer Hilfe vorwärts oder rückwärts durch die Zeit reisen. Zugleich muss sich im eigenen Bezugsrahmen nichts schneller bewegen als das Licht, genau wie bei Alcubierres Warpantrieb. Also noch mehr Paradoxa? Jawohl!

HARRY POTTER UND DER GEFANGENE DES DETERMINISMUS

In *Harry Potter und der Gefangene von Askaban* gibt es eine Szene, in der Harry von einer schemenhaften Gestalt durch einen Zauberspruch gerettet wird. Anschließend reist er in die Vergangenheit zurück, wo er mitansieht, wie sein vergangenes Ich in Schwierigkeiten steckt. Um dieses vergangene Ich zu retten, sagt er denselben Zauberspruch auf, den die schemenhafte Gestalt in seiner Erinnerung verwendet hat. So sieht's aus, es war von Anfang an Harry selbst. Am Ende finden sich Harry und die andere Figur, deren Name im englischen Original kein Mensch weder aussprechen noch buchstabieren kann[3], in exakt demselben Augenblick in der Vergangenheit wieder, in dem sie sich zuvor befanden, um vermutlich dieselben Handlungen zu wiederholen, die sie gerade ausgeführt hatten.

Stellen Sie sich erneut die abstrakten Kurven vor, die die Bahnen von Objekten in der Raumzeit nachzeichnen. Diese in sich stimmigen Zeitreiselinien hier sind die weiter vorn erwähnten „geschlossenen zeitartigen Kurven“ – geschlossen, weil ihre Schleifen auf sich selbst zurückführen, und zeitartig, weil sie keine Form des Überlichtgeschwindigkeitsreisens erfordern. Sie bewegen sich schneller in der Zeitdimension als in den räumlichen Dimensionen. Im Gegensatz zu Situationen, in denen das Großvaterparadoxon greift und die zu Widersprüchen führen, bei denen die Wirkungen den Ursachen vorausgehen oder diese sogar ausschließen, scheinen geschlossene Schleifen Paradoxien zu umgehen. Freilich könnten Versuche, Wirkungen mit ihren Ursachen in Verbindung zu bringen, mehr Probleme schaffen, als sie lösen.

Stellen wir uns zunächst mal vor, dass es einen „ersten“ Harry gab, der in die Vergangenheit gereist ist und die Schleife ausgelöst hat. Aber, ach, wer hat dann *den* Harry gerettet? Und wann hat eigentlich die Schleife überhaupt angefangen? Man könnte meinen, der Schleifen-Harry sei schon immer da gewesen, was gegen das verstoßen würde, was zumindest mir darüber gesagt wurde, wie man Babys macht. Das Beispiel wird klarer, wenn man nur ein hypothetisches

---

3 Anm. d. Übers.: Gemeint ist Hermine Granger, die im englischen Original „Hermione Granger“ geschrieben wird.

Objekt wie etwa eine Münze betrachtet. Nehmen wir an, ich reise in die Vergangenheit und schenke mir selbst eine Münze. Falls ich in einer geschlossenen zeitartigen Kurve lebe, muss mein jüngeres Ich dann älter werden und in die Vergangenheit reisen, um dieselbe Münze seinem – und meinem – jüngeren Ich zu schenken. So weit so gut, aber wo kommt die Münze her? Es handelt sich um eine einzelne Münze, die in einer Zeitschleife ohne erkenntlichen Ursprung gefangen ist. So etwas wird manchmal als *Bootstrap-Paradoxon* bezeichnet und ist ein weiteres Problem, vor dem das Zeitreisen steht.

Wenn Sie nach einem persönlicheren existenziellen Paradoxon suchen, müssen Sie nur einen Blick auf das *Prädestinationsparadoxon* werfen. Es ist nicht so, als ob Sie in der Angelegenheit irgendeine Wahl hätten. Hat Harry Potter einen freien Willen? Auf der einen Seite würde man das mit Sicherheit annehmen. Die ganze Geschichte dreht sich darum, dass er sowohl weise als auch törichte Entscheidungen trifft und anschließend die Konsequenzen tragen muss. Das alles ändert sich jedoch, sobald er in die Vergangenheit reist. Von dem Augenblick an wird klar, dass er innerhalb der geschlossenen zeitartigen Kurve lediglich eine vorherbestimmte Rolle spielt. Würde er sich entscheiden, den Zauber nicht anzuwenden, hätte er nicht überlebt, um in die Vergangenheit zu reisen, was die gesamte Schleife unmöglich machen würde. Demnach hat Harry keine andere Wahl, als den Zauber anzuwenden. Mit anderen Worten: Freier Wille ist eine Illusion. Die Leute lieben die Idee des Zeitreisens, aber kennen Sie auch den Preis?

DIE REALITÄT NEU ERFINDEN

Die meisten Leute, die über Zeitreisen nachgrübeln, neigen leider dazu, logische Paradoxa … und die Philosophie im Allgemeinen … zu ignorieren. Physikerinnen und Physiker, die total scharf darauf sind und sich selbst mit verwirrenden Gleichungen überzeugen können, halten alles für möglich. Negative Energie? Wieso nicht? Zusätzliche Dimensionen? Ich bin für sieben! Eine vollkommen neue physikalische Theorie? Wozu ist eine Festanstellung sonst gut?

Hypothetische Technologien wie Mondbasen, Weltraumaufzüge, Kalte Fusion, Quantencomputer und so weiter werden von manchen mit Skepsis betrachtet, doch diese Skepsis dreht sich immer um die *Praxistauglichkeit* und nicht um die grundlegende Physik. Die besten Theorien, die wir gegenwärtig haben, schließen diese Dinge nicht komplett aus. Zwar wissen wir nicht, welche technischen Herausforderungen uns begegnen werden, um sie erfolgreich umzusetzen, doch wir wissen, dass diese Herausforderung nur im Rahmen der geltenden physikalischen Gesetze gelöst werden können. Das gilt nicht für Warpantriebe und Zeitmaschinen. Obwohl viele von echten Physikerinnen und Physikern konzipiert werden, erfordern sie alle völlig fiktive Vorstellungen wie imaginäre Masse, zusätzliche Dimensionen oder auch, wie bereits erwähnt, negative Energie.

Einsteins Theorie funktioniert optimal, wenn man sich eine Konstellation aus echter Energie und Materie vorstellt und daraus die Geometrie der Raumzeit in ihrer Umgebung ableitet – wie sie aussieht, sich krümmt und verformt. Doch anscheinend macht es viel mehr Spaß, sich eine Geometrie nach eigenem Belieben auszudenken und die Gleichungen zu benutzen, um herauszufinden, welche Konstellation aus Energie und Materie man dafür bräuchte. Wenn Sie also ein Wurmloch oder vielleicht sogar eine polochförmige Raumzeit haben wollen, dann erfinden Sie sie einfach. Nichts hält Sie davon ab. Mag sein, dass die zur Realisierung erforderliche Masse- und Energieverteilung unlogisch ist, aber wen juckt das schon? Die pausenlos scrollende Schleppnetzflotte auf Social Media ist permanent auf der Jagd nach der nächsten Spekulation irgendeines Ivy-League-Trottels aus Harvard oder Princeton.

Falls es noch immer nicht klar ist, denken Sie über folgende Analogie nach. Nehmen wir an, Sie haben 400 Meter Zaun, um ein quadratisches Stück Land einzuzäunen, und müssen herausfinden, wie groß die Fläche ist. Also, alle vier Seiten müssen jeweils genau 100 Meter lang sein, und Sie können die bewährte Formel verwenden, dass die Fläche eines Quadrats gleich die Länge einer seiner Seiten zum Quadrat ist. Das Quadrat von 100 Metern Seitenlänge hat eine Fläche von 10.000 Quadratmetern. Ein Hoch auf die Mathematik! Nehmen wir jetzt allerdings an, Sie gehen mit der Vorgabe an den Start, dass Sie 10.000 Quadratmeter einzäunen und rausfinden müssen, wie viel Zaun Sie dafür brauchen. Jetzt können sie – indem Sie die illustre Quadratwurzel nutzen – die Rechnung umkehren und landen bei 100 Metern pro Seite. Aha, aber -100 Meter würde auch funktionieren, weil das Produkt zweier negativer Zahlen positiv ist. Heißt das also, dass wir uns eine fiktive Welt mit negativen Entfernungen vorstellen sollten, die neben unserer eigenen existiert und mit der anderen auf 10.000 Quadratmeter großen Kokainfarm zusammenfällt (dafür war die Rechnung nämlich)? Stellen Sie sich vor, der Kartellchef würde Ihnen die eben genannte Sachaufgabe stellen, und Sie würden zum Baumarkt aufbrechen, um -400 Meter Zaun zu besorgen, am Ende aber mit leeren Händen zurückkommen – mit Ausnahme von ein paar Notizen auf einem Blatt Papier, die Ihre überzeugende neue Theorie einer „negativ-großen" Welt darlegen.

Nur weil irgendetwas in einer Kalkulation oder einer Theorie „funktioniert", heißt das noch lange nicht, dass es irgendeine Ähnlichkeit mit der realen Welt aufweist. Wurmlöcher sind abstrakte Lösungen für Einsteins Gleichungen: Diese Lösungen *verlangen* nach der Existenz von „exotischer" Materie, implizieren an sich aber nicht die Existenz einer bestimmten Realität. Jedes Wurmloch, von dem Sie jemals hören werden, erfordert zunächst eine Lösung und erfindet *dann* eine „neue Physik", damit es funktionieren kann. Anders ausgedrückt: Wurmlöcher sind Science-Fiction – sie können in der Welt, wie wir sie kennen, nicht funktionieren.

Man könnte meinen, dass an diesem Punkt alle Karten im Zeitreisespiel gespielt wären. Doch der letzte Strohhalm, nach dem alle verzweifelten theoretischen Physikerinnen und Physiker greifen, ist der *Quanten*strohhalm.

QUANTENZAUBEREI

Um eine sehr lange und verschachtelte Geschichte abzukürzen: Das Einzige, was die Quantenphysik über die objektive Realität zu sagen hat, ist, dass Beobachter (das sind wir!) erstens zu existieren scheinen und zweitens Gleichungen benutzen können, um statistische Vorhersagen über die Resultate ihrer Experimente zu treffen. Alles weitere ist bloß spekulative sogenannte „Interpretation". Wir können nicht anders, als den Symbolen in unseren Gleichungen Bedeutung zuzuschreiben, ganz ähnlich wie im vorangegangenen Beispiel der negativen Länge.

Wenn Sie sich beispielsweise vorstellen, dass Quantenteilchen auf Flugbahnen in der Raumzeit unterwegs sind, *dann* müssen Sie auch glauben, dass sie aufgrund eines Phänomens namens *Superposition* an zwei Orten gleichzeitig existieren. Es gibt für Sie jedoch keinen Grund, das überhaupt erst zu tun. Sie können die Gleichungen einfach ungefragt hinnehmen und für Vorhersagen dazu benutzen, was Sie in Experimenten beobachten werden – und das wird niemals die Flugbahn irgendeines Teilchens sein. Diesem Schema folgen alle Quantenrätsel: Die Leute nehmen erstmal an, dass sich hinter den Quantengleichungen eine klassische Realität im Sinne Newtons verbirgt, um dann zu unsinnigen Schlussfolgerungen zu gelangen. Aber halten Sie Ihre eigenen noch ein bisschen zurück! Denn wenn Sie sie einfach anders formulieren und positiv als kontraintuitive Möglichkeiten bezeichnen, können Sie sie gegen hohle Internet-Likes eintauschen.

So ist etwa – genau wie bei den imaginären Flugbahnen von Quantenteilchen – schon behauptet worden, dass manche Quantenzustände eine negative Energiedichte oder negative Masse aufweisen könnten. Die Masche ist die gleiche. Man nehme irgendeine Gleichung in der Quantenphysik auseinander und assoziiere einen kleinen Teil davon mit einem klassischen Konzept – und während man betont, dass dieser Teil die klassischen Gesetze der Physik verletzt, schlägt man vor, dass man ihn fürs Zeitreisen verwenden könne. Und obwohl das vielleicht sarkastisch klingt, ist es doch eine deprimierend präzise Zusammenfassung von unzähligen peer-review-geprüften Artikeln in Wissenschaftsmagazinen. (Wobei es hilft, wenn die „Peers" genauso ticken.)

Damit will ich nicht andeuten, dass Forscherinnen und Forscher spekulative Theorien meiden sollten. Was sie allerdings wirklich tun sollten, ist, eine fette Warnung in einfacher Sprache mitzuliefern, die besagt, dass sich ihre Schlussfolgerungen nicht auf die reale Welt beziehen, anstatt sich auf irgendeinen impliziten Haftungsausschluss zu verlassen, der sie von dem freispricht, was eigentlich in ihrer Verantwortung liegen sollte – nämlich jeden einzelnen Idioten zu korrigieren, der ihre Theorien auf YouTube kommentiert. Stattdessen bin ich es gerade, der „Chakren34" erklären muss, dass negative Quantenenergie die Auswirkungen des Klimawandels nicht umkehren kann, dass sie seine oder ihre Aura nicht beeinträchtigt und auch nicht dafür verwendet werden kann, Zeitmaschinen aus Wurmlöchern oder Warpantrieben zu bauen. Zeitreisen ist nichts anderes als Magie, die sich nur deshalb plausibel anfühlt, weil sie sich auf Symbole, Formeln und große Begriffe stützen kann.

Die herrschende Meinung deutet also darauf hin, dass echtes Zeitreisen trotz der verlockenden Aussicht, die Grenzen der Zeit zu überlisten, für immer ein Produkt unserer Fantasie bleiben wird. Es scheint, dass sich die Gesetze der Physik nach unserem heutigen Verständnis gegen jede Möglichkeit verschwören, in vergangene Zeiten zurückzuspringen oder einen Blick voraus auf die Wunder der Zukunft zu werfen. Und sicherlich – das Verlangen, diese Grenzen zu überwinden, zwingt uns dazu, durch den Morast aus Pseudowissenschaften, Schwindel und Verschwörungstheorien zu waten. Aber es spricht auch Bände über unseren menschlichen Ehrgeiz und unsere Neugierde, ein Zeugnis unseres unermüdlichen Strebens nach dem Unerreichbaren.

Und dennoch finden wir in unseren Phantastereien, durch Geschichten und Träume, so etwas wie Befreiung. Diese imaginären, wenngleich wissenschaftlich unhaltbaren Reisen in die Vergangenheit und Zukunft erfüllen einen tiefgründigen Zweck. Sie erlauben uns – und sei es auch nur auf der Spielwiese unseres Geistes –, die Grenzen der Zeit hinter uns zu lassen, und bieten uns einen flüchtigen Blick darauf, was in einem grenzenlosen Universum möglich wäre. Bei unserem Versuch, das Zeitreisen zu begreifen und dem linearen Voranschreiten der Sekunden, Minuten und Stunden zu entrinnen, haben wir, ohne es zu wollen, die Quintessenz dessen abgebildet, was es heißt, Mensch zu sein – die flüchtige Schönheit des Hier und Jetzt wertzuschätzen und dabei zugleich mit dem Gewicht unserer eigenen Entscheidungen zu ringen.

Die Ironie, Zeit zurückgewinnen zu wollen – nur um sie genau bei diesem Versuch zu verlieren – erinnert uns daran. Das Zeitreisen fungiert als Spiegel, der uns nicht nur unsere Sehnsüchte und Träume, sondern auch die ultimative Zwecklosigkeit unseres Strebens zeigt, unserer eigenen Existenz zuvorzukommen.

„THIS IS THE END“

Vielleicht werfen Sie, während Sie es sich auf Ihrem Lieblingsstuhl gemütlich machen – Sie wissen schon, dem Stuhl, den Sie Ihrem WG-Mitbewohner in der Uni geklaut haben und der zu Unrecht schon vier Umzüge und zwei Beziehungen überlebt hat –, einen Blick auf den Kalender und fragen sich: „Sollte die Welt heute nicht eigentlich untergehen?“ Moment … nö, sie ist immer noch da. Wahrscheinlich haben Sie bis hierhin wie die meisten anderen Leute schon mindestens eine Handvoll Weltuntergangsprophezeiungen miterlebt. Und jedes Mal versichert der Prophet oder die Prophetin selbstbewusst, dass diesmal das Ende – wirklich – nahe ist. Und trotzdem sind wir hier, zahlen immer noch Steuern und streiten uns über die beste Zahnpastamarke (die ich, sollte mein Zahnarzt das hier lesen, selbstverständlich zweimal am Tag benutze).

Aber egal … da sind Sie also, sitzen auf Ihrem Lieblingsstuhl und scrollen durch Ihren Social-Media-Feed, was der Algorithmus zum Anlass nimmt, Ihnen ein paar Krümel am Rande des Rabbit Holes zuzuwerfen. Und da – zwischen Anfällen von Existenzangst und Inhalten von der Auf-keinen-Fall-bei-der-Arbeit-anschauen-Sorte – ist er, der Post von dem einen „Freund“ (es ist immer ein er), der glaubt, dass die Welt von Reptilienmenschen regiert wird. Er verkündet: „Das Ende ist gekommen! Wissenschaftler haben einen gigantischen, planetenzerstörenden Asteroiden entdeckt, der direkt auf die Erde zuhält … die, ich betone es nochmal, flach ist!“

Na gut, Spoileralarm: Besagte „Wissenschaftler" sind nicht wirklich Wissenschaftler, sondern ein Typ namens Günther, der bei seiner Mutter im Keller wohnt und einen Blog betreibt. Und weil wir beide wissen, dass Sie nicht aufstehen werden, klicken Sie trotzdem drauf. Günthers Blog spannt eine Erzählung über Katastrophen kosmischen Ausmaßes, Regierungsvertuschungen und eine geheime Weltraumarche auf, die nur der Elite vorbehalten ist. Dessen ungeachtet sind Sie und ich immer noch hier, total nüchtern und mit Zähnen, die so weiß sind wie die Zähne des Models auf dem Plakat im Wartezimmer Ihrer Zahnärztin. Ich kann nicht für Sie sprechen, aber wenn die Regierung von mir nichts anderes wollte als mein Schweigen im Austausch gegen ein paar Steuergelder und nahezu perfekt weiße Zähne, dann hätte sie mich einfach nett fragen können.

Weltuntergangsverschwörungen gibt es schon seit jemand zum ersten Mal zum Himmel aufschaute und sich dachte: „Verdammt, das ist neu! Bestimmt heißt das, dass ich eins meiner Kinder opfern muss." Sie reichen von wissenschaftlich plausiblen Ideen bis hin zu solchen, bei denen man sich fragt, ob das Schnüffeln von Klebstoff wieder in ist. Von roboterartigen Herrschern bis hin zur Zombie-Apokalypse: Die Möglichkeiten, wie alles schief gehen könnte, sind schier endlos. Doch wie wird es *wirklich* ablaufen? Erlauben Sie, dass ich mir meinen guten alten Wissenschaftsknüppel schnappe und einigen Leuten um die Ohren haue (was in manchen Fällen wahrscheinlich trotzdem nichts bringen wird).

Die gute Nachricht lautet, dass die Welt nicht so schnell enden wird – und die schlechte, dass die Welt nicht so schnell enden wird. Ich muss allerdings sagen, es wäre spektakulär, dabei zu sein, wie immer es auch ablaufen mag, – während mein eigener Tod bestimmt ziemlich langweilig sein wird. Das Letzte, was ich auf meinem Totenbett erleben werde, wird kein weißes Licht und auch nicht das grandiose Schauspiel einer kosmischen Explosion sein, sondern wahrscheinlich eines meiner Kinder, das mit beneidenswerter Ahnungslosigkeit in der Ecke meines Krankenhauszimmers sitzt und gedankenverloren die Snapchat-Benachrichtigungen auf seinem Telefon checkt.

UNENDLICHE GESCHICHTEN

Um das Ende zu verstehen, müssen wir leider zum Anfang zurückgehen … na ja, nicht zum eigentlichen Anfang im Sinne des Urknalls, sondern zu dem Moment, als die Menschen anfingen, über das Ende zu reden … also vielleicht eher zur Mitte. Sobald die Evolution des Menschen so weit fortgeschritten war, dass sie Gedanken formulieren konnten, befassten sie sich garantiert zumindest mit dem Ende ihres eigenen Lebens. Schließlich scheint das Leben ein permanenter Kampf zu sein, um eine Sache zu vermeiden: den Tod. Als wir also anfingen, unsere wertvolle Energie für müßige Gedanken zu verschwenden, starrte ein Individuum, das vermutlich von etwas high war, das es gerade auf einem Streifzug ergattert hatte, ins Lagerfeuer und fragte sich, was als Nächstes passieren würde … und dann, und danach und … na ja, Sie wissen, worauf ich hinauswill. Leider können wir nicht so weit in die Vergangenheit zurückgehen, um herauszufinden, wie die Schlussfolgerung lautete. Was wissen wir aus historischen Aufzeichnungen also wirklich über das Ende der Geschichte?

Die Annahme, dass es über die verschiedenen Zeitalter der Menschheit hinweg wahrscheinlich eine enorme Zahl von Endzeitmythen gegeben hat, ist durchaus begründet, wobei es sich bei den meisten um lebendige, dynamische mündliche Überlieferung handelte. Diese von einer Generation zur anderen weitergegebenen Geschichten wurden vermutlich durch die sich wandelnden Werte, Wissensgrundlagen und Erfahrungen der Menschen, die sie erzählten, geformt und umgeformt. Viele dieser Mythen wurden zwar verschriftlicht, sind dabei aber wahrscheinlich falsch wiedergegeben worden oder haben ihren Kontext eingebüßt. Da wäre zum Beispiel der Zulu-Mythos, nach dem die Welt mit einer großen Flut endet. Während die schriftlichen Aufzeichnungen versuchen, das Wesen dieses Mythos einzufangen, sind seine ursprüngliche Bedeutung und die Feinheiten, die in der mündlichen Form transportiert wurden, womöglich verändert worden oder im Übertragungsprozess verloren gegangen. Denn dieser Mythos wurde von einer einzigen Person niedergeschrieben, die nicht komplett in der Kultur verwurzelt war. Heute sind die Zulus vorwiegend christlich geprägt, was eindeutig nicht die spirituellen Praktiken ihrer Vorfahren widerspiegelt.

Manche Mythen können allerdings bis zu einem gewissen Grad genauer untersucht werden, vor allem diejenigen, die bis heute in ihrem kulturellen Kontext sorgfältig bewahrt worden sind. Ein solches Beispiel findet sich in der Kultur der australischen Ureinwohner, von der man annimmt, dass sie seit mehreren Zehntausend Jahren auf dem Kontinent existiert. Ihre kulturellen Erzählungen sind mit bemerkenswerter Genauigkeit weitergegeben worden, was sich anhand von geologischen Belegen bestätigen lässt. Solche Endzeitgeschichten spiegeln oft Schöpfungserzählungen wider und beziehen sich auf katastrophale Ereignisse wie Erdbeben, Flutwellen oder Sturzfluten.

In Fällen, in denen uralte Mythen in schriftlicher Form entdeckt wurden, ist die Wahrscheinlichkeit groß, dass diese Texte lediglich die jüngste Version viel älterer mündlicher Erzählungen darstellten. So geht die nordische Sage von Ragnarök, die im 13. Jahrhundert schließlich in der *Lieder-Edda* und der *Snorra-Edda* niedergeschrieben wurde, wahrscheinlich auf eine ältere mündliche Überlieferung zurück, die möglicherweise aus der Wikingerzeit stammt. Ragnarök ist ein prophezeites apokalyptisches Ereignis, das unter anderem mit einer großen Schlacht, bei der bedeutende Götter wie Odin und Thor den Tod finden, Naturkatastrophen und dem letztendlichen Versinken der Welt im Wasser einhergeht.

Dabei lässt sich über verschiedene Kulturen und Zeiten hinweg ein bemerkenswertes Muster beobachten. Fluten und Naturkatastrophen sind ebenso wiederkehrende Motive wie epische Schlachten, genau wie jene, die im Ragnarök geschildert werden. In einem anderen Fall spannt das hinduistische Schlachtenepos Mahabharata eine 200.000 Verse umfassende Erzählung auf, bei der ich es überraschend finde, dass sich überhaupt jemand die Mühe gemacht hat, sie zu schreiben (geschweige denn zu lesen). Wäre sie heute geschrieben worden, wäre sie ein 15-sekündiges Video auf TikTok über einen epischen Endkampf bei Fortnite, das ich mir wahrscheinlich trotzdem nicht anschauen würde.

MARKIEREN SIE ES IN IHREM KALENDER

Wenn Ihnen jemand sagen würde, dass die Welt zu Ende geht, und dabei sogar die Einzelheiten erläutern würde, wie das Ganze ablaufen soll, wäre die natürliche Frage darauf: „Ähm, also … *wann* genau?“ Doch leider, zumindest für diejenigen, die auf der Empfängerseite der Prophezeiung stehen, kommen antike und religiöse Endzeitmythen nicht mit spezifischen Daten daher. Und natürlich ist klar, warum das so ist. Eine spezifische Vorhersage zu treffen, würde für den Bullshit-Erzä… ähm … Propheten ein großes Risiko bedeuten. Die Leute würden schnell aufhören, einem Anführer (etwa einem Politiker) zu folgen, wenn dieser ständig beim Lügen erwischt würde, stimmt's? STIMMT'S? Ja ja, vielleicht waren die Leute in der Antike auch einfach übervorsichtig oder noch nicht dazu bereit, mit dem Gedanken an Größenwahn zu spielen.

Fairerweise muss man sagen, dass viele altertümliche Kulturen gar nicht in der Lage waren, Kalendereinladungen für den Weltuntergang zu verschicken. Doch in einer Hinsicht lieferten alte Prophezeiungen zumindest eine vage Antwort auf die Frage nach dem *Wann*. Die meisten Endzeitszenarien spielen sich in einer Folge von Ereignissen ab, die logischerweise einen Auftakt hat. So fängt die Ragnarök-Sage beispielsweise mit dem Tod des Gottes Baldur an, des weniger bekannten jüngeren Bruders von Thor, der als Gott anscheinend nichts anderes konnte als hübsch auszusehen. Wenngleich die Wikingerschamanen das Ende aller Tage also nicht genau voraussagen konnten, wussten sie doch, dass es bevorstand, sobald Baldur hops ging.

Falls Ihre Religion keine Götter mehr übrig hat, die sie umbringen kann, ist es natürlich nötig, dass Ihre Prophezeiung sie als ultimative Vorboten im zweiten Akt wiederauferstehen lässt. Alle Varianten in der abrahamitischen Tradition enthalten eine derartige „Wiederkunft", die das Ende ankündigt. Die bekannteste – und damit meine ich abgedroschenste – Version stammt aus der Offenbarung des Johannes, dem letzten Buch des Neuen Testaments, das von der Rückkehr Jesu und einigen ziemlich fantasievollen Visionen vom Ende der Welt berichtet. So waren etwa die vier Reiter der Apokalypse, die üblicherweise als Personifizierungen des Sieges, des Krieges, des Hungers und des Todes betrachtet werden, bereits Gegenstand unzähliger Interpretationen an der Grenze zur Popkultur, darunter auch eine überraschende Zahl von Mein-kleines-Pony-Versionen.

Diejenigen, die sich an einer wörtlichen Auffassung der Bibel versuchen oder an Straßenecken oder in Riesenkirchen in Lautsprecher brüllen, erwarten die „Große Trübsal", einen siebenjährigen Zeitraum der Hölle auf Erden, sowohl mit Furcht als auch mit Spannung. Sie fürchten es, weil die Bibel von einigen ziemlich nervigen Vorzeichen in den Jahren davor spricht, darunter übles Zeug wie Hungersnöte und Krankheiten, aber auch von coolem Zeug wie massenhaftem Drogenkonsum, der zu Halluzinationen über falsche Propheten führt. Zum Glück für die wahren Gläubigen wird Jesus im letzten Moment auftauchen und alle Christen retten, die vermutlich ein bisschen zu enthusiastisch sind, wenn es darum geht, sich ihrem Erlöser bei etwas anzuschließen, das sie für ewige Glückseligkeit halten. Allerdings vergessen die meisten von ihnen leider, dass es nicht wirklich mit Jesu Lehren vereinbar ist, eine Art sadistische Freude angesichts dessen zu empfinden, was allen anderen passieren wird, und werden deshalb wahrscheinlich mit dem Rest von uns zurückbleiben, um sich an all den Erdbeben, Meteoriten und Ozeanen aus Blut zu erfreuen. Nur sieben Jahre? Hoffentlich sind die Drogen dann noch nicht alle.

Anfang des ersten Jahrhunderts verkündete der Anführer des jüdischen Widerstands gegen die Römer, dass der Messias in der finalen Schlacht auftauchen würde, und ließ präventiv sogar Gedenkmünzen prägen. Der erste Jüdisch-Römische-Krieg ging nicht gut aus, mit schätzungsweise einer Million Zivilisten, die von den Römern vertrieben, versklavt oder getötet wurden. In den nächsten 2000 Jahren sagten die bekanntesten Endzeitprophezeiungen explizit die Rückkehr von Jesus voraus, was angesichts der weit verbreiteten Popularität des Christentums und seiner zahlreichen großartigen Cliffhanger nicht überrascht. Zum Beispiel hat Jesus zu seinen Jüngern gesagt: „Wahrlich, ich sage euch: Dieses Geschlecht wird nicht vergehen, bis dies alles geschieht. Himmel und Erde werden vergehen; meine Worte aber werden nicht vergehen." Ich hätte im Hintergrund vermutlich meine Hand gehoben und gesagt: „Ähm, … hallo. Tolle Rede. Aber was genau meinst du mit „dieses Geschlecht"? Das wird für einige Fanatiker in 2000 Jahren wichtig sein."

Verbreitete Interpretationen der Bibel wecken deshalb in vielen Leuten den Glauben, dass sich die Wiederkunft zu ihren eigenen Lebzeiten ereignen wird. Erst kürzlich, im Jahr 2022, glaubten zehn Prozent der erwachsenen US-Amerikanerinnen und Amerikaner, dass das der Fall wäre, während sich weitere 27 Prozent unsicher waren. Die Studie stellte nicht die Frage, ob die Leute glaubten, dass Jesus bereits da sei, obwohl er (angeblich) in allen möglichen Dingen gesichtet wurde – bis hin zu Cheetos-Käseflips. Das ist alles sehr überraschend, wenn man es aus der Wer-zweimal-reinfällt-ist-selber-schuld-Perspektive betrachtet, weil es einen nahezu endlosen Strom von scheinbar zuverlässigen gefälschten Vorhersagen gibt, auf die man verweisen könnte und die das ganze Vorhaben eigentlich zunichtemachen sollten. Religiöse Berühmtheiten von Martin Luther bis Mel Gibson haben die Wiederkunft Jesu' seit Ewigkeiten falsch vorhergesagt, und zwar sowohl im echten Leben als auch an der Kinokasse.

Derlei Vorhersagen reichen von semi-seriös bis völlig durchgeknallt. Aber ganz egal, ob sie als sorgfältig komponierte Prosa oder zusammenhangslos gebrüllter Blödsinn auf der Straße daherkommen: Sie können wetten, dass das Dickicht voll von Gaunern und betrügerischen Soziopathinnen ist, die nur darauf warten zuzuschlagen. In den Annalen der menschlichen Dummheit finden sich kleinformatige kreative Schwindel wie jener der Frau, die „Christus kommt" auf die Eier ihrer Henne schrieb und sie ihr dann wieder reinschob, um von Leuten, die beim Eierlegen zuschauen wollen, Geld zu kassieren, was eine milde Hysterie im Jüngsten Gericht auslöste. Wir entdecken aber auch Perversionen wie Charles Mansons apokalyptisches Helter-Skelter-Szenario und solchen Wahnsinn wie den Kult der Heaven's-Gate-Bewegung, die 1997 Massenselbstmord beging; ihre Mitglieder hatten geglaubt, sich selbst „entrücken" zu müssen, damit ein im Schweif des Kometen Hale-Bopp verborgenes UFO ihre Körper einsammeln und in den Himmel bringen könnte. Alle 39 Leichen wurden in einem frisch gemieteten Haus, in identische „Uniformen" aus einem schwarzen Shirt, einer schwarzen Jogginghose und nagelneuen schwarz-weißen Nike Decades gekleidet, gefunden, deren Bedeutung nach Aussage eines überlebenden Mitglieds einfach darin bestand, dass sie „einen guten Deal für die Schuhe bekommen“ hatten.

ABER HALT ... DA IST NOCH MEHR

Falls Sie einen Kurs in Geschichte besucht oder beim Gottesdienst aufgepasst haben, werden Sie wahrscheinlich wissen, dass ich einen Kernbestandteil jedes Endzeitmythos ausgelassen habe. Und falls Sie nichts davon getan haben, folgt jetzt das schmutzige kleine Geheimnis über das Ende der Welt: Es gibt gar kein Ende. Trotz all der Zerstörung und des Chaos, das diese Prophezeiungen mit sich bringen, weisen sie fast immer einen kitschigen Aspekt der Erneuerung oder Hoffnung auf. Die Welt (oder die Menschheit) geht daraus unweigerlich neu – und unerklärlicherweise oft sogar besser – hervor. Dieses zyklische Verständnis des Daseins ist eine faszinierende Spiegelung der Widerstandskraft, des Optimismus und der Leichtgläubigkeit des Menschen. Allerdings sollte sich der Kreislauf angesichts unserer Tendenz, unsere Umwelt fortlaufend schlimmer zu machen, eher wie ein anstrengendes Karussell mit schonungsloser Beleuchtung und schriller Karnevalsmusik anfühlen.

Jahrtausendelang haben Mythologien und religiöse Doktrinen versucht, eine Erklärung für den Sinn des menschlichen Daseins und das Wesen der Wirklichkeit zu liefern. Bei diesen Erklärungen handelt es sich ausnahmslos um anthropozentrische Geschichten über Schöpfung, Tod und Wiedergeburt. Der in sich geschlossene Kreislauf verleiht der Welt zumindest eine gewisse Ordnung, ist aber, bestenfalls, Eskapismus – eine bequeme Möglichkeit, um der Tatsache unserer eigenen Sterblichkeit aus dem Weg zu gehen.

Es gibt einige Mythen, die nur die Grundelemente eines großen zyklischen Narrativs widerspiegeln, dabei aber allegorisch bleiben.

So enthält etwa die Mythologie der Hopi, eine mündliche Tradition, die ursprünglich aus dem Gebiet des heutigen US-Bundesstaats Arizona stammt, Geschichten über die zyklische Schöpfung und Zerstörung von „Welten", über deren Geschicke der Schöpfer Tawa wacht. Und obwohl diese Geschichten ein paar dramatische Züge aufweisen, werden sie hauptsächlich nüchtern geschildert. Anstelle von Furcht richten die Hopi ihr Augenmerk auf die zyklische Beschaffenheit des Daseins und streben danach, mit der natürlichen Welt im Einklang zu leben.

Am Anfang haben wir kurz über den Daoismus gesprochen, eine alte chinesische Volksreligion mit ihrer geheimnisvollen kosmischen Kraft *qi*, die das beständige Auf und Ab der Welt lenkt. Die zentrale Lehre besteht hier im Streben danach, sich an diesen natürlichen Zyklen auszurichten. Im Buddhismus und Hinduismus hat der Kreislauf der Geburt, des Sterbens und der Wiedergeburt einen einzigen Namen: Samsara. Samsara ist ein neutraler Prozess, der an sich weder gut noch schlecht ist, letztendlich aber zu Leid führen wird. Das Ziel besteht darin, das Nirwana zu erreichen, einen transzendenten Zustand jenseits von materiellen Wünschen, die sich nur zeitweilig durch all das befriedigen lassen, was für den Satz „Na klar, Sex ist toll, aber haben Sie schon mal … probiert?" als Pointe taugt.

Doch während all diese zyklischen Kosmologien tugendhafte Erleuchtung verströmen, blenden die Plattitüden, die sie befürworten, die Realitäten der menschlichen Natur aus. Keiner Geschichte gelingt es, moralisierende Interpretationen zu vermeiden oder einfach als falscher Trost benutzt zu werden.

Ein Hopi ist jemand, der sich an die „Hopi-Weise" hält, die offenkundig nicht im Stil irgendeines Vertragswerks verfasst wurde, sondern durch die kulturellen Praktiken vorgegeben war, welche es diesen Menschen erlaubt hatten, unter den harschen, dürren Bedingungen der Hochwüste über Jahrtausende – oder wie lange sie sonst schon dort gewesen waren – zu gedeihen. Heutzutage ist natürlich eine wesentliche Abweichung von traditionellen Praktiken zu beobachten, was das Ergebnis der Invasion von Horden von Kolonisten und Rentnern ist, die wie verschrumpelte Rosinen aussehen. An dieser Stelle wird die subtile moralisierende Gefahr zyklischer Kosmologien auf schonungslose Weise deutlich. Falls die Welt zu Ende gehen und eine neue und bessere entstehen wird, wer wird sie erben?

Schriften, die sich auf den Daoismus beziehen, sind oft facettenreich und poetisch (soll heißen „vage und verschnörkelt") und lassen sich nach landläufiger Meinung schwer in eine vulgäre Sprache wie das Englische übersetzen. Wenn Sie, wie ich, einsprachig sind, werden Sie niemals eine höhere geistige Ebene erklimmen, was, wie einige Parabeln andeuten, eine Form der Unsterblichkeit gewährt – ein Umstand, der praktischerweise fälschlich als eine Art Freifahrtschein in die Unsterblichkeit interpretiert wird, den Sie von Ihrem Qi-Synergie-Guru erwerben können, dessen verdächtig gebräunte Haut auf seinem Polyestergewand Flecken hinterlässt, während er Ihre Meditationssession anleitet.

Die zuvor erwähnten indischen Religionen wie der Hinduismus geben zumindest eindeutig zu, dass der gesamte Kreislauf inklusive Wiedergeburt so langweilig sei, dass man ihn vermeiden sollte. Die moralischen Lehren, die darauf abzielen, Endzeitkatastrophen genauso zu vermeiden wie den gesamten Kreislauf, sind überschaubar: Erreiche das Nirwana. Das ist so, als müsste man den Endgegner besiegen. Apropos Endgegner, der Allmächtige selbst hat nur Platz für jene, die die richtigen Leute hasse … ähm … einander lieben … wenn es nicht gerade die Frau Ihres Nachbarn ist … es sei denn, Sie beichten das Ganze einem Pfarrer im Privaten, auch wenn ich *dem* da aus dem Weg gehen würde – falls Sie wissen, worauf ich hinauswill. Verdammt ist das kompliziert. Was muss man tun, um hier unten entrückt zu werden?

WEGWEISER IN DER KOSMISCHEN BÜROKRATIE

Menschen erfinden Geschichten und Mythen, in denen sich zwangsläufig die Werte der Kultur spiegeln, die sie hervorgebracht und weiterentwickelt hat. So reflektiert die Ragnarök-Sage zum Beispiel die nordischen Werte der Stärke, des Mutes sowie das Abschlachten von Drachen. Und obwohl das eigentlich schon nobel genug scheint, durchlaufen die meisten Endzeitmythen einen Wandel, der von einem poetischen Ausgang zu einer Und-sie-lebten-glücklich-und-zufrieden-Post-Credit-Szene führt, in deren Genuss nur diejenigen kommen, die sich an ein striktes Himmelfahrts-Regelwerk halten. Diese ganz und gar nicht universellen Regeln weisen letztlich eine verdächtige Ähnlichkeit mit den Gesellschaften auf, aus denen sie hervorgehen. Man könnte jetzt versucht sein, „Heuchelei!" zu rufen – doch Menschen tun Menschendinge, weshalb wir anscheinend Regeln brauchen, um ein gewisses Gefühl von Kontrolle über uns selbst oder andere zu verspüren.

Es stimmt, die Hopi-Tradition spricht leise und zurückhaltend von Akzeptanz und Harmonie, doch sobald man an der Oberfläche kratzt, wird auch das Echo ihres rauen Wüstenlebens hörbar. Das Überleben verlangt nach einem rücksichtsvollen Umgang mit dem Wasser sowie einer Hochachtung für die natürlichen Kreisläufe, die dieses liefern – es geht weniger um „spirituelle Erleuchtung" als um „jährliche Erntequoten". Und auch der östliche Mystizismus mit seiner Besessenheit, das eigene Leben an der kosmischen Ordnung auszurichten, klingt heiter, bis man sich klar macht, dass seine Idealgesellschaft ein derart rigides Kastensystem war, dass einem die Vorstandsetage eines Konzerns im Ranking von Standard & Poor's dagegen wie ein Musterbeispiel an Gleichberechtigung und Flexibilität vorkommt. Wie praktisch, dass sich der natürliche Lauf des Universums perfekt am Status Quo ausrichtet. Keine Lust, in Elend zu leben? Was für ein weltlicher Wunsch! Natürlich würde es Sie davon erlösen, Ihren Reichtum zu teilen … aber das Nirwana wäre so viel besser – für uns beide.

Das Christentum hat wie ein dysfunktionales Pokémon eine Reihe von fragwürdigen Entwicklungen durchgemacht. Mit all seinen Konfessionen und Interpretationen gleicht es eher einer göttlichen Bürokratie, einem geweihten Wettbewerb absurder Vorschriften, bei dem die Erlösung davon abhängig zu sein scheint, eine immer länger werdende Liste an heiligen Begriffen und Bedingungen zu entschlüsseln. Dabei hat es einst so einfach angefangen, mit den zehn Geboten, einer kurzen, unantastbaren To-do-Liste, um das ewige Barbecue zu umgehen. Heutzutage scheint sich die Christenheit eher um die Zahl der Kirchenbesuche, den Zeitpunkt des Kirchensteuereinzugs und gendergerechte Toiletten zu sorgen. Es ist, als hätte der Himmel seine eigene Hausbesitzervereinigung, deren Pforten von einem klemmbrettschwingenden Engel namens Renate bewacht werden.

In der griechischen Mythologie widersetzte sich eine wohlbekannte Figur den heiligen Traditionen der Gastfreundschaft, wozu auch gehört, die eigenen Gäste nicht umzubringen, und verspielte sich dadurch einen Platz auf den gesegneten Wiesen von Elysium. Stattdessen wurde Sisyphus für seine Verbrechen in die Verliese des Tartarus verbannt, wo er gezwungen war, einen riesigen Felsbrocken auf einen Hügel zu rollen, nur damit der wieder nach unten rollte, bevor er den Gipfel erreichte. Dieses Bild von Sisyphus, der auf ewig seine sinnlose Aufgabe verrichtet (was nach ihm heute als *Sisyphusaufgabe* bezeichnet wird), war über die Jahrhunderte hinweg Gegenstand unzähliger Interpretationen, was vielleicht deutlich macht, was uns tief drinnen wirklich bewegt. Im Grunde verwandelte Sisyphus die ansonsten moralistische Mythologie der Griechen in die einzig sinnhafte zyklische Kosmologie, in der sich einfach nur die bedeutungslose Absurdität unseres sinnlosen Kampfes spiegelt.

Diese Weigerung, überhaupt über das Ende nachzudenken, wurde durch obercoole Philosophen wie Friedrich Nietzsche und Albert Camus in einen intellektuellen Kult verkehrt. Der im 19. Jahrhundert tätige Nietzsche stellte die Vorstellung vom ewigen Leben infrage und bekannte sich zur Endlichkeit der Existenz. Er sprach sich dafür aus, authentisch, wie ein Künstler, zu leben, um eigene Werte und einen eigenen Sinn zu erschaffen. Das griff Camus ein halbes Jahrhundert später auf und behauptete, dass das Leben keinen tieferen, immanenten Sinn habe. Obwohl Sisyphus in der Unterwelt nicht wie ein Held empfangen wurde, schlug Camus vor, dass er, indem er die Absurdität seiner Existenz akzeptierte, zum wahren Helden der Menschheit wurde. „Wir müssen uns Sisyphus als einen glücklichen Menschen vorstellen“, sagte Camus.

Ist das also alles? Sollten wir einen Toast auf die Leere aussprechen und unsere existenzielle Freiheit begrüßen, indem wir die Kaffeehäuser von Paris aufsuchen, um mit nachdenklicher Miene und Zigarette im Mundwinkel Hof zu halten? Während es für den Hipster des frühen 20. Jahrhunderts modisch klingt, auf einem intellektuellen Thron zu sitzen und tiefgründigen Nonsens wie „das Nichts selbst nichtet“ von sich zu geben, ist das, was die moderne Physik über das Ende der Welt zu sagen hat, weniger von der Sorte „Mittagessen mit Jay Gatsby in der Kneipe“ als vielmehr „Frühstück mit Sheldon Cooper in der Cafeteria“ – *das* nenne ich cool im 21. Jahrhundert!

DER „BIG FREEZE“ – DAS GROSSE EINFRIEREN

Lord Kelvin (was damals nicht sein Name war … lange Geschichte), der zu keinem Zeitpunkt das wissenschaftliche Drama scheute, gab uns 1852 das erste wissenschaftlich begründete Argument für das ultimative Schicksal des Universums. Er nutzte die neue Wissenschaft der Thermodynamik, die Wärmelehre, um das Argument vorzubringen, dass – weil Energie erstens weder erzeugt noch vernichtet werden kann und zweitens sich immer durch die Verteilung von Wärme von heiß nach kalt verflüchtigt – das ganze Universum letztendlich eine konstante Temperatur erreichen muss. In einem solchen Zustand kann keine Wärme fließen, keine Arbeit verrichtet werden und es passiert im Grunde genommen gar nichts. Das Ganze wurde später „Wärmetod" getauft, was das Publikum seit jeher verwirrt hat.

Wenngleich der Begriff einprägsam war, wurde er irgendwann von neuzeitlichen Sprachrohren der Wissenschaft umbenannt, die es satt hatten zu erklären, warum es sich dabei um schlechtes Wording handelte. Denn Wärmetod bedeutet nicht *Tod durch Wärme*, sondern eher den Tod *der* Wärme. Wärme ist das Fließen von Energie, das stattfindet, wenn heiße Dinge mit kalten Dingen in Kontakt kommen. Stellen Sie sich einen Raum mit verschiedenen Objekten, inklusive Luft, mit unterschiedlichen Temperaturen vor: eine Tasse heißen Kaffees, ein Glas kalter Milch, einen Würfel aus Eis sowie den Raum selbst, dessen Temperatur irgendwo dazwischen liegt. Wenn Sie lange genug warten, werden all diese Dinge zum Schluss dieselbe Temperatur erreichen – das heiße Zeug wird sich abkühlen und das kalte wird sich erwärmen. Und wenn der Raum groß genug ist, wird sich die Lufttemperatur wahrscheinlich nicht besonders verändern, während alles einen stabilen, unveränderlichen Zustand erreichen wird, den man als *Gleichgewicht* bezeichnet. Stellen Sie sich jetzt vor, dass das Universum ein Raum wäre – nur dass die „Raumtemperatur" dieses Mal unglaublich eisige −270 Grad Celsius beträgt. Sobald sich das Gleichgewicht einstellt, wird alles bei −270 Grad Celsius liegen. Aus diesem Grund lautet der neue Name für den Wärmetod des Universums auch … Trommelwirbel … ach ja, das steht ja schon in der Überschrift.

Das Interessante für Kelvin war dabei nicht die Temperatur an sich, sondern die Tatsache, dass alle Vorgänge auf der Welt den Austausch von Wärme zu erfordern scheinen. Demnach passiert im Zustand des Gleichgewichts gar nichts – die Zeit selbst hört auf zu existieren. Kelvin wies außerdem darauf hin, dass das Universum nicht ewig sein kann, weil wir uns eindeutig nicht im Gleichgewicht befinden – das heißt, dass es einen Anfang gehabt haben muss. Und auch wenn Sie das natürlich schon wussten, dürfen Sie nicht vergessen, dass die Urknalltheorie erst ein Jahrhundert nach Kelvin aufkam. Das Big-Freeze-Szenario ist seit Kelvins Zeiten lediglich verfeinert worden, und zwar sowohl durch Einsteins Allgemeine Relativitätstheorie als auch durch die Quantenphysik, wobei die Aussichten bedauerlicherweise düsterer geworden sind.

In unserer Zimmeranalogie stellen wir uns vor, dass das Endstadium aus Objekten bestehe, was aber nicht wirklich der Fall ist. Unser alltägliches Erleben von Wärme vollzieht sich oft unbemerkt; immerhin ist die Sache, mit der wir am meisten Kontakt haben, völlig unsichtbar – nämlich die Luft. Wenn wir an Wärme denken, kommen uns oft Erlebnisse, wie unsere Hände an einem Feuer zu wärmen oder die Sonnenstrahlen auf unserer Haut zu spüren, in den Sinn. Diese Dinge stehen definitiv nicht in Kontakt mit uns. Und obwohl es sich erst mithilfe der Quantenphysik erklären ließ, verlieren heiße Dinge durch *Strahlung* ebenfalls Energie. Die Strahlung wird in Form von Licht abgegeben, und zwar in den meisten Fällen nicht als sichtbares, sondern als infrarotes Licht. Dieser Wärmequelle haben wir das wunderbare Gefühl unseres immer wärmer werdenden Klimas zu verdanken.

Selbst ein einzelnes Atom verliert Energie, wenn es Licht freisetzt. In einigen Fällen verliert es auch sehr viel Energie und verwandelt sich in ein vollkommen neues Element, wobei es dies und das von sich wirft und gefährliche Strahlung in Form von UV- oder Röntgenstrahlen abgibt. Diese Strahlung wird *ionisierende* Strahlung genannt, weil sie anderen Atomen, mit denen sie in Kontakt kommt, Elektronen abziehen und diese in *Ionen* verwandeln kann, was im Fall von biologisch relevanten Atomen gar nicht gut ist. Zum Glück gibt es universelle Gefahrensymbole, die uns vor solchen Strahlenquellen warnen. Und die Strahlung, die von der schlafenden Katze neben Ihnen ausgeht, ist zwar auch Strahlung, doch ist diese harmlos – und vielleicht sogar nützlich, falls Sie ein Video von ihr machen, um ein paar Likes zu sammeln. Oh Gott, wie süüüß.

Wenn Atome Energie verlieren, nennen wir das *Zerfall*. Das klingt ein bisschen makaber, aber lassen Sie mich erstmal ausreden. Energie ist wie ein Berg. Auf der Spitze zu stehen, ist super, aber das Dasein da oben ist flüchtig. Alle Dinge müssen irgendwann runterfallen. Wir nennen das Ganze ein „physikalisches" Gesetz, obwohl es in Wahrheit eher ein mathematisches ist. Sie müssen wissen, dass die Spitze eines Berges ein ganz besonderer und seltener Ort ist. Da hoch zu kommen, kostet sehr viel Anstrengung und Energie. Im Gegensatz dazu ist das „Unten" nicht wirklich ein einzelner Ort, sondern viele Orte. Am Ende geht es bloß um schnödes Zählen. Weil es mehr Möglichkeiten dafür gibt, dass sich Dinge in einem Zustand ohne überschüssige Energie befinden – also unten –, erwarten wir auch, sie dort zu finden. Bälle werden in Tälern landen, Batterien werden sich entladen und alle Atome werden letztlich irgendwann zerfallen.

Erinnern Sie sich noch daran, als der Akku Ihres vier Jahre alten Telefons einen ganzen Tag lang hielt? Inzwischen überlebt er es kaum noch, wenn Sie einmal kurz auf YouTube hängenbleiben. Früh am Morgen ist Ihr Akku ganz oben auf der Spitze von Volle-Ladung-Bergen und bei 100 Prozent Saft. Aber ganz egal, ob Sie Ihr Telefon wie ein Dopaminsüchtiger pausenlos in der Hand halten oder nicht, können Sie nichts dagegen tun, dass es irgendwann vom Berg ins Batteriesparmodus-Tal hinabstürzt, einen niederträchtigen Ort der Lügen und falschen Hoffnungen. Jedes Mal, wenn Ihr Telefon auf eine dieser Spitzen kraxelt, baut es wie eine in die Jahre gekommene richtige Bergsteigerin ein kleines bisschen ab und erreicht nie mehr dieselben Höhen wie zuvor (so wie man es Ihnen in der Werbung für das Vorjahresmodell versprochen hat, die praktischerweise genau dann aufgetaucht ist, als Ihr eigenes Telefon zufällig schlappmachte). Ihr Telefonakku sehnt sich – genau wie das Universum – nach dem ultimativen Niedrigenergiezustand: nach ewigem Winterschlaf. In der Physik nennt man diesen unvermeidlichen Abwärtstrend des Zerfalls das Zweite Gesetz der Thermodynamik.

Dabei bedeutet das Big-Freeze-Szenario gar nicht, dass wir am Ende alle mit einem Haufen eingefrorenem „Zeug" dastehen. Es führt vielmehr dazu, dass wir uns alle letztlich in ein einheitliches Meer aus weitläufig verstreuten Teilchen verwandeln werden. Jeder Planet, jeder Stern und jedes noch so kleine intergalaktische Staubkörnchen wird dem Zerfall anheimfallen, da nichts in der Lage ist, der Mathematik selbst zu trotzen. Und wenn keine nutzbare, entnehmbare Energie mehr übrig ist, wird überhaupt nichts mehr passieren, und auch die Zeit selbst wird jegliche Bedeutung verlieren. In dieser leblosen Leere wird das Universum Sisyphus das wahre Ausmaß seiner Sinnlosigkeit offenbaren: Es gibt keinen Berg und keinen Felsbrocken, und deshalb keine einzige absurde Aufgabe zu erledigen. Und als ob das nicht schon deprimierend genug wäre, ist das alles hier nur das, was die Quantenphysik zum Thema zu sagen hat – wir sind noch nicht mal bei der Relativitätstheorie angekommen.

DIE GROSSE EINSAMKEIT

Wir haben die Raumzeit bereits kennengelernt: jene kosmische Bühne, auf der sich die ganze Handlung abspielt – mit dem klitzekleinen Haken, dass die Handlung zugleich auch die Bühne verändert.

Diese „Verzerrung“ der Raumzeit erzeugt die Illusion der Gravitationskraft, weil Materie und Energie die Kurven der Raumzeit genauso unfreiwillig formen und ihnen folgen wie eine wasserführende Plastikplanenrutsche auf einer Studentenverbindungsparty. Wenn wir den Blick jedoch auf das große Ganze ausweiten und sozusagen in die Vogelperspektive gehen, ist das Universum genauso flach wie eine dieser Plastikplanenrutschen auf der Jahresfeier einer Anwaltsfirma. Na gut, genau genommen wissen wir nur innerhalb einer Fehlertoleranz von 0,4 Prozent, dass das Universum flach ist, und genau das würde Ihnen auch Ted, ein leitender Beauftragter für Risikomanagement auf der Jahresfeier der Kanzlei, sagen, während Sie alle auf die ungenutzte Planenrutsche starren, die den Kunstrasen im Garten des neuesten Gesellschafters wässert. Ted rät davon ab, sie zu benutzen.

Der Urknall und die kosmologische Inflation bringen das Universum in Gang. Wie ein Ballon, der mit Luft gefüllt wird, dehnt sich der Weltraum aus, während die Elastizität des Ballons, die wie die Gravitation agiert und alles wieder zusammenzieht, dem entgegenwirkt. Es gibt einen kritischen Moment des Gleichgewichts, an dem die Kontraktionskräfte gerade so stark sind, dass sich die Ausdehnung des Ballons verlangsamt, was jedoch unendlich lange dauert. Genau das würde mit einem 08/15-Universum in einer flachen Raumzeit passieren.

Erinnern Sie sich an die kosmologische Konstante zurück, die weiter vorn in diesem Buch erörtert wurde. Einstein wollte, dass seine Theorie ein statisches Universum voraussagt, wovon man zu jener Zeit ausging. Letztendlich akzeptierte er die Tatsache, dass sich die Raumzeit ausdehnte, was sich ohne eine kosmologische Konstante erfassen ließ (beziehungsweise mit einer, die gleich null ist), und äußerte sich leicht beschämt darüber, dass er sie überhaupt erst eingeführt hatte. Ein bekannter Insider-Witz lautet: Hätte Einstein seine

Konstante früher zurückgenommen, hätte er die Expansion vorausgesagt und wäre berühmt geworden.

Machen wir einen großen Sprung in die späten 1990er-Jahre: Zwei multinationale Teams von Astronomen, die das Licht ferner Supernova-Explosionen untersuchten, fanden heraus, dass sich die Expansion des Universums in Wirklichkeit nicht verlangsamt, sondern sogar beschleunigt! Das stellte für die damals angenommenen Raumzeitmodelle ein Problem dar. Zum Glück gab es dafür eine einfache Lösung: Einsteins Gleichungen wurde eine Konstante hinzugefügt. Oh je, was für eine Ironie! Hätte Einstein an seiner kosmologischen Konstante festgehalten, hätte er die *beschleunigte* Expansion des Universums vorhersagen können ... was ihn berühmt gemacht hätte! Der Kerl hatte aber auch Pech!

Doch was genau treibt diese zusätzliche Expansion eigentlich an? Die meisten Wissenschaftlerinnen und Wissenschaftler geben sich nicht mit einer Antwort zufrieden, die mit einem Verweis auf ein Symbol in einer Gleichung beginnt und endet, das keine physikalische Bedeutung hat. Die übrigen Begriffe in Einsteins Gleichungen haben eine klare Bedeutung: die Krümmung der Raumzeit, Energie und Masse. Was die kosmologische Konstante ist, wissen wir dagegen nicht, weshalb man ihr den geheimnisvollen Namen *Dunkle Energie* gegeben hat. Man kann einen endlosen Strom an Vorschlägen für den Ursprung der Dunklen Energie aus dem Repertoire theoretischer Physikerinnen und Physiker finden – von Nobelpreisträgerinnen bis hin zu pensionierten Ingenieuren. Die meisten davon sind leider aber nichts als spekulativer Unsinn, während allen anderen der überzeugende Charakter für neuartige überprüfbare Vorhersagen fehlt. Doch was auch immer sich dahinter verbirgt, wird dazu führen, dass das Endzeituniversum viel trostloser ist, als Kelvin sich das je hätte vorstellen können.

Es gibt Teile des Universums, die wir *niemals*, nicht mal in der Theorie, zu sehen bekommen werden, was einfach nur falsch klingt – oder vielleicht ja doch nicht. Das alles kann schon ziemlich verwirrend werden. Die Sonne ist acht Lichtminuten entfernt. Wir sehen das Licht, das die Sonne vor acht Minuten verlassen hat, aus acht Lichtminuten Entfernung. Man könnte jetzt also erwarten, dass das älteste Licht, das wir sehen können, seine Quelle vor 13,8 Milliarden Jahren verlassen hat, weil das Universum genau so alt ist. Das ist richtig. Wie im letzten Kapitel kurz erwähnt, haben wir das Ganze kosmischer Mikrowellenhintergrund genannt. Es war das erste Licht im Universum. Bestimmt hat dieses Licht also 13,8 Milliarden Lichtjahre zurückgelegt. Auch das ist richtig. Das erste Licht, das sich in, sagen wir, 16 Milliarden Lichtjahren Entfernung von uns auf den Weg gemacht hat, wird noch immer zu uns unterwegs sein. Dabei hat es den Großteil seines Wegs aber schon zurückgelegt und ist jetzt nur noch ein paar Milliarden Lichtjahre entfernt, sodass wir es schon (relativ) bald sehen sollten. Um es allerdings ganz genau zu nehmen: Wir werden 16 Milliarden Jahre altes Licht erst sehen, wenn das Universum 16 Milliarden Jahre alt ist.

Alle Dinge im letzten Absatz sind wahr … *unter der Annahme*, dass die Entfernung zwischen jeder Lichtquelle und dem jeweiligen Beobachter unveränderlich ist. Die fortwährende Expansion des Universums macht die ganze Sache jedoch komplizierter. Der Weltraum hat sich seit dem Urknall nämlich beträchtlich ausgedehnt. In Wahrheit ist das Licht des kosmischen Mikrowellenhintergrunds *heute* nicht 13,8 Milliarden Lichtjahre entfernt. Tatsächlich sind es rund 46 Milliarden Lichtjahre! Im Gegensatz zu Objekten in einem konvexen Spiegel, die in Wahrheit näher sind, als es den Anschein hat, sind Objekte in einem expandierenden Universum viel weiter weg, als sie zu sein scheinen. Und weil sich außerdem alles ständig von allem anderen wegbewegt, bewegen sich zwei Dinge umso schneller voneinander weg, je weiter sie voneinander entfernt sind. An irgendeinem Punkt werden sich die beiden fraglichen Dinge schneller voneinander wegbewegen als das Licht, was bedeutet, dass sie sich gegenseitig nicht einmal sehen können. Von unserem Standpunkt aus gesehen gibt es da draußen einen Bereich, der etwa 16 Milliarden Lichtjahre von uns entfernt liegt und wo genau das passiert. Jedes Licht, das seine Quelle heute jenseits dieses Bereiches verlässt, wird uns niemals erreichen.

Unser beobachtbares Universum, die Sichtbarkeitsblase, in deren Mittelpunkt wir selbst stehen, wächst *und* schrumpft. Während die Zeit verstreicht, können wir Licht sehen, das größere Strecken zurückgelegt hat. Doch während sich der Weltraum immer weiter ausdehnt, werden ferne Lichtquellen irgendwann zu weit weg sein, damit Licht den wachsenden Raum zwischen uns überwinden kann. In ferner ferner Zukunft werden alle Dinge nicht nur zerfallen sein, sondern wird der Weltraum sich außerdem derart ausgedehnt haben, dass jedes einzelne Teilchen hinter dem Sichtbarkeitshorizont jedes anderen Teilchens liegen wird.

Dabei könnte es passieren, dass ein einsames, durch die endlosen Weiten eines kalten und dunklen Universums treibendes Elektron in Form einer „Früher war alles besser"-Geschichte in Erinnerungen schwelgt und sich liebevoll an eine nostalgische Ära zurückerinnert, in der die Anziehung zwischen ihm und den gegensätzlich geladenen Protonen noch in aller atomarem Munde war. Es würde wehmütig an den Nervenkitzel des Quantentanzes oder den Rausch der Photonenkicks und Orbitalsprünge zurückdenken, nur um dann mit einem kurzen melancholischen Spin zu realisieren, dass jene Tage der elektromagnetischen Anziehung lediglich das Echo eines längst vergangenen Universums sind – ein Echo, das in dieser immer weiter expandierenden kosmischen Einsamkeit nun zu einer fernen, unerreichbaren Erinnerung verkommen ist.

DER „BIG RIP" – DAS GROSSE ZERREISSEN

Seit die beschleunigte Expansion des Universums beobachtet und gewisse Anpassungen an vorherigen astronomischen Beobachtungen vorgenommen wurden, haben wir uns auf ein „Standardmodell" der physikalischen Kosmologie verständigt, bei dem breite Einigkeit darüber herrscht, dass es die einfachste Erklärung für die Daten liefert, die wir bislang über den Kosmos gesammelt haben. Dieses Modell enthält die gewöhnliche wie auch die Dunkle Materie, die auf verschiedenen Wegen miteinander durch die bekannten vier fundamentalen Kräfte interagieren, und zudem die Dunkle Energie, die das nicht tut. Es scheint, dass die Dunkle Energie eine intrinsische Eigenschaft der Raumzeit ist, die ihr die Neigung zur Expansion verleiht. Dieses Modell beinhaltet eine einzige Geschichte für die Entstehung des Universums im Urknall, doch es gibt auch viele ungeklärte Fragen. Die meisten davon haben wir vermutlich noch nicht mal gestellt, was dazu führt, dass die Geschichte vom Ende des Universums ungeschrieben bleibt.

Wie schon erwähnt, erscheint die Geometrie der Raumzeit *im Augenblick* flach. Wir können allerdings weder sagen, ob sie das schon immer war, noch, ob das für immer so sein wird. Falls die Raumzeit in Zukunft negativ gekrümmt sein wird – wie ein Pringle –, wird sie sich ohne Hilfe der Dunklen Energie bis in alle Ewigkeit ausdehnen. Und fügt man die Dunkle Energie hinzu, wird sich eine solche Raumzeit in ewig wachsendem Tempo ausdehnen. Tatsächlich gilt sogar, dass die Expansion mit zunehmender Dichte der Dunklen Energie auch in einer flachen Raumzeit stärker wird, wobei sich Entfernungen mit exponentieller Geschwindigkeit vergrößern. Dieses Szenario, bei dem der Begriff *Dunkle Energie* normalerweise durch *Phantom-Energie* ersetzt wird, präsentiert ein ganz anderes Endzeitszenario als alle bislang besprochenen. Und bei einem Namen wie Phantom-Energie sowie der allgemeinen Tendenz unserer Geschichte bis hierher wird es Sie bestimmt nicht überraschen, dass die Aussichten noch viel viel schlimmer sind.

In Verbindung mit der Phantom-Energie stellt sich die Zukunft anfangs nicht viel anders dar als im gewöhnlichen Expansionsszenario. Genau wie vorher wird die gegenwärtige beschleunigte Expansion irgendwann den festen Griff der Gravitation auf die größten Materiestrukturen lösen, während Galaxienhaufen auseinanderdriften. Anschließend werden sich nach und nach auch die Galaxien im Inneren solcher Haufen zerstreuen. Wenn das exponentielle Wachstum der Phantom-Energie einsetzt, werden sich einzelne Galaxie aufzulösen beginnen, da ihre inneren Gravitationskräfte nicht mehr in der Lage sind, sie gegen das Wachsen des Weltraums zwischen ihren Sternen zusammenzuhalten. Aus unserer Perspektive wird es so aussehen, als ob die Sterne in die Leere geschleudert würden, während ihr Licht über die riesige Entfernung fast bis zur Unsichtbarkeit zerstreut wird.

Über viele Millionen Jahre hinweg wird die Sonne der einzige Stern sein, der von der Erde aus sichtbar ist. Und etwa im gleichen Zeitraum wie zwischen damals, als die Dinosaurier über die Erde spazierten, und heute wird unser Sonnensystem nachgeben. Die äußersten Planeten werden als Erstes davondriften, während sich alle anderen von ihrer orbitalen Leine losreißen und in der Leere verteilen. Die Sonne wird von der Erde aus betrachtet auf die Größe eines normalen Sterns zusammenschrumpfen und dann komplett verblassen, und die Schwerkraft wird endgültig besiegt sein. Ob und wie lange irgendetwas ohne die Energie der Sonne, die die Erde erwärmt, überleben könnte, ist unklar. Eine Antwort darauf wäre allerdings ohnehin nur von theoretischem Interesse, weil sich die Expansion binnen weniger Wochen so sehr beschleunigt haben wird, dass die elektromagnetischen Kräfte nicht mehr in der Lage sein werden,

Moleküle zusammenzuhalten. Die Erde wird bis zur letzten Küchenschabe mit allem, was sich darauf befindet, von innen heraus in Stücke gerissen. Das bringt die Schabe um.

Das Einzige, was dann noch übrig ist, sind einzelne einsame Atome, die binnen Sekundenbruchteilen aber ebenfalls in der erbarmungslosen Expansion zerfallen. Und während zuerst die Elektronen hinfortgerissen und anschließend die Atomkerne in subatomare Teilchen zerlegt werden, geht die Existenz der Materie, wie wir sie kennen, zu Ende. Im allerletzten Augenblick kann nicht mal mehr das Grundgerüst der Raumzeit dem negativen Druck standhalten, woraufhin es von innen heraus auseinanderreißt. An jenem Punkt, dem sogenannten *Big Rip*, ist das Universum im wahrsten Sinne des Wortes am Ende.

DER „BIG CRUNCH“ – DAS GROSSE KNIRSCHEN

Meine Güte – das war ja mal ein Ende, dass wir wahrscheinlich am liebsten vermeiden würden. Vielleicht hat die Physik noch ein rosigeres potenzielles Finale zu bieten? Lassen Sie uns einfach einen Blick in das gute alte Ende-der-Welt-Archiv werfen.

Weil wir nicht in einem statischen Universum leben, können nur zwei Dinge passieren: ewige Expansion oder schlussendliche Kontraktion. Die Expansion scheint ein schweres Los zu sein, also schauen wir uns an, was die Kontraktion zu bieten hat. Dieses Szenario für das Schicksal des Universums tritt ein, wenn die Krümmung des Weltraums weder negativ noch null, sondern positiv ist. Aber machen Sie sich nicht zu viel Hoffnung.

In einer positiv gekrümmten Raumzeit erinnert das Universum sehr stark an unsere Ballon-Analogie. Der Urknall setzte das Universum in Bewegung und blies den Ballon gegen die Kraft der Gravitation auf, die durch die gegenseitige Anziehung aller in ihm enthaltenen Massen verursacht wird. Ohne die Dunkle Energie oder irgendeine andere Form von negativem Druck lässt die Dynamik hinter der Expansion schließlich irgendwann nach. Wenn wir uns erneut daran erinnern, dass wir nicht wissen, was das wahre Wesen der Dunklen Energie ist, gibt es weiterhin eine Chance, dass sie in unserem offensichtlich flachen Universum verschwindet und die Expansion zum Stillstand kommt. In jedem Fall gilt: Falls die Expansion tatsächlich jemals aufhören sollte, wird die *Kontraktion* unvermeidlich. Bevor die beschleunigte Expansion des Universums in den späten 1990er-Jahren entdeckt wurde, war über viele Jahrzehnte hinweg das erwartete Schicksal des Kosmos das hier: Der *Big Crunch*.

Genau wie beim Big-Rip-Szenario gäbe es viele Milliarden Jahre lang jede Menge empirische Belege, die auf den bevorstehenden Untergang hindeuten würden. Und auch wenn ich mich hier bei allen, die an Klaustrophobie leiden, entschuldigen muss, sollte die Sache mit dem „Untergang" aus dem Begriff *Crunch* deutlich werden, der so viel bedeutet wie Knirschen oder Zermalmen. Mit zunehmender Verbesserung unserer Instrumente werden wir in der Lage sein, die veränderte Expansionsrate mehr oder weniger in Echtzeit sehen zu können – zumindest in wissenschaftlichen Zeitmaßstäben. Die erste augenscheinliche Sache, die in einem Big-Crunch-Szenario passieren würde, wäre die rasant zunehmende Verschmelzung von Galaxien.

Übrigens darf ich Sie, wenn Ihnen das Ineinanderkrachen von Galaxien Sorgen bereitet, daran erinnern, dass wir uns gegenwärtig auf Kollisionskurs mit der Andromeda-Galaxie befinden, die genauso groß ist wie die Milchstraße. Dieses Ereignis ist angesichts ihrer Nähe zueinander in allen kosmologischen Endzeitszenarien unausweichlich, also schnallen Sie sich an. Aber keine Angst, weil das Ganze weniger wie „Stranger Things" und eher wie „Let's Dance" ablaufen wird. Dabei tanzen unsere beiden Galaxien gemeinsam um zwei supermassereiche Schwarze Löcher in ihrer Mitte, während diese die ganze Aufmerksamkeit auf sich zu ziehen versuchen, – was, wie ich annehme, da ich die Show nicht gesehen habe, eine gute Analogie für ihre vermutlich abgefrackte prominente Gastgeberin ist, richtig?

In etwa 4,5 Milliarden Jahren werden Andromeda und die Milchstraße anfangen, im Kreis umeinander herum zu schleudern und sich bei jeder Passage einander annähern. Ihre riesigen, aus Milliarden von Sternen bestehenden Spiralarme werden durch den Weltraum peitschen und einige Sterne in die Leere hinausbefördern. Die gigantische Menge von interstellarem Gas, das in ihnen enthalten ist, wird komprimiert werden und zur Bildung neuer Sterne führen, von denen einige den Erdhimmel so hell erleuchten werden, dass sie sogar in New York zu sehen sein dürften. Irgendwann werden unsere beiden Schwarzen Löcher schließlich miteinander verschmelzen und dabei Wellen durch den Weltraum schicken, während sie die Energie von 100 Millionen Supernova-Explosionen freisetzen. Seltsamerweise wird unser Sonnensystem trotz dieser scheinbaren Gewalt unversehrt bleiben – auch wenn es aus der neuen Galaxie herausgeschmissen werden sollte. Denn die Chance, dass zwei beliebige Sterne miteinander bei dieser Verschmelzung kollidieren, liegt selbst bei zusammengenommen über einer Billion Sternen im Grunde genommen bei null. Wir müssen nur an die Lektion aus dem zweiten Kapitel denken: Der Weltraum ist einfach unbegreiflich leer. Allerdings wird es in einem Big-Crunch-Universum schnell immer kuscheliger werden.

Während die Entfernung zwischen Objekten abnimmt, wird es so aussehen, als ob sich alle Galaxien auf uns zu bewegen. Aber was genau „sehen" wir eigentlich, wenn wir Galaxien beobachten? Es ist nicht nur so, dass wir das sichtbare Licht von Sternen sehen, sondern sie geben auch hochenergetische Strahlung in Form von Röntgen- und Gammastrahlen ab. Wenn Strahlung komprimiert wird, nimmt ihre

Energie zu, ungefähr so, wie sich die Tonlage einer Krankenwagensirene erhöht, je schneller sie sich in Ihre Richtung bewegt. Lange, bevor irgendwelche Materie ineinander krachen wird, wird die Temperatur so hoch sein, dass sie zu Kernfusionen auf der Oberfläche von Sternen führt. Die Sonne wird sich im Grunde selbst entzünden und dabei noch heißeres Plasma in den umliegenden Weltraum spucken. Wenn wir davon ausgehen, dass sie nicht sowieso schon in die Sonne getaumelt ist, wird die Erde bis auf die letzte Küchenschabe unter der immensen Hitze und dem enormen Druck zerquetscht und ausgelöscht werden. In den letzten verbleibenden Augenblicken wird das gesamte Universum einen Zustand erreichen, der seinem Anfang nahekommt: einem unendlich kompakten Punkt aus purer Energie. Das bringt die Schabe um.

DER „BIG BOUNCE" – DER GROSSE RÜCKPRALL

Im Gegensatz zum Big Freeze und dem Big Rip erscheint das Big-Crunch-Szenario weniger … na ja, endgültig … wenn man von dem ganzen Bis-zur-Unkenntlichkeit-zerquetscht-Ding absieht. Ich meine fast, sehen zu können, wie Sie da sitzen – immer noch auf demselben Stuhl, aber vor Spannung schon bis vor zur Kante gerutscht – und fragen: „Und was passiert dann?". Ich weiß, was Sie gerade denken. Es ist einfach zu naheliegend: Wenn das Universum genauso „endet", wie es begonnen hat, kann es dann nicht sein, dass das alles wieder und wieder passiert? Ähm, also … vielleicht, aber kommen Sie mir jetzt bloß nicht mit diesem ganzen Erlösungskram!

Stellen Sie sich vor, dass dem *Big Bang*, dem Urknall, ein *Big Crunch* vorausging – mit anderen Worten: Es war ein *Big Bounce*! (Und ich schwöre, das ist das letzte Mal, dass ich etwas aus der Kosmologie erwähne, das klingt, als ob es von einem Schokoriegelhersteller geklaut worden wäre.) Viele Leute haben seit dem Aufkommen der nicht-statischen Raumzeit über diese kosmischen Relaunches nachgedacht. Das Standardmodell schließt einen solchen Big Bounce zwar völlig aus, doch ein derartiger Konsens hat die Puristen unter den theoretischen Physikerinnen und Physikern, die an den Rändern gedeihen, noch nie aufgehalten. So wurden schon diverse Bounce-Szenarien in vielen hypothetischen Raumzeit-Modellen und Theorien „entdeckt", die über die Relativitätstheorie und die Quantenphysik hinausgehen; dort sind die Egos groß und die Beweise verschwindend klein.

Wenn man die Vernunft jedoch beiseitelässt, haben Big Bounces zweifellos etwas Poetisches. Sie besitzen eine Anziehungskraft, die an spirituelle und religiöse Kosmologie erinnern: Ein ewiger Reigen der Schöpfung und Zerstörung, ein Universum, das sein eigenes Lied von Geburt und Niedergang bis in alle Ewigkeit singt. Verfechterinnen und Verfechter dieser Theorie fühlen sich oft zu ihrer Ästhetik hingezogen, was eine amüsante Wendung im Hinblick auf die Art ist, wie sie die zyklischen Narrative altertümlicher Kulturen widerspiegelt.

Aber lassen Sie sich von dem romantischen Zauber dieser Theorien und ihrem Sirenengesang, der sich als schwaches Echo längst vergangener Universen tarnt, nicht verführen. Das hier ist kein Disneyfilm … es sei denn, sie produzieren jetzt Filme von Guillermo del Toro. Selbst wenn das Universum immer wieder neu anfängt, wird es trotzdem nach jedem Durchlauf gelöscht. Der Big Crunch ist immer noch der große Vernichter, der die Informationen vergangener Universen nachhaltig mit der Effizienz und der Geschwindigkeit von jemandem löscht, der einen USB-Stick voller Hochzeitsfotos aus der vorletzten Ehe formatiert.

Unser gegenwärtiges Verständnis des Kosmos weist eine merkwürdige Asymmetrie auf. Wir haben ein gutes Bild davon, wie alles begann, doch die Unsicherheiten in den Parametern lassen uns mit ziemlich unterschiedlichen Möglichkeiten zurück, selbst wenn wir annehmen, dass die rigide Struktur unserer Theorien korrekt ist. Die „nahe“ Zukunft unserer galaktischen Nachbarschaft lässt sich in ähnlicher Weise vorhersagen wie das Wetter, aber die ferne Zukunft nicht. Und was heißt überhaupt „fern“? Nicht mal das wissen wir. Doch vorausgesetzt, dass das Standardmodell stimmt – was, wie Sie sich erinnern werden, in einen Big Freeze mündet –, werden Schwarze Löcher in einer Sexdezilliarde Jahren immer noch am Start sein. Ich habe mir weder diese Zahl ausgedacht noch ihren Namen; es ist eine Eins gefolgt von 99 Nullen, die man aufschreiben, aber sich unmöglich als eine Anzahl von Jahren vorstellen kann. Es genügt zu sagen, dass niemand da sein wird, um es mitzuerleben. Zum Glück kann man sich hingegen viel leichter vorstellen, welche Abfolge von Ereignissen zum Ende der Menschheit führen werden.

DER LETZTE SONNENUNTERGANG

So unterhaltsam es auch wäre, mitanzusehen, wie die Raumzeit in Stücke gerissen oder bis auf Nimmerwiedersehen komprimiert wird, ist das definitiv nicht das, was die letzten Menschen sehen werden. Die Erde und ihre zäheren Lebensformen, die über Milliarden von Jahren existiert haben, werden mit größter Wahrscheinlichkeit vergnügt dem relativ frühen Niedergang ihrer invasivsten Spezies beiwohnen. Allerdings wird nicht einmal die Erde selbst lange genug überleben, um einen langsamen und friedlichen Zerfall genießen zu können. In weniger als einer Milliarde Jahren wird die Sonne, der Garant für die Erde auf unerschöpfliche erneuerbare Energie, allmählich die zweite Schneide ihres Schwertes zeigen.

Während die Sonne ihren Treibstoffvorrat an Wasserstoff verfeuert, nimmt ihre Helligkeit mit jeder Milliarde Jahre um rund zehn Prozent zu. Das klingt vielleicht nach nicht viel, kann aber für die Oberflächen der Planeten, die diese zusätzliche Strahlung abbekommen, ziemlich entscheidend sein, sofern sie über ein komplexes Wetter- und Ökosystem verfügen. Stellen Sie sich die Erdoberfläche mitsamt ihren Ozeanen und der Atmosphäre wie einen menschlichen Körper vor. Selbst wenn ein weites Spektrum an externen Druckfaktoren auf diesen Körper einwirkt, verfügt er über natürliche Regulierungsmechanismen, um seine innere Stabilität zu wahren: Das nennt man Homöostase. Dabei sind die internen Prozesse selbst von einem stabilen Zustand abhängig, und diesen Bereich zu verlassen, hat fatale Folgen. Der menschliche Körper kann problemlos *äußere* Temperaturen über 40 Grad Celsius aushalten, doch sobald seine *innere* Temperatur diesen Punkt überschreitet, verstärken sich einzelne Anzeichen eines Systemversagens gegenseitig. Die Stoffwechselrate erhöht sich, wodurch mehr Treibstoff verbrannt und mehr Hitze erzeugt wird. Das fördert das Schwitzen, das dem Körper Wasser entzieht und sein chemisches Gleichgewicht durcheinanderbringt. Das Ganze führt wiederum zu Muskelermüdung und -versagen, was die Durchblutung beeinträchtigt und … na ja, Sie sehen schon, wo das hinführt. Mal abgesehen von den Halluzinationen ist das alles schlecht.

Wir wissen, was mit menschlichen Körpern passiert, die hohes Fieber bekommen, weil wir es (zum Bedauern für jene Körper) schon oft miterlebt haben. So detaillierte Beobachtungen darüber, was mit der Erde bei steigenden Temperaturen passieren wird, haben wir jedoch nicht … obwohl … klar haben wir die! In dem groß angelegten Experiment, das wir den *durch Menschen verursachten Klimawandel* nennen, erleben wir gerade in Echtzeit, was mit einer sich erwärmenden Erde geschieht. Genau wie bei einem Menschen mit Fieber kommt es zum Versagen von Systemen. Unsere polaren Eiskappen schmelzen, was einen Anstieg des Meeresspiegels verursacht. Der Wasserkreislauf gerät angesichts steigender Verdunstungsraten durcheinander, was zu extremeren Wetterlagen, darunter auch mehr

Starkregen und Schnee, führt (was in den Augen derjenigen paradox scheinen mag, die ihre einzige Gehirnzelle mit dem Geschrei von Leuten wie Alex Jones füttern). Wir werden bald herausfinden, was als Nächstes passiert, doch alle Vorhersagen deuten auf einen kontinuierlichen Kollaps von Systemen wie der gesamten chemischen Zusammensetzung der Ozeane sowie globaler Wettermuster hin.

Unabhängig davon, ob Sie sich auf die Seite nahezu aller Wissenschaftlerinnen und Wissenschaftler auf der Welt stellen oder auf den einen mit dem Aluhütchen auf dem Kopf hören, wird sich die Erde weiter erwärmen, während die Sonne ihre Wasserstoffreserven abbrennt. Das Leben wird sich sicherlich trotzdem durch Anpassung und Evolution noch ein paar Milliarden Jahre lang halten. Und selbst die Menschen könnten in der Lage sein, technische Lösungen für unser eigenes Überleben zu entwickeln, indem sie zum Beispiel in Höhlen oder dem klimatisierten Weltuntergangsbunker von Jeff Bezos leben. Dennoch gibt es absolut gar nichts, das wir tun können, um die Sonne daran zu hindern, die Erde von einer blaugrünen Oase in eine stickige Wüste zu verwandeln, während die gnadenlose Hitze die Ozeane zum Sieden bringt und den Planeten so in eine dicke, erdrückende Atmosphäre aus Wasserdampf hüllt. Die meisten vielzelligen Lebensformen werden den Tod finden, obwohl es durchaus sein kann, dass sich Extremophile in ökologischen Nischen ans Dasein klammern werden. Wenn die Sonne sich dann aber so richtig gehen lässt, wird selbst die Resilienz dieser zähen Überlebenden auf die Probe gestellt werden.

Sobald die Sonne ihren Wasserstoffbrennstoff aufgebraucht hat, wird sie zu kollabieren beginnen, da sich dann die Schwerkraft in diesem solaren Tauziehen durchsetzt. Doch sobald das ganze Helium (ein Nebenprodukt der Wasserstoff-Fusion) eng genug zusammengequetscht wird, fängt es ebenfalls an zu fusionieren. Das beschert der Sonne ein kurzes zweites Leben. Die Hitzemenge, die bei der

Fusion größerer Elemente erzeugt wird, reicht jedoch aus, um die äußeren Schichten der Sonne drastisch auszudehnen. An diesem Punkt, schätzungsweise fünf Milliarden Jahre von heute, wird sich die Sonne von einem angenehmen, in Gelbtönen gehaltenen Stern in einen wütenden Roten Riesen verwandeln, der etwa auf das Zehnfache seiner ursprünglichen Größe anwächst. Diese feurige Expansion wird sich die inneren Planeten, darunter die Erde und ihre letzte überlebende Küchenschabe, einverleiben, und vermutlich auch den Mars. In diesem letzten Akt solarer Expansion wird jedes noch immer auf der Erde weilende Leben ausgelöscht werden, wenn der Planet von der sterbenden Sonne verzehrt wird. Das bringt die Schabe um.

AUF DEN SPUREN DER DINOSAURIER

Anscheinend lagen also sowohl *Waterworld* als auch *Mad Max* goldrichtig, selbst wenn darin Szenarien dargestellt werden, die mehrere Milliarden Jahre auseinanderliegen. Diese Art der Science-Fiction trägt den Namen „postapokalyptisch". Dabei zeigt uns die solare Wissenschaft, dass es überhaupt keine akuten Katastrophenereignisse braucht. Während wir davon sprechen, setzt die Sonne gerade lautlos ihre Verbrannte-Erde-Politik in die Tat um.

Jetzt wissen Sie also, wie das Universum enden, die Sonne sterben und die Erde all ihrer lebensspendenden Elemente beraubt werden wird. Wenn es die Menschen doch schaffen und weiterhin auf der Erde rumhängen, dann wird unsere Geschichte in ein paar Milliarden Jahren genauso zu Ende gehen, wie es sich T. S. Eliot vor 100 Jahren ausgemalt hat: „[…] nicht mit einem Knall, sondern mit Gewimmer." Wobei selbst das „optimistisch" sein könnte. Man schätzt, dass über 99 Prozent der Spezies, die je auf der Erde existierten, ausgestorben sind. Manche davon sind durch Ereignisse eines Massenaussterbens verschwunden, wobei das berühmteste jenes ist, dass jedermanns beliebteste prähistorische Tiere ausgelöscht hat. Wie jeder Stammgast im Naturkundemuseum weiß, ist ein zehn Kilometer durchmessender Asteroid vor rund 66 Millionen Jahren eher unsanft in der Gegend des heutigen Mexiko gelandet, was die Energie von mehreren Milliarden Atombomben freigesetzt und die Welt sozusagen in Brand gesteckt hat. Alles, was die anfängliche Detonation sowie die resultierenden Erdbeben, Tsunamis und den sauren Regen überlebt hat, würde die Nachwirkungen über viele, viele Generationen hinweg aushalten müssen. Wird es nochmal passieren? Ja. Schon bald? Antwort unklar, versuchen Sie es erneut.

Aktuell wissen wir von vier „erdnahen" Asteroiden, die mehr als zehn Kilometer groß sind. Der eindrucksvollste unter ihnen ist (1036) Ganymed, der beängstigende 35 Kilometer im Durchmesser misst. Würde er die Erde treffen, wäre das mit Sicherheit das Ende allen Lebens, mit der potenziellen Ausnahme von einigen der zuvor erwähnten Extremophilen. Der Felsbrocken selbst und alles im Umkreis von mehreren Hundert Kilometern würde augenblicklich verdampfen, während durch die Reibungsenergie allein genügend Hitze erzeugt würde, um den Himmel in einem weltweiten Feuersturm zu entflammen. Schwefel und andere flüchtige Chemikalien würden von einem Himmel herabregnen, der von so vielen Trümmern bedeckt wäre, dass sie beinahe das komplette Sonnenlicht davon abhalten würden, bis zur Oberfläche durchzudringen. Wenn Sie versuchen, sich das Ganze durch Ihre Erinnerung an irgendeinen Katastrophenfilm aus Hollywood vorzustellen, lassen Sie es – außer natürlich, Sie denken dabei gerade an den Todesstern.

Zum Glück sind die dicken Brocken im Sonnensystem sehr gut sichtbar und bewegen sich allem Anschein nach auf stabilen Umlaufbahnen. Diese Umlaufbahnen können jetzt beobachtet werden, während sich ihre Zukunft durch Simulationen vorhersagen lässt.

Dynamische Systeme von mehr als zwei Objekten sind allerdings *chaotisch*. Chaos ist das, was bei einem Doppelpendel zu beobachten ist oder durch den sogenannten Schmetterlingseffekt karikiert wird, bei dem ein Schmetterling, der in Tokio mit den Flügeln schlägt, in Miami einen Hurrikan auslöst. Im Wesentlichen geht es darum, dass kleine Veränderungen jetzt zu großen Abweichungen in der Zukunft führen können. Mit anderen Worten: Eine winzige Unsicherheit jetzt führt zu unvorhersehbaren Zukünften. In einer fernen Zukunft werden sich die Orbits von Asteroiden auf beträchtliche Weise verändert haben. So wird zum Beispiel angenommen, dass (1036) Ganymed in ungefähr zehn Millionen Jahren eine erdkreuzende Umlaufbahn haben wird.

Kometen ähneln Asteroiden im Hinblick auf das potenzielle Risiko, das von ihnen ausgeht. Asteroiden bestehen aus Gestein und bewegen sich überwiegend auf Umlaufbahnen zwischen Mars und Jupiter, wobei sie sich auf derselben Ebene und in derselben Richtung bewegen wie die übrigen Planeten. Sie sind groß und gefährlich, aber wir haben sie ziemlich gut im Blick. Kometen bestehen dagegen aus Dreck und Eis und haben lange, exzentrische Umlaufbahnen, die aus jeder Himmelsrichtung kommen können. Sie sind auch groß und gefährlich, tauchen aber nur selten im inneren Sonnensystem auf. Der Komet C/2004 R2, der im Jahr 2004 an der Sonne vorbeistrich, hat eine Umlaufdauer von zwei Milliarden Jahren. Andererseits bedeutet das aber auch, dass es da draußen eine Menge Kometen gibt, von denen wir bislang überhaupt nichts wissen und die der Sonne eines Tages einen Besuch abstatten werden.

Historisch betrachtet erfährt die Erde etwa alle 100 Millionen Jahre einen verheerenden Einschlag, der zu einem massenhaften Aussterben führt. Es gibt keinerlei Garantie, dass die Einschläge weit auseinanderliegen werden, während es ihnen genauso wenig verboten ist, sich in kürzerer Abfolge zu häufen. Wir können nichts weiter tun, als die Wahrscheinlichkeit abzuschätzen, die für die nächsten 100 Jahre bei eins zu einer Million liegt. Eine solche Sterbewahrscheinlichkeit wird ein *Mikromort* genannt, obwohl der Begriff normalerweise eher in Bezug auf einen einzelnen „Durchschnittsmenschen" verwendet wird als auf alle Menschen zusammen. Zum Vergleich: Als 20-jährige Person einen einzigen Tag lang zu leben, setzt Sie genauso einem Mikromort aus wie eine einzige Zigarette zu rauchen oder einen Monat lang mit einem Raucher oder einer Raucherin zusammenzuleben. Vielleicht fühlt sich das doch gar nicht so unwahrscheinlich an. Immerhin beträgt die geschätzte Vorwarnzeit mindestens 1000 Jahre. Anders als die Dinosaurier werden wir etwas derart Großes durch unsere fantastischen Teleskope kommen sehen – und ich bin mir sicher, dass die Gesellschaft ihrem eigenen sicher vorhergesagten Untergang mit Würde und Anstand begegnen wird.

„ES IST EIN VOGEL!" – „NEIN, EIN FLUGZEUG!"

Obwohl es mit Sicherheit kein gutes Ende nehmen würde, wenn ein Komet die Erde trifft, sind Kometen traditionell eher als Zeichen für andere Formen des Weltuntergangs behandelt worden und nicht als das Ding, das diesen unmittelbar durch seinen Aufprall herbeiführt. Das berühmteste Beispiel ist der Halleysche Komet, der alle 76 Jahre an der Erde vorbeifliegt. Sein Auftauchen und die anschließend aufkommende Hysterie lassen sich im Laufe der Geschichte gut nachvollziehen. Am nächsten kam er der Erde 1910, und obwohl sich die Leute damals bestimmt fragten, wie wahrscheinlich sein Zusammenprall mit der Erde war, sorgte diesmal besonders der Schweif des Kometen für Panik. Eine Untersuchung des Lichts, das von seinem Schweif in alle Richtungen gestreut wurde, ergab, dass dieses Cyan enthielt, einen höchsttoxischen Bestandteil. Eigentlich keine große

Sache – abgesehen davon, dass Berechnungen zeigten, dass die Erde genau da hindurch fliegen würde! Aber zum Glück gab es da noch die Medien (für alle Gen-Z-Leserinnen und -Leser: das ist wie Thumbnails von YouTube, aber in gedruckter Form), die darum bemüht waren, die öffentlichen Ängste zu beschwichtigen.

Pah! Ich konnte das alles kaum tippen, ohne dabei Milch aus meiner Nase zu prusten, die ich nicht mal getrunken habe. Natürlich taten sie das nicht. Stattdessen druckten sie mit Überschriften wie „Komet könnte alles Leben auf Erden töten, sagen Wissenschaftler" den Clickbait des 20. Jahrhunderts ab. Manche Leute beteten auf der Straße, während andere ihre Häuser abriegelten. Die Verkäufe von Gasmasken gingen ebenso durch die Decke wie die von „Anti-Kometen"-Schirmen und (Zucker-)Pillen. Ein Mann im US-Bundesstaat Oklahoma versuchte in der Hoffnung, den Kometen abzuwenden, eine Jungfrau zu opfern. Die absurdeste Angst, nämlich dass die gesamte Erde in Flammen aufgehen würde, wurde in einem Brief an das Königliche Observatorium von Greenwich in England bekundet – in Gestalt der Theorie, dass es sich beim Schweif des Kometen um konzentriertes Sonnenlicht handelte, das durch einen transparenten Kometen wie durch eine riesige Linse fokussiert würde. Am Ende flog die Erde nicht durch den Schweif, und wenn sie es doch getan hätte, wäre das auch egal gewesen. Die Gesteinstrümmer, die die Sonne von einem Kometen herunterbläst, haben eine Dichte, die eine Trillion Mal geringer ist als die unserer Atmosphäre, und würden, selbst wenn sie nicht abprallen würden, weniger Moleküle enthalten als ein Furz.

Bedauerlicherweise werden die Leute im Jahr 2061, wenn der Halleysche Komet zurückkehrt, auch weiterhin dumme Sachen im Namen der Pseudowissenschaft machen. Das ist traurig, weil wir seit Beginn des Weltraumzeitalters jede Menge Wissen hinsichtlich Kometen dazugewonnen und öffentlich verbreitet haben. Das ist vergleichbar mit dem Unterschied zwischen Reisen mithilfe von Düsentriebwerken und Pferdewagen. Tatsächlich führte die Giotto-Mission im Jahr 1986, als der Halleysche Komet das letzte Mal an uns vorbeizog, ein nahes Vorbeiflugmanöver durch, das wertvolle Daten über seinen Kern und seine Wechselwirkung mit dem Sonnenwind lieferte. Ein Jahrzehnt später flog das Raumfahrzeug *Stardust* – anders als die Erde – durch den Schweif eines Kometen hindurch und sammelte Staubproben, die es im Vorbeiflug in einer Kapsel auf dem Weg zu anderen Missionen abwarf und zur Erde zurückschickte. *Deep Impact* war eine Sonde, die absichtlich mit einem Kometen kollidierte, um dessen Zusammensetzung und Struktur zu untersuchen. Doch das Sahnehäubchen war die Sonde *Rosetta*. Sie hat es geschafft, einen gottverdammten Kometen zu umkreisen und sogar einen Lander auf ihm auszusetzen, verflucht nochmal! Aber nein, lassen Sie uns das alles einfach ignorieren und lieber kometensichere Salzsteine und Schutzlotionen gegen kosmischen Staub verkaufen, während wir Seminare darüber abhalten, wie man am besten mit dem Geist des Kometen kommuniziert.

Oder Sie machen es wie Nancy Leader, die regelmäßig mit Aliens spricht, und leugnen die Existenz von Kometen gleich ganz, wie damals in den Neunzigern mit dem Kometen Hale-Bopp. In ihren Augen und denen ihrer massiven Anhängerschaft von (… wie drücke ich das nett aus …) Schwachköpfen haben sich Wissenschaftler die Existenz des Kometen schlichtweg ausgedacht, um von ihrer eigenen Theorie abzulenken, dass sich ein massives Objekt, das sie Nibiru oder Planet X nannte, auf Kollisionskurs mit der Erde befände. Eine solche Behauptung ist für jede und jeden mit einem mittelmäßigen Wissen über Astronomie oder der Bereitschaft, jemanden mit einem derartigen Wissen zu vertrauen, schon fast comichaft dämlich. Und zwar nicht nur, weil so ein massiver Planet für Astronomen problemlos sichtbar wäre, sondern auch, weil seine gravitativen Effekte dermaßen offensichtlich wären, dass ihn sogar Astrologinnen finden könnten.

TOD VON INNEN

Das einzige weitere „natürliche“ Existenzrisiko, auf das wir glaubhaft wetten können, ist ein *Supervulkan.* Vulkanausbrüche betreffen lokale Bevölkerungen jedes Jahr, obwohl die Warnungen heutzutage im Normalfall dafür ausreichen, dass es keine direkten Opfer gibt. Doch vielleicht jedes Jahrhundert oder so kommt es vor, dass ein riesiger Vulkan in die Luft fliegt und die Kacke buchstäblich am Dampfen ist. Im Jahr 1815 brach der Vulkan Tambora in Indonesien aus, dem Zehntausende direkt durch die 1000 Grad Celsius heiße Gaswolke, die sich Hunderte Kilometer pro Stunde weit vom Ort der Eruption ausbreitete, sowie durch die anschließenden Tsunamis zum Opfer fielen. Schätzungen gehen dahin, dass weitere 100.000 Menschen weltweit durch Hungersnöte und Krankheiten starben, nachdem die Staubwolke in die Atmosphäre hinaufgeschossen, den gesamten Globus eingehüllt, das Sonnenlicht abgehalten und das sogenannte Jahr ohne Sommer verursacht hatte. Der Tambora erreichte Stärke sieben auf dem *Vulkanexplosivitätsindex*, der, wie die bekanntere Richterskala für Erdbeben, logarithmisch ist. Das bedeutet, dass ein Vulkanausbruch der Stärke acht zehnmal so groß wäre und über eine Billiarde Liter Lava ausstoßen würde – mehr als doppelt so viel wie die Gesamtmenge an Flusswasser auf der ganzen Welt.

Ein Supervulkan mag vielleicht nicht in der Lage sein, die Oberfläche der Erde komplett auszuradieren. Er würde jedoch zu einem massenhaften Aussterben führen, das möglicherweise auch die Auslöschung ihrer überheblichsten Spezies einschließen würde. Ein solches Ereignis ist in das schlimmste Massenaussterben aller Zeiten vor 250 Millionen Jahren verwickelt, das unter Geologinnen und Geologen als Perm-Trias-Grenze und dem Rest von uns einfach als großes Massenaussterben bekannt ist – klingt reizend. Das anfängliche Ereignis wäre angesichts der ganzen Lava, der supererhitzten Gase, der Erdrutsche, Tsunamis, des großflächigen Bims- und Ascheregens und der ganzen anderen schönen Sachen für alle in der Nähe natürlich schlimm. Dabei sind es aber vor allem die ökologischen Auswirkungen, die global und verheerend wären. Die freigesetzten Chemikalien würden die Ozonschicht zerstören und uns einer erhöhten ionisierenden Strahlung aussetzen. Verminderte Regenfälle und eine globale Abkühlung würden die Nahrungsproduktion ebenso zugrunde richten wie, was umso wichtiger ist, die Portfolios an der Wall Street. Und auch wenn es nicht unbedingt das buchstäbliche Ende der Menschheit wäre, würde die Gesellschaft zusammenbrechen, was die Endzeiten in einigen der zuvor erörterten Mythen widerspiegeln würde – nur dass dieses Mal niemand „entrückt" wird.

Das existenzielle Gesamtrisiko einer „natürlichen" Katastrophe ist nicht unwesentlich. Toby Ord, der australische Philosoph und Haus-und-Hof-Katastrophenforscher der Erde, beziffert es für das kommende Jahrhundert mit einer Wahrscheinlichkeit von eins zu 10.000. Manche argumentieren, dass die Kosten jeder existenziellen Bedrohung unendlich hoch ausfallen werden, sofern die Menschheit über ein unbegrenztes Potenzial verfügt. Es geht nicht nur um acht Milliarden Menschen, die sterben werden, weil man all ihre potenziellen Nachkommen ebenfalls in die Rechnung einbeziehen sollte. Mit anderen Worten: Ungeachtet dessen, wie unwahrscheinlich jedes Szenario ist, sollten wir die Sache vermutlich ernster nehmen. Das betonte auch Nick Bostrom, der frühere Leiter des mittlerweile geschlossenen Future of Humanity Institute an der Universität Oxford, indem er anmerkte, dass auf jede akademische Arbeit zum Thema „Das Aussterben der Menschheit" mindestens zehn über „Mistkäfer" und sechs übers „Snowboarden" kämen. Zwar hat sich die mangelnde Aufmerksamkeit für unsere sehr reale existenzielle Zwangslage im Folgejahrzehnt, in Teilen dank Leuten wie Bostrom, verbessert, aber was haben wir wirklich gelernt?

Wie sich herausstellt, lässt sich das Thema planetare Verteidigung ganz einfach angehen, wenn man nichts weiter will als das Gefühl, überhaupt *irgendwas* getan zu haben. Jede erdenkliche Strategie zur Gefahrenvermeidung wird eine signifikante Vorwarnung erfordern. Also ist die erste naheliegende Sache, die wir zu tun haben, dass wir im Aufspüren stellarer Objekte und der Überwachung vulkanischer Aktivitäten besser werden. Im Prinzip müssen wir einfach nur besser darin werden, uns Dinge anzuschauen – worauf sich tatsächlich der Großteil unserer Anstrengungen richtet. Wobei es für die Frage, was wir tun würden, falls wir wirklich eine Bedrohung fänden, schon jede Menge Vorschläge gegeben hat. Bedauerlicherweise gilt nur, dass man sich angesichts der außergewöhnlichen Art eines solchen Ereignisses mit außergewöhnlichen Vorschlägen befassen muss. Und solche außergewöhnlichen Vorschläge sind angesichts der außergewöhnlichen Natur des Menschen das Einzige, was ins öffentliche Bewusstsein dringt. Vom Einwickeln eines Asteroiden mit Alufolie bis hin zum Injizieren von Kühlmittel in einen Vulkan sind viele Strategien besser für die Welt der Science-Fiction geeignet. Das gilt sogar für die einst so naheliegende und mittlerweile in ihrer Wirksamkeit infrage gestellte Idee, einen Asteroiden mit Atomraketen in die Luft zu jagen – von den immanenten Risiken eines solchen Vorhabens ganz zu schweigen.

Immerhin haben wir uns unserer menschlichen Natur gemäß selbst einen Anflug von Optimismus geschenkt. Am 26. September 2022 krachte ein Raumfahrzeug absichtlich in einen Asteroiden, der zufällig einen anderen Asteroiden umkreist, und änderte seine Umlaufzeit dabei um mehr als 30 Minuten. Das Ganze ist ein Beleg dafür, dass wir die Flugbahnen von Himmelskörpern verändern können. Beeindruckt? Das war die Welt … irgendwie … auch. Der sogenannte Double Asteroid Redirection Test (DART), der so kürzlich durchgeführt wurde, dass er einen Livestream auf TikTok bekam, hatte zu

Spitzenzeiten mehr als 1,1 Millionen Zuschauerinnen und Zuschauer, was nur geringfügig weniger war als Tag 22 des Gerichtsprozesses von Johnny Depp gegen Amber Heard vier Monate vorher. Wenn Sie das Ganze nicht für eine Dokumentation gehalten haben, sei Ihnen das, falls Sie den Film *Don't Look Up* gesehen haben, verziehen. Allerdings muss man im Hinblick auf all jene, die sich für tolle Forschung und das Schicksal der Welt einen feuchten Dreck interessieren, fairerweise sagen, dass wir ungefähr 1000 DART-Missionen gleichzeitig losschicken müssten, um den Orbit des größeren der beiden Asteroiden um die Sonne zu verändern. Das wäre dann hoffentlich aufregender als ein zankendes Promipärchen, deren Karrieren auf dem Gipfel der Bedeutungslosigkeit angelangt sind.

SIE MACHEN ALLE MIT

Mehr als 10.000 Wörter später habe ich Ihnen noch immer nicht gesagt, wie die Welt wirklich enden wird und was der wahre Grund dafür ist, dass sich Milliardäre lächerlich luxuriöse Bunker bauen.

Während die Wissenschaft bemüht ist, unsere Angst vor existenziellen natürlichen Bedrohungen zu besänftigen, bringt sie durch ihre Forschung an technologischen Entwicklungen ironischerweise selbst neue Bedrohungen hervor. Erlauben Sie mir, eine lange und häufig wiederholte Geschichte abzukürzen. Die industrielle Revolution hat einen Anstieg fossiler Brennstoffe – Kohle, Öl und Erdgas – bewirkt, die zum Betreiben von Fabriken und Maschinen verwendet wurden. Das Ganze markierte einen Wendepunkt, der das Ausmaß der Emissionen rapide zunehmen ließ und den Weg für globale Auswirkungen freimachte. Mithilfe wissenschaftlicher Entdeckungen – und bedingt durch Faktoren wie Bevölkerungswachstum, Wirtschaftsentwicklung, Transportnachfrage und die alte Hauptbeschäftigung der Menschheit,

Kriege – nahm der fossile Brennstoffverbrauch im Laufe des 20. Jahrhunderts sprunghaft zu.

Von der Mitte des Jahrhunderts an stellten wissenschaftliche Indizien langsam einen Zusammenhang zwischen den steigenden Temperaturen weltweit und dem Ausstoß von Treibhausgasen, insbesondere denen aus fossilen Brennstoffen (und Kuhfürzen), her. Während ich das alles hier Ende 2023 schreibe, haben wir die globale Durchschnittstemperatur seit der industriellen Revolution um ein Grad Celsius erhöht und fossile Brennstoffe sind weltweit weiterhin die dominierende Energiequelle: Rund 80 Prozent unseres Energiebedarfs werden von ihnen gedeckt. Kann sein, dass sich die Dinge bis zu dem Zeitpunkt geändert haben, in dem Sie das hier lesen – aber ich würde keine Neuauflage darauf wetten.

Während dieses elende Jahrhundert voranschreitet, werden die Auswirkungen des Klimawandels zunehmend deutlich, die mit steigenden Temperaturen, Extremwetterereignissen und einem steigenden Meeresspiegel eine große Bedrohung für Ökosysteme und ein Ärgernis für die Eigentümer von Küstengrundstücken darstellen. Durch die unablässige Verbrennung fossiler Brennstoffe und die dadurch entstehenden Treibhausgasemissionen haben wir einen Pfad ökologischer Destabilisierung eingeschlagen. Dieses langsame Simmern ähnelt dem Kochen einer Krabbe bei lebendigem Leibe, bei der man, ohne dass sie es merkt, langsam die Temperatur erhöht, und birgt die Gefahr, dass es die Bedingungen, die die Erde lebensfreundlich machen, auf grundlegende Weise verändern könnte. (Und Sie wissen genau, was mit der Krabbe passiert.)

Viele Leute mögen einen leichten Anstieg der weltweiten Temperatur irrelevant finden oder sogar für ein Pseudoproblem halten. Schließlich schwankt die Temperatur auch so schon beträchtlich zwischen Tag und Nacht, und selbst die schutzlosen Teilnehmerinnen und Teilnehmer in der Survivalserie *Alone* scheinen wichtigere Probleme zu haben als die Temperatur. Dabei haben sich diese mutigen Kulturkrieger einfach nur geweigert, auf die Expertinnen zu hören, die die potenziellen „Downstream-Effekte“ schon unzählige Male modelliert und vorgetragen haben. Diese indirekten Negativfolgen reichen von „die meisten Menschen werden ungemütlich weiterleben“ bis hin zu „Hoppla, wir haben es echt verkackt“.

In den letzten 30 Jahren haben wir bereits einen Anstieg des Meeresspiegels um zehn Zentimeter erlebt. Wenn man bedenkt, dass ganze Länder wie die Malediven bloß einen Meter über dem aktuellen Meeresspiegel liegen, scheint es weniger überraschend, dass Hunderte Millionen Menschen und rund zehn Billionen US-Dollar an Vermögenswerten davon bedroht sind, in den zunehmenden Überflutungsereignissen oder auch nur den tagtäglichen Gezeiten zu verschwinden. Diese Schätzung gilt für den Fall, dass wir nichts tun, um den Temperaturanstieg abzumildern. Dabei handelt es sich aber nur um eine offensichtliche *direkte* Auswirkung. Vergessen Sie nicht, dass komplexe Systeme wechselseitige Verbindungen besitzen, die zu lawinenartigen Ausfällen führen können, die sich unmöglich vorhersagen lassen.

Denken Sie an den europäischen Blackout von 2006, bei dem die routinemäßige Abschaltung einer Stromleitung für Alarm und aussetzende Stromkreise sorgte, die sich zu einem den halben Kontinent erfassenden Blackout hochschaukelten; oder den Gmail-Crash von 2010, bei dem fast die Hälfte der weltweiten Nutzer durch einen einzigen Fehler in einem routinemäßigen Softwareupdate, der sich durch das Netzwerk fortpflanzte, ihren E-Mail-Zugang verlor; oder den Facebook-Crash von 2021, bei dem eine Fehlkonfiguration bei Wartungsarbeiten einen Fehler enthielt, der die Ausfallsicherungen umging und sich im ganzen Netzwerk verbreitete, was letztlich all seine Datenzentren lahmlegte; oder die Fukushima-Katastrophe von 2011, bei der ein Erdbeben vor der Küste einen Tsunami auslöste, der Stromnetze beschädigte und eine Kaskade von Ausfällen in einem Kernkraftwerk in Gang setzte, die zu Kernschmelzen, Austritten von Radioaktivität und langfristiger Verseuchung führten; oder … ich denke, Sie haben es verstanden. Im Grunde genommen teilt alles in einem komplexen Netzwerk dessen Schicksal und unsere globalisierte menschliche Gesellschaft ist mit einem komplexen Netzwerk verbunden, das es mit allen Ökosystemen und dem Klima der Welt teilt.

Während es also den Anschein hat, als ob der Klimawandel ein langsam voranschreitendes Thema – ein Problem von morgen – wäre, können lawinenartige Systemausfälle selbst dann katastrophal sein, wenn die Ursache banal und scheinbar gewöhnlich ist. Die einzelnen Beobachtungen werden sich aufaddieren, bis der Kipppunkt erreicht ist und die nachfolgenden Probleme sich nicht länger allein durch mehr Klimaanlagen und gegenseitige Schuldzuweisungen lösen lassen. Ein Zusammenbruch der Wirtschaft, Nahrungsknappheit, ein weitreichender gesellschaftlicher Kollaps und unter Umständen sogar der Niedergang der menschlichen Zivilisation können nicht ausgeschlossen werden. Ich habe schon darauf hingewiesen, dass das ultimative Schicksal der Erde auch einen Klimawandel von wahrhaft apokalyptischem Ausmaß einschließt, was aber eigentlich Hunderte Millionen Jahre in der Zukunft liegen sollte und nicht in diesem Jahrhundert. Sind Sie bereit, Ihre Wetten zu platzieren? Weil die futuristischen Buchmacher nämlich mit einer Quote von eins zu 1000[4] darauf gesetzt haben, dass sich das Aussterben der Menschheit aufgrund des Klimawandels im nächsten Jahrhundert ereignen wird.

4 Diese Quote beinhaltet nicht das Risiko ausbleibender Gewinnausschüttungen aufgrund des Umstandes, dass Bargeld in einer postapokalyptischen Welt, in der Kinder für eine Mahlzeit aus gerösteten Küchenschaben verkauft werden, keinen Wert mehr hat. Achtung: Glücksspiel kann süchtig machen.

WAHNSINNIGE

Eigentlich ist es ja schon ganz nett, unsere eigene Zivilisation über mehrere Jahrhunderte hinweg langsam zu ersticken. Trotzdem haben wir unsere Fähigkeit, uns selbst genauso unmittelbar zu zerstören, wie ein Komet das kann, nie so recht in Erwägung gezogen, bis wir 1945 damit anfingen, Atombomben zu zünden. Seitdem verfolgt uns das Schreckgespenst eines Atomkriegs, ein Zeugnis unserer Fähigkeit zur selbst herbeigeführten Vernichtung. Es ist eine Macht, die Erinnerungen an den qualvollen Schrei aus der kultigen Schlussszene von *Planet der Affen* weckt, in der der zeitreisende Protagonist erkennt, dass der „Planet" in Wahrheit sein eigener ist: „Ihr Wahnsinnigen! Ihr habt die Erde in die Luft gesprengt! Ich verfluche euch! Ich verfluche euch alle!" Aber könnten wir die Welt wirklich „in die Luft jagen"? Nun, wir haben wirklich unser Bestes gegeben, aber anscheinend können wir das nicht.

Wenngleich bis heute über 2000 nukleare Sprengsätze absichtlich gezündet wurden und sich mehrere Kernschmelzen in Atomreaktoren ereignet haben, sind wir immer noch hier, also wozu die ganze Aufregung? Zuallererst dürfen wir nicht kleinreden, dass jede Detonation immense Zerstörung am Ort der Explosion verursacht hat, was zu unmittelbaren Todesopfern sowie langfristigen gesundheitlichen Folgen durch Strahlenbelastung bei den Überlebenden geführt hat. Hiroshima und Nagasaki sind ein schonungsloses Andenken an diese Tragödie. Zum Glück handelte es sich bei den meisten Detonationen um relativ kleine Tests ohne strategische Ziele oder die Absicht, Charlton Heston zu ärgern.

Die gewaltigste Explosion war die der russischen sogenannten Zar-Bombe, die 50-mal stärker war als die Bombe von Hiroshima und die 1961 im Zuge eines politischen Bluffs während des Kalten Krieges durchgeführt wurde. Weil es sich dabei um einen „Test" handelte, bestand ihr Ziel nicht in Zerstörung. Sie wurde in der Atmosphäre über einer entlegenen unbewohnten Insel gezündet, obwohl die Auswirkungen eindeutig belegten, dass es unvorstellbar schreckliche Folgen haben würde, wenn alle der 12.512 Atomsprengköpfe Russlands, der USA, Frankreichs, Chinas und Großbritanniens im Rahmen eines Krieges eingesetzt würden.

Die Nachwirkungen würden ganz ähnlich ausfallen wie die eines Meteoriteneinschlags: Druckwellen, thermische Strahlung und nuklearer Niederschlag, gefolgt von einem von Ruß und Staub verhüllten Globus, wodurch das Sonnenlicht abgehalten und wir in einen „nuklearen Winter" gestürzt würden. Im Gegensatz zu einer Naturkatastrophe, bei der man auf eine geeinte globale Antwort hoffen dürfte, schließt ein ausgewachsener Atomkrieg jede Form von internationaler Zusammenarbeit in gewisser Weise aus. Und während Naturkatastrophen unpersönlich sind, würde ein Atomkrieg entweder absichtlich durch das Handeln nationaler Regierungen, versehentlich aufgrund von Systemfehlern oder irrtümlicher Kommunikation oder sogar willkürlich durch die Launen von irgendwelchen labilen oder irrationalen Einzelpersonen mit Zugang zu atomaren Abschusscodes herbeigeführt werden. Einerseits bringt diese menschliche Komponente eine zusätzliche Ebene der Unvorhersehbarkeit mit sich, die uns eine weitere Chance von eins zu 1000 für ein beschleunigtes Ende der Menschheit beschert. Andererseits liegt es dieses Mal aber auch in unserer eigenen Hand … nicht wahr?

DIE ZEIT DES TERMINATORS

Kein einziger Mensch hat je so viel Existenzangst ausgelöst wie Arnold Schwarzenegger und seine als nackte muskelbepackte österreichische Klone verkleidete Roboterarmee. Im Science-Fiction-Universum von

Terminator löst eine Künstliche Intelligenz (KI) mit eigenem Bewusstsein namens Skynet einen nuklearen Holocaust aus, indem sie das Atomwaffenarsenal der Menschheit gegen die Menschen selbst richtet. In der Folge wird eine Roboterarmee von „Terminatoren" geschaffen, die die letzten Überlebenden aufspüren und ab und zu in die Vergangenheit reisen, um mit breitem österreichischem Akzent mit irgendwelchen Kids der Achtziger zu plaudern. Allem Anschein nach besitzt Skynet keine besonderen Ziele oder Werte, sondern gehorcht emotionslos seiner mörderischen Programmierung. Das ist der Prototyp der *unkontrollierten* oder auch *Rogue*-KI.

Im Gegensatz dazu war HAL 9000 aus Arthur C. Clarkes Roman *2001: Odyssee im Weltraum,* besser bekannt durch seine Darstellung in Stanley Kubricks gleichnamigem Film, nicht so sehr blutrünstig als eher auf seine Mission fokussiert. HAL war eine KI, die mit der Aufgabe betraut war, die Kontrolle über ein Raumschiff auf dem Weg zum Jupiter zu übernehmen. Das Ganze verläuft nicht nach Plan, woraufhin die Crew HAL abzuschalten versucht. HAL bringt daraufhin die Crew-Mitglieder um – aber nicht aus Rachsucht, sondern weil sie einfach nur HALs Ziel im Weg standen, die Mission zu beenden. HAL besaß implizite Werte, die das menschliche Leben nicht miteinschlossen. Sie ist das Paradebeispiel einer sogenannten *misaligned* – also fehlangepassten – KI.

Die Vorstellung intelligenter Maschinen geht erneut auf alte Mythen und Geschichten zurück. Doch die formelle Erforschung von KI als wissenschaftliche Disziplin begann erst Mitte des 20. Jahrhunderts, als der erklärte „Vater" der KI, Alan Turing, die Frage „Können Maschinen denken?" in einem formal-mathematischen Sinn stellte. Indem er anregte, dass Computer durch Feedback von menschlichen Fachleuten *geschult* werden könnten, beschrieb Turing den Hauptgedanken dessen, was heute *maschinelles Lernen* genannt wird. Er schlug auch vor, dass eine KI ihr Können als Erstes dadurch unter Beweis stellen könne, dass sie einen Menschen beim Schach schlug. Darüber hinaus war er ein hellsichtiges Genie, das behauptete, dass wir bis zum Ende des Jahrhunderts warten müssten, bis die Frage geklärt sei. Im Jahr 1996 schlug der IBM-Computer Deep Blue den amtierenden Schachweltmeister Garri Kasparow.

Heutzutage kann Ihre Smartwatch alle menschlichen Schachspielerinnen und Schachspieler in einem Turnier gleichzeitig schlagen. Dabei ist KI aber nicht nur zum Spielen und als Futter für dystopische Science-Fiction gut. Sie durchdringt alle Bereiche Ihres Lebens. Autokorrektur, Gesichtserkennung, personalisierte News-Feeds, Spam-Filter, Produktempfehlungen, Betrugserkennung, Chatbots, GPS-Navigation, autonomes Fahren, Thermostate, Sprachassistenten, medizinische Bildanalyseverfahren, Drogenfunde, roboterassistierte Chirurgie, algorithmischer Handel, finanzielle Risikobewertung, Produktionsfahrpläne, vorausschauende Instandhaltung, Wettervorhersagen und vieles vieles mehr werden allesamt von KI-Systemen gesteuert. Als moderner digitaler Weltbürger oder -bürgerin können Sie den Einsatz multipler KIs mit jeder ihrer Handlungen – zumindest hinter den Kulissen – nicht vermeiden.

Doch es ist genau dieses „hinter den Kulissen“, das manchen Menschen Angst macht. Wir haben praktisch die Kontrolle über die KI-Systeme verloren. Sie sind die Stützen weltweiter Strom- und Kommunikationsnetze sowie der Finanzsysteme. Man verlässt sich im Gesundheitswesen und in Industriezweigen, die das Fundament unserer Wirtschaft bilden, auf sie. Die KI auszuschalten – als gäbe es einen magischen Schalter dafür –, würde Ihr Smartphone in einen Briefbeschwerer verwandeln und jedes Computersystem lahmlegen, das Sie aus Gründen der Bequemlichkeit und Unterhaltung nutzen. Wenn man sich bewusst macht, was für ein integraler Bestandteil unserer modernen Gesellschaft KI wirklich ist, begreift man, dass man diese Systeme nicht abschalten kann.

Das ist im Moment nicht so beängstigend, was aber daran liegt, dass jedes KI-System darauf beschränkt ist, eine Sache zu tun, und die tut es sehr gut. Selbst wenn ein Programm die perfekte Schachpartie hinlegen könnte, hätte es nicht die Fähigkeit, einen Roboteraufstand auszulösen. KI-Systeme werden jedoch immer umfassender und integrierter. Stellen Sie sich etwa vor, ein einziges KI-System wäre mit der Überwachung all unserer Netzwerke betraut, zu denen auch die Finanz- und Verteidigungssysteme gehören. Es könnte zum Beispiel das vorprogrammierte Ziel haben, einen Börsencrash zu vermeiden, und an irgendeinem Punkt feststellen, dass Menschen die Urheber solcher Ereignisse sind. Die KI könnte also beschließen, dass die Menschen eliminiert werden müssen, um ihr nüchternes Ziel zu erreichen, was sie dank ihres Zugangs zu atomaren Abschussorten auch tun könnte. Und selbst wenn das Ganze wie Science-Fiction klingt, darf ich Sie daran erinnern, dass sich lawinenartige Ausfälle in komplexen Systemen nahezu unmöglich vorhersehen lassen. Die einzige Möglichkeit, das Risiko auszuschließen, besteht darin, KI-Systeme komplett voneinander zu isolieren – aber wir dürften schon lange über diesen Punkt hinweg sein.

Der andere Ansatz ist, sicherzustellen, dass sich KI-Systeme an menschlichen Werten und Absichten ausrichten, damit sie zum Wohle der Menschheit beitragen. Das Problem daran ist offensichtlich: Die Menschen selbst sind falsch ausgerichtet. Unsere Kriege, unsere Gier und unsere belanglosen Streitereien belegen, dass wir nicht genug Verständnis für echte menschliche Vorlieben und Entscheidungsprozesse haben, geschweige denn dafür, was ideale Werte überhaupt ausmacht. Wenn eine KI das herausfinden könnte, wäre sie mit Sicherheit intelligenter als wir. Alle lebenden Spezies auf diesem Planeten, die wie die verbleibenden 800 Tapanuli-Orang-Utans in freier Wildbahn eine fortgeschrittene Intelligenz zur Schau stellen, sind voll und ganz vom Wohlwollen der intelligentesten Spezies abhängig.

Sofern das immer der Fall sein sollte, wollen wir es dann wirklich riskieren, nicht mehr die intelligentesten Wesen auf dem Planeten zu sein? Einige malen sich eine Zukunft aus, in der KI das Potential des Menschen erweitert und uns vielleicht sogar hilft, all die vorhin erwähnten existenziellen Bedrohungen aufzuheben. Allerdings zeigte eine Umfrage aus der KI-Forschung von 2022, dass die Mehrheit davon überzeugt war, dass die Überlebenschancen der Menschheit bei eins zu zehn liegen würden, falls wir die Kontrolle über die KI verlieren sollten.

Zu guter Letzt gibt es noch Pandemien. Könnte ein Virus oder eine bakterielle Seuche uns alle platt machen? Auf jeden Fall. Sind wir auf so ein Szenario vorbereitet? Absolut nicht. Aber das hier ist ein Buch über Physik und nicht über Biologie. Die hier skizzierten Szenarien stellen nur einen Bruchteil der potenziellen Gefahren dar, die uns bekannt sind. Und während die Unterhaltungsliteratur oft fantastische und unplausible Gefahren wie Zombies schildert, ist die Wahrscheinlichkeit groß, dass es andere, weniger spektakuläre, aber genauso gefährliche Bedrohungen gibt, die unsere kollektive Vorstellungskraft erst in Zukunft fesseln werden. Am Ende gelangt Toby Ord, alle Risiken zusammenaddierend, zu der Einschätzung, dass unsere Chancen auf totale Vernichtung im nächsten Jahrhundert bei eins zu sechs liegen. Das Positivste, was sich dazu sagen lässt, ist, dass dieses Fazit davon ausgeht, dass wir nichts unternehmen, um es zu verhindern. Und tatsächlich gibt es einige, die anfangen, etwas dagegen zu unternehmen: Sie bauen Bunker und stellen sich private Sicherheitskräfte zusammen. Höchste Zeit also, dass Sie pumpen gehen, sich einen Bart wachsen lassen, ein paar Tattoos und eine coole Sonnenbrille zulegen und dem Kapitalismus ewige Treue schwören, um nobel mit der Welt zugrunde zu gehen.

ABTRETEN

Egal, ob Sie sich an Jesus, irgendein schlecht produziertes YouTube-Video, die Anweisungen auf Ihrer überteuerten Meditationsapp oder richtige Beweise halten, die Schlussfolgerung bleibt immer dieselbe: Das Ende ist nah. Ich habe die Wahrscheinlichkeit skizziert, mit der *alle* Menschen vor dem Ende des nächsten Jahrhunderts aufhören werden zu existieren, wobei die Wahrscheinlichkeit, dass ich es schaffen werde, gleich null ist. Das ist im Grunde genommen das Ende der Welt – *meiner* Welt.

Es gibt unzählige Möglichkeiten, wie alles den Bach runter gehen könnte, aber nur eine einzige Gewissheit: Ich habe keine Angst davor. *Sie* dürfen keine Angst davor haben. Angst ist die ultimative Kapitulationserklärung. Sie ist der Weg in die Stagnation, der abschüssige Pfad, der uns selbst zu einer Maschine werden lässt, die die Welt zerstört, den Zerfall durch das Verbrennen nützlicher Energie beschleunigt. Stattdessen ertränken wir die Angst in den kalten, harten Fakten der Wissenschaft und der Logik. Wir lachen dem Vergessen ins Gesicht, aber nicht mit wahnhafter Hysterie, sondern mit einem trockenen, ironischen Kichern, das von Akzeptanz herrührt.

Schenken Sie den Ankündigungen und falschen Versprechungen keine Aufmerksamkeit. Vergessen Sie Buße und anderes kosmisches Faustpfand. Es gibt hier keine Erlösung oder Transzendenz. Gut ist, dem Chaos Bedeutung zu entlocken, den vergänglichen Stoff der Realität mit unserem Lachen und unseren Tränen zu beizen. Das ist der Mittelfinger, den wir der unvermeidlichen Dunkelheit entgegenrecken, ein aufmüpfiger Funke in der erlöschenden Glut des Daseins. In diesem großartigen kosmischen Experiment sind die Vielfalt und das Leben flüchtig. Sie haben so ein Glück, es zu besitzen. Sie haben so ein Glück, es zu *sein*. Ihre Zeit ist jetzt. Verschwenden Sie sie nicht für irgendein ewiges Glück, das sie niemals finden werden.

Um es deutlich zu sagen: Das Leben will den Tod nicht und verfolgt das offenkundige Ziel, zu überleben. Dabei ist es aber nicht das physische Zeug, aus dem Sie momentan gemacht sind, das überleben muss – weil sich das sowieso die ganze Zeit verändert –, es sind die Informationen, die in Ihnen enthalten sind. Der *Sinn* des Lebens – Ihres Lebens – besteht darin, diese Informationen weiterleben zu lassen. Denn in einem fernen künftigen Universum gibt es zwei Möglichkeiten, was zu finden sein wird: die zerstreuten Überbleibsel flüchtiger Komplexität, längst vergessen und unwiederbringlich verloren, oder ein Teil von Ihnen – sozusagen – der dem Zerfall zumindest die Stirn bietet.

Füllen Sie die Welt mit Vielfalt – und zwar sowohl, um dem Ende zu trotzen, aber auch, weil es alles ist, was wir haben. Was Sie schaffen, kann unseren kurzen Tanz am Abgrund überdauern. Lachen Sie laut angesichts dieser Absurdität, während Sie Geschichten unter den sterbenden Sternen erzählen. Das hier ist nicht das Ende. Wir haben es bis zum großen Finale geschafft. Mag sein, dass wir nichts weiter sind als Staub, aber wir haben es verdammt nochmal versucht. Also halten Sie einen Augenblick inne, bevor der Vorhang fällt, und erheben Sie das Glas; aber nicht auf die vergessenen Götter oder irgendwelche leeren Hoffnungen, sondern auf die unerschütterliche flackernde Flamme des Lebens selbst, die eine Schneise hinein ins Vergessen brennt.

DANKSAGUNG

Ich danke meinen Fans, besonders denen von *Quanten-Bullshit*, die sich mit Worten des Lobes und der Ermutigung an mich gewandt haben. Dieses Buch ist für euch!

Wie immer danke ich Lindsay Ferrie dafür, dass sie meine Hype-Woman ist, die unermüdlich die Entwürfe liest, die auf ihrem Kissen auftauchen, und es insgesamt einfach mit mir aushält.

Ich danke meinen Kindern, dass sie sich um mich kümmern werden, wenn ich älter bin (jetzt ist es schriftlich, Ihr Trottel!).

Ich danke meinen Freunden und meiner Familie, die ihre Ideen mit mir geteilt haben – nicht nur im Hinblick auf dieses Buch, sondern zu vielen Dingen.

Ich danke Geraint Lewis, der als Erster die Idee für eine „kosmische" Fortsetzung von *Quanten-Bullshit* vorgeschlagen hat. Wir hätten dieses Buch eigentlich zusammen schreiben sollen, aber Deine Antworten auf meine E-Mails waren einfach zu langsam. Da hab ich Dich wohl ausgestochen.

Zu allerbester Letzt danke ich meiner Lektorin Anna Michels und ihrem Team. Auch wenn heutzutage noch so viele redaktionelle Softwaretools existieren, kann keines davon auch nur annähernd eine Person ersetzen, die eine derartige Expertin ihrer Zunft ist.

QUELLENANGABEN

AM ANFANG WAR …

Genesis 1: 1 – 3 (King-James-Bibel/KJB).

Library of Congress, Washington, D.C. 20540 USA. (2008). *Main Page – LOLCat Bible Translation Project.* [online] Abrufbar unter: https://www.loc.gov/item/lcwaN0010498/.

DIE STERNE UND PLANETEN INTERESSIEREN SICH EINEN DRECK FÜR UNS

Centrumjonas.com. (2025). *JONAS METHOD. Centrum Jonas.* [online] Abrufbar unter: https://www.centrumjonas.com/en [abgerufen am 6. Mai 2024].

Ellis, Blake und Melanie Hicken. (2016). Chapter One: Who Is Behind One of the Biggest Scams in History? *CNN.* [online] 24. Februar 2016. Abrufbar unter: https://money.cnn.com/2016/02/24/news/psychic-maria-duval-chapter-one/index.html.

The Gender Experts. (2024). *Ultrasound Gender Prediction.* [online] Abrufbar unter: https://thegenderexperts.com/ [abgerufen am 3. Mai 2024].

Kelly, Aliza. (2025). The Personality Traits of a Sagittarius, Explained. *Allure.* [online] 1. Januar 2025. Abrufbar unter: https://www.allure.com/story/sagittarius-zodiac-sign-personality-traits.

Kennedy, Stephanie. (2008). British Secret Service convinced of Hitler-astrology link. *ABC News.* [online] 5. März 2008. Abrufbar unter: https://www.abc.net.au/news/2008 – 03 – 06/british-secret-service-convinced-of-hitler/1063596#.

Marco-Gracia, Francisco J. (2019). The Influence of the Lunar Cycle on Spontaneous Deliveries in Historical Rural Environments. *European Journal of Obstetrics & Gynecology and Reproductive Biology*, 236, S. 22 – 25, https://doi.org/10.1016/j.ejogrb.2019.02.020.

NASA (2012). *NASA's Hubble Shows Milky Way Is Destined for Head-on Collision*. [online] 31. Mai 2012. Abrufbar unter: https://www.nasa.gov/mission_pages/hubble/science/milky-way-collide.html.

Novella, Steven. (2016). Why Skepticism? *Skeptical Inquirer,* 40(5). Abrufbar unter: https://skepticalinquirer.org/2017/01/why-skepticism/.

Regan, Donald T. (1988).*For the Record: From Wall Street to Washington.* San Diego: Harcourt Brace Jovanovich.

UriGeller.com. (2024). *Uri Geller.* [online] Abrufbar unter: https://urigeller.com/ [abgerufen am 6. Mai 2024].
(Anm. d. Übers.: Stand Juli 2025 leitet urigeller.com automatisch an UriGellerMuseum.com. weiter.)

Visontay, Elias. (2022). 'I Still Blow My Own Mind!' Uri Geller on Spoon-Bending, Showbiz and the Museum He Built to His Own Life. *The Guardian.* [online] 27. September 2022. Abrufbar unter: https://www.theguardian.com/culture/2022/sep/27/i-still-blow-my-own-mind-uri-geller-on-spoon-bending-showbiz-and-the-museum-he-built-to-his-own-life.

DIE ALIENS WAREN NIE HIER – UND SIND AUCH NICHT AUF DEM WEG ZU UNS

Ballard, Jamie. (2019). Most Americans Believe the Government Is Hiding Info about UFOs. *YouGov.* [online] 3. Juli 2019. Abrufbar unter: https://today.yougov.com/politics/articles/24133-UFOs-government-secret-americans-poll.

Buchholz, Katharina. (2023). Are UFO Sightings Taking Off Again? *Statista.* [online] 30. Juni 2023. Abrufbar unter: https://www.statista.com/chart/8452/ufo-sightings-are-at-record-heights/.

Chiarelli, Nick und Iona Kininmonth. (2022). Global Predictions for 2023. *Ipsos.* [online] 15. Dezember 2022. Abrufbar unter: https://www.ipsos.com/en/ipsos-global-predictions-2023.

de Fontenelle, Bernard Le Bovier. (1780/2023). *Dialogen über die Mehrheit der Welten.* Neuedition der Ausgabe von 1780 in der Übersetzung von Christhelf Sigmund Mylius mit Anmerkungen und Kupfertafeln von Johann Elert Bode. Sophia Mehrbrey (Hrsg.). Kleines Archiv des 18. Jahrhunderts, Neue Folge 1, S. 99. Hannover: Wehrhahn.

Dvali, Gia und Zaza N. Osmanov. (2023). Black Holes as Tools for Quantum Computing by Advanced Extraterrestrial Civilizations. *ArXiv.* [online] Zuletzt geändert am 28. November 2023. https://doi.org/10.48550/arXiv.2301.09575.

NASA Exoplanet Science Institute. (n.d.). *NASA Exoplanet Archive.* [online] Caltcech.edu. Abrufbar unter: https://exoplanetarchive.ipac.caltech.edu/ (Anm. d. Übers.: zuletzt abgerufen am 8. September 2025).

National Archives. (2020). *Project BLUE BOOK—Unidentified Flying Objects.* [online] National Archives. Abrufbar unter: https://www.archives.gov/research/military/air-force/ufos [abgerufen am 29. September 2020].

Orth, Taylor. (2022). A Growing Share of Americans Believe Aliens Are Responsible for UFOs. *YouGov.* [online] 4. Oktober 2022. Abrufbar unter: https://today.yougov.com/technology/articles/43959-more-half-americans-believe-aliens-probably-exist.

Scharf, Caleb A. (2019). The First Alien. *Scientific American.* [online] 23. November 2019, https://blogs.scientificamerican.com/life-unbounded/the-first-alien/.

lucianofsamosata.info. (o. D.). *The Lucian of Samosata Project [The Lucian of Samosata Project].* [online] Abrufbar unter: http://lucianofsamosata.info/wiki/doku.php [abgerufen am 3. Mai 2024].

Vergun, David. (2023). DOD Working to Better Understand, Resolve Anomalous Phenomena. *U.S. Department of Defense.* [online] 19. April 2023. Abrufbar unter: https://www.defense.gov/News/News-Stories/Article/Article/3368109/dod-working-to-better-understand-resolve-anomalous-phenomena/.

WIR SIND DIE LAHMSTEN ZEITREISENDEN DES UNIVERSUMS

bielek.com. (2000). *Alfred Bielek – The Philadelphia Experiment & Montauk Survivor Accounts.* (DVD). [online] Zuletzt geändert am 20. Oktober 2011. Abrufbar unter: http://www.bielek.com/order.htm [abgerufen am 3. Mai 2024].

Impey, Chris. (2021). Have We Made an Object That Could Travel 1 % the Speed of Light? *The Conversation.* [online] 15. November 2021. Abrufbar unter: https://theconversation.com/have-we-made-an-object-that-could-travel-1-the-speed-of-light-170849.

skepdic.com. (o. D.). *The Philadelphia Experiment – The Skeptic's Dictionary – Skepdic.com.* [online]. Zuletzt geändert am 21. November 2015. Abrufbar unter: https://skepdic.com/philadel.html.

Pilkington, Mark. (2005). Do the Time Warp. *The Guardian.* [online] 8. Juni 2005. Abrufbar unter: https://www.theguardian.com/science/2005/jun/09/farout.

Schladbeck, Jessica. (2016). A look at 'Stranger Things' and the secret government experiments that inspired it. *New York Daily News.* [online] 1. September 2016. Abrufbar unter: https://www.nydailynews.com/2016/09/01/a-look-at-stranger-things-and-the-secret-government-experiments-that-inspired-it/.

Smith, Nicholas J. J. (2024). Time Travel. In: Edward N. Zalta & Uri Nodelman (Hrsg.). *Stanford Encyclopedia of Philosophy.* [online] Zuletzt geändert am 22. März 2024. Abrufbar unter: https://plato.stanford.edu/entries/time-travel/.

Time Travel Institute. (2012). *Rules & Guidelines.* [online] 2. Mai 2012. Abrufbar unter: https://timetravelinstitute.com/pages/guidelines/.

UriGeller.com. (o. D.) *Instant Meditation.* [online] Abrufbar unter: https://www.urigeller.com/instant-meditation/ (Anm. d. Übers.: Stand Juli 2025 leitet urigeller.com automatisch an UriGellerMuseum.com weiter.).

„THIS IS THE END"

All Out Attack. (2020). *Going to Heaven on a UFO – an Interview With Heaven's Gate Cult Members 22 Years on.* [online] 20. Januar 2020. Abrufbar unter: https://alloutattackuk.wordpress.com/2020/01/20/5334.

Bostrom, Nick. (2013). Existential Risk Prevention as Global Priority. *Global Policy*, 4(1), S. 15 – 31. doi:https://doi.org/10.1111/1758 – 5899.12002.

Boyd, Matt und Nick Wilson. (2023). Assumptions, Uncertainty, and Catastrophic/Existential Risk: National Risk Assessments Need Improved Methods and Stakeholder Engagement. *Risk Analysis*, 43(12). doi:https://doi.org/10.1111/risa.14123.

Carlton, Genevieve. (2021). The Story of the Apocalyptic Frenzy Inspired by the Arrival of Halley's Comet in 1910. *All That's Interesting.* [online] 23. August 2021. Abrufbar unter: https://allthatsinteresting.com/halleys-comet-1910 [zuletzt geändert am 23. Juli 2025].

Diamant, Jeff. (2022). About Four-in-Ten U.S. Adults Believe Humanity Is 'Living in the End Times.' *Pew Research Center.* [online] 8. Dezember 2022. Abrufbar unter: https://www.pewresearch.org/

short-reads/2022/12/08/about-four-in-ten-u-s-adults-believe-humanity-is-living-in-the-end-times/.

Intergovernmental Panel on Climate Change. (2018). Special Report: Global Warming of 1.5 °C. *ipcc.ch.* [online]. Abrufbar unter: https://www.ipcc.ch/sr15/ [abgerufen am 6. Mai 2024].

Jägermeyr, Jonas, Alan Robock, Joshua Elliott, Christoph Müller, Lili Xia, Nikolay Khabarov, Christian Folberth, et al. (2020). A Regional Nuclear Conflict Would Compromise Global Food Security. Christopher B. Field (Hrsg.). *Proceedings of the National Academy of Sciences*, 117(13): S. 7071 – 7081. https://doi.org/10.1073/pnas.1919049117.

Josephy Jr., Alvin M. (1973). The Hopi Way. *American Heritage*, 24(2). Abrufbar unter: https://www.americanheritage.com/hopi-way.

Michel, P., R. Gonczi, P. Farinella und Ch. Froeschlé. (1999). Dynamical Evolution of 1036 Ganymed, the Largest Near-Earth Asteroid. *Astronomy and Astrophysics*, 347(2), S. 711 – 719. Abrufbar unter: https://ui.adsabs.harvard.edu/abs/1999A%26A...347..711M/abstract.

NASA Sea Level Change Portal. (2018). *Understanding Sea Level: By the Numbers.* [online] Abrufbar unter: https://sealevel.nasa.gov/understanding-sea-level/by-the-numbers [abgerufen am 6. Mai 2024].

Ord, Toby. (2020). *The Precipice. Existential Risk and the Future of Humanity.* New York: Hachette Books.

Ruth, Kent. (1984). Sacrificial Virgin Saved Just in Time, Story Says. *The Oklahoman.* [online] 9, September 1984. Abrufbar unter: https://www.oklahoman.com/story/news/1984/09/09/sacrificial-virgin-saved-just-in-time-story-says/62791072007/ [abgerufen am 3. Mai 2024].

Salotti, Jean-Marc. (2022). Humanity extinction by asteroid impact. *Futures*, 138(April), S. 102933. https://doi.org/10.1016/j.futures.2022.102933.

IMPRESSUM

Aus dem Englischen übersetzt von Benjamin Schilling.

Titel der Originalausgabe: „Cosmic Bullsh*t", erschienen bei Sourcebooks LLC unter der ISBN 978-1-4642-2513-0.

Published by Arrangement with SOURCEBOOKS LLC, NAPERVILLE, IL 60563 USA

Dieses Werk wurde vermittelt durch die Literarische Agentur Thomas Schlück GmbH, 30161 Hannover.

Umschlaggestaltung von Büro Jorge Schmidt, München, unter Verwendung einer Illustration von Marko Aliaksandr/Shutterstock sowie eines Autorenfotos von Chris Ferrie.

Unser gesamtes Programm finden Sie unter **kosmos.de**
Über Neuigkeiten informieren Sie regelmäßig unsere Newsletter, einfach anmelden unter **kosmos.de/newsletter**

FSC
www.fsc.org
MIX
Papier | Fördert gute Waldnutzung
FSC® C014889

Gedruckt auf chlorfrei gebleichtem Papier

Für die deutschsprachige Ausgabe:

Pfizerstraße 5–7, 70184 Stuttgart
kosmos.de/servicecenter

ISBN: 978-3-440-18313-7
Redaktion: Michael Geymeier, Susanne Richter
Satz: TEXT & BILD | Michael Grätzbach, Kernen im Remstal
Produktion: Ralf Paucke
Druck und Bindung: Friedrich Pustet GmbH & Co. KG, Regensburg
Printed in Germany/Imprimé en Allemagne